普通高等教育"十四五"规划教材
重庆市一流本科课程"流体力学与泵"配套教材

流体力学与泵

梁建军　张培理　蒋新生　**主　编**

王　冬　钱海兵　刘慧姝　**副主编**

U0264157

中国石化出版社
·北京·

内 容 提 要

本书是重庆市一流本科课程"流体力学与泵"的配套教材，内容包括流体力学和泵两部分，分为十章：流体力学概述、流体的特性、流体静力学、流体动力学基础、管道流动水头损失、管道水力计算与管道水击、泵的概述及结构、离心泵基本理论及性能参数、离心泵的使用和其他常用泵。

本书可作为军事能源工程、油气储运工程、能源动力工程、石油化工、动力机械等专业本科、专科(包括自学考试、函授)层次教学的教材，尤其适用于短学时、低层次或自修课程，本书还可作为其他相近专业的教学用书以及工程技术人员工作的参考书。

图书在版编目(CIP)数据

流体力学与泵/梁建军，张培理，蒋新生主编.
北京：中国石化出版社，2024.9. —ISBN 978 - 7 - 5114
- 7635 - 7

Ⅰ. 035；TH3

中国国家版本馆 CIP 数据核字第 2024V2S993 号

中国石化出版社出版发行

地址：北京市东城区安定门外大街 58 号
邮编：100011 电话：(010)57512500
发行部电话：(010)57512575
http://www.sinopec-press.com
E-mail：press@sinopec.com
北京富泰印刷有限责任公司印刷
全国各地新华书店经销

*

710 毫米×1000 毫米 16 开本 24 印张 463 千字
2024 年 9 月第 1 版 2024 年 9 月第 1 次印刷
定价：72.00 元

前　　言

随着科技的不断进步，人类积累的知识不断膨胀，一个人所需学习的知识也越来越多。传统的堆叠式学习已无法适应人们学习的需要。作为科学体系中的一部分，任何一门课程、任何一个知识点都不是孤立的，把握知识之间的联系可以更好地理解知识内涵与外延，更好地掌握与运用知识解决实际问题。本书致力于用简单易懂的语言、形象生动的示意图、举一反三的知识推演，为学生构建课程知识体系。

本书的内容包括流体力学和泵两部分。流体力学本质上是研究流体的力学分支，课程核心理论包括流体的牛顿力学、流体的质量守恒、流体的机械能守恒、流体的动量守衡等。因此，让学员理解流体与固体的差异，运用已掌握的物理学知识来分析流体，就可以得到流体力学知识，使物理学知识直接进阶为流体力学知识，而不需要重新学习一套理论体系，有助于学生理解流体力学知识的内涵。而泵则是利用流体力学原理输送流体的机械设备，只需要理解流体的运动规律，结合机械的工作原理，就可以很容易地理解泵的工作原理，掌握泵的构造，并能够分析和解决泵使用中的问题。因此，本书侧重于建立知识点之间的联系，使学生深刻理解知识的内涵和脉络，进而实现对知识的灵活运用。

本书在内容和结构上进行了重新设计，通过对流体与固体差异的分析，结合物理学、高等数学相关知识，逐步推导出流体的各项特性和规律，各知识点相互关联、相互支撑，形成完整的流体力学知识框架。通过对课程知识框架的认识，使学生可以从宏观视角看课程，由"整体→部分"进行学习，从而更好地理解课程知识的本质。

本课程改革理念获得了相关领域专家的认可。2021年，"流体力学与泵"课程被评选为重庆市一流本科课程。在课程的持续建设中，课程团队融合了最新研究成果，精心编写了本教材。同时，为了更好地适应现代教学的需求，本书录制了配套视频、编制了配套习题集，便于学生自修和练习。

本书由梁建军、张培理、蒋新生、王冬、钱海兵、刘慧姝等共同编写。其中，梁建军负责编写第一~四章，蒋新生负责编写第五章，王冬负责编写第六章，张培理、钱海兵负责编写第七、九、十章，刘慧姝负责编写第八章，何东海、周于翔、杨益其、何标、王建、杨荣相等参与了各章节的编写工作。

由于编者知识和水平有限，时间紧迫，书中难免有不当和错漏之处，恳请读者批评指正。

编　者
2024年6月于重庆

目　　录

上篇　流体力学

下篇 泵

上篇
流体力学

第一章 流体力学概述

对于流体，相信每个人都不陌生，空气、水、各种油料、酒精、血液等都是流体。李白曾用"长风破浪会有时，直挂云帆济沧海"这样的千古名句，借黄河大川表达了自己一往无前、志在成就一番大事业的心胸抱负。王羲之在《兰亭集序》中描述了清澈的小溪流动的景象："又有清流激湍，映带左右，引以为流觞曲水。"这生动的描述正是流体力学中"湍流（紊流）"这一专用术语的来源，见图1.1。

图1.1 古诗中的流体现象

由于流体无处不在、融入人们的生活，因此人们对流体的研究也从未中断过，通过不断地总结、归纳，逐渐形成了流体力学学科。

在流体力学中，流体被定义为：一种在任意微小切应力作用下都会发生连续变形的物质。流体力学就是研究流体物质的运动状态及其变化规律的科学。流体力学的研究对象包括液体和气体，主要关注流体在静止状态和运动状态下的力学行为，其基本原理包括牛顿运动定律、质量守恒定律、动量守恒定律和能量守恒定律等，被广泛应用于解决实际问题，改进生产、改善生活。

流体力学的基本任务在于建立描述流体运动的基本方程，确定流体经各种通道（如管道）及绕流不同物体时速度、压强的分布规律，探求能量转换及各种损失的计算方法，并解决流体与限制其流动的固体壁之间的相互作用问题。

一、流体力学的发展历程

在上古时期，人们凭借着对水的认识学会了使用木筏、独木舟在水上漂流，利用桨、帆驱动船只行驶，还学会了使用各种容器，如锅碗瓢盆，使生活更加卫生和文明。随着时间的推移，水车、风车、水泵、运河、飞机、火箭等逐渐出现，推动了流体力学的诞生和发展。

流体力学作为一门自然科学，随着生产实践的发展而不断丰富和完善。流体力学学科的形成经历了一个漫长而不断深化的过程，可以大致分为四个阶段：古代流体力学阶段、经典流体力学阶段、近代流体力学阶段和现代流体力学阶段。

1. 古代流体力学阶段

在上古时期，大禹通过"疏顺导滞"的方法，利用水自高向低流的自然趋势，顺地形把淤塞的河流疏通，把洪水引入疏通的河道、洼地或湖泊，平息了水患。战国时期（公元前256—公元前221年），蜀郡太守李冰父子修建的都江堰水利工程是中国古代水利工程技术的杰出代表，见图1.2。都江堰以"乘势利导、因时制宜"和"自动分流、自动排沙"等独特的治水哲学和运作机制，将工程设施与自然条件融为一体，实现了人与自然的和谐相处，历经2000多年而不衰，至今仍发挥着巨大的灌溉效益和防洪作用。

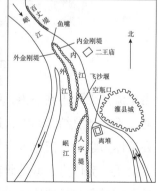

图1.2　都江堰

秦朝时期(公元前221—公元前207年)凿成通航的灵渠,是古代中国劳动人民建造的一项伟大工程,是世界上最古老的运河之一。灵渠在建设过程中采用了多种技术和方法,其中最重要的是设计建造了大小天平和大溶江两个分流装置,大小天平用于调节水位和分流洪水,而大溶江则将湘江水引入漓江,这些技术和方法的应用使得灵渠有效地解决了水利问题,保障了农田灌溉和生活用水需求。始建于春秋时期(公元前486年)的京杭大运河,是世界上里程最长、工程最大的古代运河,也是最古老的运河之一。它北起北京,南至杭州,沟通了海河、黄河、淮河、长江和钱塘江五大水系,全长约1794km。西汉武帝时期(公元前156—公元前87年),为引洛水灌溉农田,在黄土高原上修建了龙首渠,创造性地采用了井渠法,用竖井沟通长十余里的穿山隧洞,有效地防止了黄土的塌方。北宋时期(960—1127年),在运河上修建的真州船闸与14世纪末荷兰的同类船闸相比,早300多年。明朝的水利专家潘季驯(1521—1595年)提出了"筑堤防溢,建坝减水,以堤束水,以水攻沙"和"借清刷黄"的治黄原则,在职时著有《两河经略》和《河防一览》。清朝雍正年间(1723—1735年),何梦瑶在《算迪》一书中提出流量等于过水断面面积乘以断面平均流速的计算方法。这些成就标志着我国古代经济、文化的繁荣和科学技术的进步。此外,我国古代的造船、航海技术也走在世界的前列。在水力学、水文、水力机械方面也有显著的成就。秦汉时期不断改进的水磨、水车和水力鼓风设备,汉代张衡发明的水力驱动的浑天仪,宋代苏颂根据铜壶滴漏的孔口泄流原理发明的"水运仪象台"(水钟),这些都充分说明了我们的祖先对水流性质及其规律已有充分的认识。但由于长期的封建统治和历代重视文章、轻视科学,使得我国的科学发展长期停留在经验层面,未能形成系统的理论体系,流体力学领域也不例外。尽管如此,我们仍为民族光辉灿烂的文明史而感到自豪;同时,也为在现代科学技术理论中鲜有中国人占有一席之地而感到遗憾。

在古希腊,阿基米德(Archimedes,公元前287—公元前212年)的学术著作《论浮体》中,阐明了相对密度的概念,发现了物体在流体中所受浮力的基本原理,即阿基米德原理。这一原理不仅是流体力学的重要定律,而且为物理学的产生奠定了基础。他的学生据此发明了水泵、气枪、抽水唧筒、虹吸管等。古希腊哲学家亚里士多德(Aristotle,公元前384—公元前322年)研究了流体的性质、流动规律和流体对物体运动的影响,探讨了流体的运动规律和压力变化,提出了一些有关流体动力学的初步概念。

文艺复兴时期,意大利的达·芬奇(Leonardo da Vinci,1452—1519年)不仅是伟大的画家，而且是水力学的奠基人之一。他在米兰附近设计并建造了第一座大型水闸，使欧洲进入了水利工程时代。此外他还研究鸟类的飞行并发展了一些关于飞鸟受力的理论。他还做了大量的水力学实验，如射流、旋涡形成、水跃和连续性原理等，系统地研究了物体的沉浮、孔口出流、物体的运动阻力以及管道、明渠中水流等问题，为近代流体力学的诞生奠定了基础。

尽管在这一阶段取得了一些重要成果，但由于缺乏数学和物理学的理论支持，流体力学的进一步发展受到了限制。然而，古代流体力学的研究成果仍然为后来的科学发展奠定了基础。

2. 经典流体力学阶段

随着牛顿力学体系的建立，流体力学进入经典流体力学阶段。这个阶段始于17世纪，一直持续到19世纪末，主要成就是建立和发展了流体力学的基本理论，并将其应用于解决实际问题。

在牛顿（Isaac Newton，1643—1727 年）之前，物理学的发展是分散和不成体系的，缺乏统一的理论框架。牛顿通过提出三大定律和万有引力定律，将天体运动和地球上的物体运动规律统一到一个理论体系中，为物理学的发展开辟了新的方向。流体力学的发展也迎来了新的机遇，学者们开始采用牛顿力学原理研究流体的受力和运动。

牛顿研究了在流体中运动的物体所受到的阻力，得到阻力与流体密度、物体迎流截面积以及运动速度的平方成正比的关系，针对黏性流体运动时的内摩擦力提出了牛顿黏性定律。帕斯卡（Blaise Pascal，1623—1662 年）通过实验验证了托里拆利的气压计理论，并发明了水银气压计。帕斯卡还研究了流体静力学和流体动力学的问题，提出了帕斯卡定律，奠定了流体静力学的基础；研究了流体的流动规律，提出了流体力学的基本方程，为后来的流体力学研究和工程应用提供了重要的理论基础。伯努利（Daniel Bernoulli，1700—1782 年）提出了理想流体的能量守恒定律（伯努利方程），在流体力学和空气动力学研究中发挥了关键作用。伯努利还在流体静力学、气体动力学、波动理论方面开展了大量的研究，取得了卓越的成就。瑞士数学家欧拉（Leonhard Euler，1707—1783 年）于 1755 年发表的《流体运动的一般原理》，提出了流体的连续介质假设，建立了流体平衡微分方程、连续性微分方程和理想流体的运动微分方程，并推证了伯努利积分，给出了不可压缩理想流体运动的一般解析方法。针对流体运动会产生摩擦阻力的现象，法国数学家达朗贝尔（Jean le Rond d'Alembert，1717—1783 年）于 1744 年提出"理想流动没有运动阻力"的著名假说，虽然这一假说与实际流动现象有所出入，但它极大地简化了流体运动的研究，使得流体运动的研究更加方便和可控，为流体运动的研究提供了重要的理论框架和工具。在此基础上，科学家和工程师们开始从实验的角度来探索流体力学的问题，于是就出现了流体力学的一个新分支——水力学。法国数学家拉格朗日（Joseph - Louis Lagrange，1736—1813 年）提出了新的流体动力学微分方程，严格地论证了速度势的存在，并提出了流函数的概念，为应用复变函数解析流体的定常和非定常平面无旋运动开辟了道路。至此，流体力学的另一个分支——理论流体力学形成，它主要采用数学解析方法来解决流体力学问题。

　　随后的 100 年间，流体力学的两个分支（理论流体力学和水力学）都取得了长足的发展。

　　在理论流体力学方面，法国数学家柯西（Augustin Louis Cauchy，1789—1857 年）于 1815 年严密推证了拉格朗日的无旋流理论，并通过复变函数方法研究了液体表面波的传播问题，他提出了弹性体平衡和运动的普遍方程，并给出了应力和应变的严格定义。法国数学家、物理学家泊松（Simeon - Denis Poisson，1781—1840 年）在 1831 年发表的《弹性固体和流体的平衡和运动一般方程研究报告》一文中第一个完整地给出了黏性流体的物理性质的方程，解决了无旋空间绕球流动问题，推动了小振幅波理论的发展。法国数学家、物理学家拉普拉斯（Pierre - Simon Laplace，1749—1827 年）提出并发展了连续介质力学的基本理论，即拉普拉斯方程，该方程描述了流体运动的基本规律。法国数学家柯西和英国物理学家斯托克斯（George Gabriel Stokes，1819—1903 年）分别于 1815 年和 1847 年提出了旋涡概念，把旋涡解释为流体微元体的转动，从而描述了流体旋涡的运动规律和形成机制。德国物理学家亥姆霍兹（Hermann von Helmholtz，1821—1894 年）对旋涡运动和分离流动进行了大量的理论分析和实验研究，提出了表征旋涡基本性质的旋涡定理、带射流的物体绕流阻力等理论。法国工程师纳维（Claude - Louis Navier，1785—1836 年）和英国物理学家斯托克斯先后独立推导出了黏性流体运动方程，将流体质点的运动分解为平动、转动、均匀膨胀或压缩及由剪切所引起的变形运动，即纳维 - 斯托克斯方程（N - S 方程）。N - S 方程是流体力学中的基本方程之一，为描述流体运动提供了数学模型，特别是对于复杂的流体运动，如湍流（紊流）等，为计算流体力学的发展打开了一扇大门。同时，由于 N - S 方程是一个复杂的二阶偏微分方程组，求解非常困难，被称为数学史上最难、最复杂的公式之一。

在水力学方面，法国数学家、工程师谢才（Antoine de Chézy，1718—1798年）通过实测流量的大小，推导出了明渠均匀流的流动方程，即著名的谢才公式。这个公式被称为水力学的基本公式之一，广泛应用于水利工程、河流动力学、环境工程等领域。德国水利工程师魏斯巴赫（Julius Weisbach）于1850年首先提出管道沿程损失的计算式，法国工程师达西（Henry Philibert Gaspard Darcy，1803—1858年）在1858年用实验方法进行了验证，故称为达西－魏斯巴赫公式，成为流体力学计算的基本公式之一。

3. 近代流体力学阶段

19世纪末至20世纪中叶，这一时期实验技术手段有了巨大的进步，诞生了风洞、水槽以及热线等实验装置和测量仪器，因此流体力学的发展呈现出鲜明的理论与实验相互促进的特点。近代流体力学的主要研究对象是湍流（紊流）和空气动力学。结合数学推导建立模型并将其应用于解释或揭示新现象及其规律，是这一时期的流体力学研究的风格。

俄国科学家茹科夫斯基（Н. Е. Жуковский，1847—1921年）在1906年发表的《论依附涡流》等论文中，找到了翼型升力和绕翼型的环流之间的关系，建立了二维升力理论的数学基础，其研究成果为空气动力学的理论和实验研究作出了重要贡献，为近代高效能飞机设计奠定了基础。德国科学家普朗特（Ludwig Prandtl，1875—1953年）提出的边界层理论，标志着现代流体力学的开始。普朗特还在大展弦比的有限翼展机翼理论、混合长度理论、超声速喷管设计方法、风洞实验技术、湍流（紊流）理论等方面作出了重要的贡献。普朗特的学生冯·卡门（Theodore von Kármán，1881—1963年）提出了卡门涡街。卡门涡街现象普遍存在于气象卫星监测、建筑、桥梁、飞机制造设计以及船舶等领域，是现代物理学的基础，改变了人们对自然界的认识，并为后续的科学发现和进步奠定了基础。1914年布金汉（E. Buckingham，1867—1940年）在发表的《在物理的相似系统中量纲方程应用的说明》论文中，提出了著名的 π 定理，进一步完善了量纲分析法。尼古拉兹（J. Nikuradze）在1933年发表的论文中，公布了他对砂粒粗糙管内水流阻力系数的实测结果——尼古拉兹曲线，并据此为紊流光滑管和紊流粗糙管的理论公式选定了应有的系数。莫迪（L. F. Moody）在1944年发表的论文中，给出了他绘制的实用管道的当量糙粒阻力系数图——莫迪图。至此，有压管流的水力计算已渐趋成熟。钱学森（1911—2009年）早在1938年发表的论文中提出了平板可压缩层流边界层的解法——卡门－钱学森解法。他在空气动力学、航空工程、喷气推进、工程控制论等领域作出了许多开创性的贡献。吴仲华（1917—1992 年）在 1952 年发表的《在轴流式、径流式和混流式亚声速和超声速叶轮机械中的三元流普遍理论》和在 1975 年发表的《使用非正交曲线坐标的叶轮机械三元流动的基本方程及其解法》两篇论文中所建立的叶轮机械三元流动理论，至今仍是国内外许多优良叶轮机械设计计算的主要依据。1940 年，周培源（1902—1993 年）提出了一般湍流（紊流）的雷诺应力输运微分方程，描述了湍流（紊流）中雷诺应力的输运过程，是湍流（紊流）研究中的一个重要里程碑。

4. 现代流体力学阶段

20 世纪中叶以来，科学技术迅猛发展，新科学、新技术不断涌现，特别是电子计算机的出现，为流体力学注入了新的活力。有限元方法、差分方法等数值计算方法在流体力学中得到了广泛应用，使得原来用分析方法难以解决的问题可以通过数值模拟得以解决。而精密实验仪器设备的不断出现使人们对流体运动的观测和测量更加精确，为流体力学研究提供了有力的工具。

在这一时期，流体力学在航空航天、石油、天然气、地下水开发、燃烧等领域得到了广泛的应用。这些领域的应用发展对流体力学的理论研究提出了新的挑战和要求，进一步推动了流体力学的进步，使流体力学与其他学科逐渐交叉融合，如物理、化学、生物等，形成了新的交叉学科或边缘学科，如物理 – 化学流体动力学、磁流体力学、生物流变学等。这些交叉学科的研究推动了流体力学的深入发展，产生了许多分支学科，如空气动力学、气体动力学、渗流力学、爆轰波理论等。

20 世纪 50 年代以来，人们开始探索使用计算机进行流动过程的模拟。早期的计算机模拟主要基于简单的数学模型和算法，例如代数模型和有限差分方法。这些模型和算法虽然可以对一些简单的流动问题进行模拟，但无法处理复杂的湍流（紊流）现象。随着计算机技术的不断进步，研究者基于更精确的物理定律和数学原理开发出了更复杂的湍流（紊流）模型和数值方法，探索了各种数值格式、离散化方法、收敛判据等数值技术，以更好地解决湍流（紊流）模拟中的数值稳定性和收敛性问题。计算流体动力学（CFD）已经成为一个独立的学科分支，并广泛应用于各种工程和科学领域，例如航空航天、能源、环境、化工等，成为解决复杂湍流（紊流）问题的重要工具之一，为工程设计和优化提供了重要的参考依据。

随着技术的进步和研究的深入，流体力学通过对复杂流动、复杂流体的研究，必将不断揭示更多真实、复杂流动现象背后的秘密，同时也将面临更多新的挑战和机遇。

二、流体力学的应用

1. 在生命科学领域

水是生命的基础，成年人体重的60%～70%都是水分，血液中的水分比例更是高达83%。血液在我们体内流动，为我们输送营养，血液流动状态直接关系到我们的健康。流体力学可以模拟和分析血液在血管中的流动模式，对于理解心血管疾病的发病机制和开发新的治疗方法具有重要意义。此外，流体力学在呼吸系统研究中也发挥着重要作用，通过模拟和分析空气在呼吸道中的流动，可以帮助我们更好地理解呼吸系统的生理功能，以及呼吸道疾病(如哮喘、慢性阻塞性肺病等)对空气流动的影响。在药物研发过程中，流体力学可以模拟药物在血液循环中的分布和代谢，从而提高药物设计的效率和准确性。此外，超声波治疗、注射治疗、水刀手术等也都离不开流体力学知识。流体力学的研究使人类更全面地认识了生命。

2. 在海洋工程领域

海洋占地球表面积的71%，其水量占地球总水量的97%。海洋是生命的发源地，蕴含着无穷的生命，无穷的能源。当人类在陆地上的生存空间、资源、能源逐渐枯竭时，海洋将是人类赖以生存的宝库。但是迄今为止，被人类探索的海洋仅占5%，仍有95%的海洋是未知领域。人类对于海洋的研究从未中断，洋流的运动、海上的风能、潮汐能、深海勘测等，以及基于海洋场景应用的超大型水利机械——载货量超过56万吨的货运商船、单叶片长度达到118m的大型风电机、每小时挖泥6000m^3的天鲲号挖泥船、航空母舰和潜艇等都极大地拓展了人类的生存空间。

3. 在动力工程领域

水轮机、燃汽轮机、蒸汽轮机、喷气发动机、液体燃料、火箭、水压机、水泵、油泵、通风机、压缩机等，其工作原理、性能、使用和实验都来源于流体力学的研究。通过流体力学的研究，人类拥有了无穷的力量。

4. 在石油化工领域

钻井采油工艺，石油和油品的生产、储存、运输，天然气的开采、运输等都涉及流体力学知识。输油管道的设计、管道直径的确定、输油泵的选择与安装、泵站的位置确定、管道水击现象的分析与控制，以及储罐的设计和收发油系统的操作与管理，都必须依赖流体力学的基本原理。流体力学的研究畅通了能源的渠道。

5. 在航空航天领域

飞机是 20 世纪最伟大的发明之一。飞机使人类拥有了飞行的翅膀，第一次将人类的活动空间拓展到了天空。随着航天科技的进步，人类的目光由地球转向了太空，并迈出了走出地球、走向宇宙的第一步。人类之间的战争，也随之升级为海陆空天电多维立体战争模式。流体力学的研究使人类的发展有了更多的可能。

6. 在国防科技领域

研究空气动力学可以让枪械、炮弹、导弹打得更远更准，研究爆炸波可以使武器的威力更大，研究水动力学噪声可以实现潜艇的"声隐身"。现代战争中，油料是战争的血液，是战争胜负的关键。可见，流体力学是战争发展的助推器。

除此之外，建筑工程、水利水电、环境保护、体育运动等各个领域都要用到流体力学的知识。流体力学也随着人类的发展不断地进步和完善。

三、流体的研究方法

流体力学知识的来源是人类的生产实践，但仅是对这些现象的经验性总结和利用，并不能算作科学研究。需要将这些现象抽象化、理论化分析，形成不依托于具体实物的理论，使其能够推广到其他不同的生产实践中，才能称为科学。

从这个角度来看，虽然我国很早就有了防洪治水、水利水工，但并没有形成抽象的理论，也不能算是流体力学的范畴。

从流体力学的发展历程来看，流体力学的研究方法主要有三种：理论分析、实验研究和数值模拟。

1. 理论分析

理论分析是流体力学中最基础的研究方法之一，主要依赖于数学和物理学理论，通过建立数学模型和公式来描述流体的运动规律，如建立流体运动方程、流体压强方程，流体受力分析等。理论分析方法虽然具有严谨性和普适性，但也存在一定的局限性，如对于复杂的流体问题，理论模型可能过于简化而无法准确描述实际情况；同时，方程的求解和分析也可能受数学工具和计算资源的限制。因此，在实际应用中，通常需要将理论分析方法与其他研究方法相结合，以更全面地理解和解决流体问题。

2. 实验研究

实验方法是流体力学研究中不可或缺的一部分，是一种基于实验观测和测量的研究方法，旨在通过实验手段揭示流体的运动规律和特性，可分为原型实验、模型实验和系统实验。实验方法具有直观性和可靠性的优点，但也存在一定的局限性，如实验结果可能受实验条件、测量精度和仪器误差等因素的影响，同时实验成本和时间也可能成为限制因素。

3. 数值模拟

数值模拟方法是一种基于计算机模拟，通过数值计算和图像显示，对流体运动进行定量分析和可视化展示的研究方法。数值模拟方法具有显著的优势，如成本效益高、计算速度快、提供全面数据、可重复性好以及应用范围广泛，使其成为现代流体动力学研究中不可或缺的工具。然而，这种方法也存在局限性，如对模型的依赖性、离散化误差、边界条件的敏感性、高计算资源需求以及验证难度，这些都可能影响到模拟结果的准确性和可靠性。尽管数值模拟方法存在这些挑战，但其仍然是流体力学领域的重要研究手段。通过不断改进数值算法、提高计算效率、优化模型选择和验证过程，可以进一步发挥数值模拟方法的潜力，为解决实际工程问题提供更准确、更可靠的流体动力学模拟结果。

当然，对流体现象的研究一般不会只采用某一种方法展开。更多的是多种方法组合，互相印证，多途径形成流体力学的理论。

本门课程主要学习流体力学的一些基本内容和简单应用。如静止状态下的流体受力和压强分布，运动状态下的受力、压强、速度及能量损失等，以及在储运工程领域，用流体力学知识解决实际问题。课程的主要内容有流体的物理性质、流体静力学、流体运动和动力学基础、流动阻力与水的损失、管道水利计算与孔口管嘴出流、水击现象等。这些内容循序渐进，环环相扣，共同构建了流体力学课程知识体系。

本门课程的学习还需要有较为扎实的先导课程理论基础，如高等数学中函数、极限、导数、微积分等知识，大学物理中力学、运动学、能量守恒、动量守恒等知识。在学习过程中，应注意夯实理论基础，加强知识点之间的联系。只有筑牢坚实的基础，才能更好地应用于工程实践。

第二章　流体的特性

自然界中，除了固体，还有液体和气体，如图 2.1 所示。当固体受到外力时，运动状态会发生改变。在受到外力作用而运动时，固体作为一个整体运动。然而，液体和气体在受到外力作用时会发生变形，并且运动状态也会因受力面、作用点的不同而不同。液体和气体的这种连续变形的运动过程称为流动，液体和气体统称为流体。

在流体力学中，研究对象是流体。由于流体与固体的结构不同，它们的物理性质也不相同，因此分析和研究的方法也有很大差异。

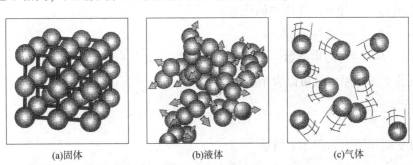

(a)固体　　　　　　　　(b)液体　　　　　　　(c)气体

图 2.1　固体、液体和气体分子结构示意图

第一节　流体的结构

一、流体的微观特征

物质由无数分子/原子(以下简称分子)组成，分子间存在着共价键、金属键、化学键、范德华力等相互作用力。这些力将分子凝聚在一起，形成一种物质。

对于固体，分子间的作用力主要是共价键、金属键和化学键，键能约为100kJ/mol。这些力将分子紧密地结合在一起，无论是静止还是运动，所有分子都被固定在平衡位置，除非作用在分子上的外力大于分子间的作用力。而一旦分子离开平衡位置，物体的形状、结构就会发生变化。例如，用刀砍木头时，木头会分裂开，刀拿开后，分裂开的木头不会恢复到原来的状态。当我们用手推车时，施加在物体上的力由无数的分子分摊，平均到每一个分子上的力会非常小，因此物体不会被破坏。

对于液体和气体，分子间的作用力主要是范德华力。范德华力(又称分子间作用力)产生于分子之间的静电相互作用，其能级远小于共价键、金属键和化学键。在分子间作用力的影响下，当两个分子彼此紧密靠近、电子云相互重叠时，就会发生强烈的排斥；而当它们距离较大时，又会表现出引力作用。分子间作用力所能影响的最大距离称为范德华半径。

分子作用力的势函数可用经验式计算：

$$\omega(r) = -\frac{A}{r^6} + \frac{B}{r^{12}} \tag{2.1}$$

式中 $\omega(r)$——分子间作用力的函数；

      A——斥力项参数；

      B——引力项参数。

而分子间作用力就可以表示为：

$$F(r) = -\frac{\mathrm{d}\omega}{\mathrm{d}r} \tag{2.2}$$

分子间作用力如图2.2所示[12]。

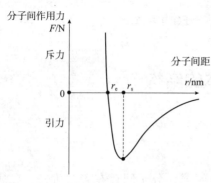

图2.2 分子间作用力示意图

从图2.2中可以看出，当分子间距离小于 r_e 时，分子间作用力表现为斥力；当分子间距离等于 r_e 时，分子间作用力处于平衡位置；而当分子间距离大于 r_e 时，分子间作用力表现为引力，随着距离增加，在间距为 r_s 时达到最大点，随后，随着距离增加，分子间作用力也逐渐减小。

由于液体和气体的分子间距比较大，分子间的作用力相对较小。分子可以在一定范围内自由运动。因此，在很小的力的作用下，分子就会偏离原先的位置。这在宏观上表现为受力变形的性质，即流动性。

虽然液体和气体都具有流动性，但它们是不一样的。液体的分子间距比固体大，但远小于气体分子间距。在分子间作用力的作用下，液体和气体之间会形成气液分界面，液体分子在分子间作用力的作用下，在液体内部运动，少量分子在惯性力的作用下会逃逸到气体中，形成蒸发现象。

对于气体，由于分子间距很大，分子间作用力几乎不会影响分子的运动，因此气体分子在整个空间中自由扩散，充满未被固体、液体占据的空间。部分气体分子在液体表面被液体分子的分子间作用力捕获，进入了液体内部，形成溶解现象。

由此可以看出，固体和液体受力的表现差异的根本原因在于分子间距和分子间作用力。正是由于流体分子间距和分子间作用力的作用，使流体在外力作用下呈现连续变形的流动现象。

二、流动现象

从力学角度看，分子时刻都在进行无规则的热运动，这会带来以下影响：

(1)分子间距离不断变化，分子间作用力不断做功；

(2)运动中的分子会发生相互碰撞，产生动量交换。

这两种现象都会产生一个阻碍流体分子间相对运动扩大的效果，即使流体分子的运动趋于统一，其表现出的现象就是流体运动中的阻力(黏性力)。流体分子的大间距自由运动、分子间作用力以及黏性力，使流体在受力时不仅与外部存在力的交互和能量转换，而且内部也存在力的交互与能量转换，从而产生比固体受力运动更为复杂的运动现象，即流动现象。

所以，在流体力学课程学习中，就是通过对流体与固体、流体与流体之间的相互作用力以及受力下的运动能量等进行研究，建立描述流体运动的基本方程，确定流体经过各种管道的速度、压强分布变化，解决流体与限制其流动的固体壁面之间的相互作用、能量转换以及各种损失计算的问题。

第二节 连续介质假设

流体是由分子(或原子，下同)构成的。分子(无论液体或气体)在不断地随机运动和相互碰撞。从分子运动尺度看，流体分子之间总是存在着间隙，其物质分布在空间上是不连续的，如图2.3所示。在这种情况下，如果以流体分子为研究对象，其质量不可再分，位置、能量、速度和加速度等参数不可测量，而整个流体由无数离散的分子组成，因此很多数学分析的方法都不能适用，如函数、微分、积分等，因为这些数学方法都要求变量是连续的。

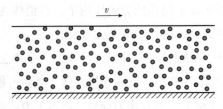

图2.3　流体结构示意图

但在对实际的流体进行研究时，分子间距(液态水分子间距约为0.28nm)远小于常见事物的宏观尺度，如水杯、水管等，人们无法察觉这些分子间距的影响。因此，1755年，瑞士科学家欧拉(Leonhard Euler，1707—1783年)首先提出了流体的连续介质假设。

欧拉的连续介质假设认为，流体是由无数质点无间隙地组合在一起形成的连续体，流体质点和空间点在任何情况下均满足一一对应的关系，即任意空间点在任意时刻都只能有一个流体质点，同样，任意流体质点在任意时刻都只占据一个空间点。这样，流体就成为连续物质。长期的生产实践和科学实验证明，利用连续介质假设所求得流体的运动规律和基本理论与客观实际是相符的，证明这个假设是合理、正确和科学的。

在连续介质假设中，流体质点是指大小同流动空间相比微不足道，可以忽略其体积大小，又含有大量分子，能够体现分子运动的统计平均特性的流体微团，是流体力学研究的最小单位，如图2.4所示。

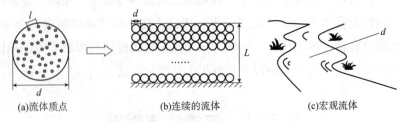

(a)流体质点　　　　　　(b)连续的流体　　　　　　(c)宏观流体

图2.4　连续介质假设示意图

通过建立连续介质假设，可以摆脱分子运动的复杂性，对流体物质结构进行简化。

由于流体研究的最小个体由分子变为质点，而质点又包含了足够多的分子，质点的物性和运动参数就是这些分子的物性和运动参数的统计平均值，从而避免了单个分子运动的不确定性带来的参数离散性，同时质点的无间隙排列也保证了流体在空间上的连续性。基于连续介质假设，流体质点及其运动的物理量在空间和时间上是连续的，因此数学分析方法可用于研究流体的流动。

连续介质假设适用于所有的流体力学研究吗？对于这个问题，丹麦物理学家马丁·克努森（Martin Knudsen，1871—1949 年）在研究分子运动论、气体中的低压现象时，提出用克努森数来判断分子的相对离散程度。克努森数定义为分子平均自由程与宏观运动物体尺度的比值：

$$Kn = \frac{l(分子的平均自由程)}{L(宏观运动物体尺度)}$$

我国航天之父、导弹之父钱学森在 1946 年研究稀薄气体动力学时，提出用克努森数（Kn）来判断流体运动的连续条件，判断条件见式（2.3）。当流体为连续流时，可以看作连续的物质，此时边界条件为无滑移条件，即流体和与其接触的壁面速度相同，无速度差；流体为滑移流时，应采用滑移边界条件来研究流体的运动；流体的过渡流需要考虑更多分子间距和分子间作用力的影响；而当流体为分子流时，就必须采用分子离散流假设条件，直接用分子运动的玻尔兹曼方程来描述流体运动。

$$Kn = \begin{cases} \leq 0.01 & 连续流 \\ \approx 0.01 \sim 1.0 & 滑移流 \\ \approx 1.0 \sim 10.0 & 过渡流 \\ \geq 10 & 分子流 \end{cases} \qquad (2.3)$$

按照这一结论，水分子的平均自由程为 0.1nm 量级，那么研究物体尺度大于10nm，就可以看作连续流体。而对于气体分子，其平均自由程为 10nm 量级，当研究物体尺度大于 1000nm 时可以看作连续流体。

由此可见，在工程应用领域，绝大多数情况下都可以忽略分子的间距，将流体作为连续介质进行研究。

第三节　流体的受力

在经典物理学中，物体的受力决定了其运动状态，物体受到的外力有重力、拉力、压力、摩擦力、惯性力等。这些力可以分为两大类：一类是作用于物体每一个分子，与物体的质量有关且无法相互传递的力，如重力、惯性力；另一类是作用于物体表面的力，如拉力、压力、摩擦力等。

在流体力学中，这些力同样存在。作用在流体质点上、大小与质量相关的力称为质量力，作用在流体表面的力称为表面力。

一、质量力

固体的质量力虽然作用在每一个分子上，但其分子位置相对固定，并不会因为受力而发生相对运动，因此固体所受质量力的作用点是它的重心。

与固体相比，流体的质量力有所不同。流体的每个质点（见连续介质假设）都受到质量力的作用，大小与其质量成正比。但是，流体的质点在外力作用下会发生相对运动，使宏观流体的形状不断变化，从而其重心也随之变化，这就使流体的运动情况与固体完全不同。

在流体力学中，将单位质量流体所受到的质量力定义为单位质量力，用 f 表示，数学表达式为：

$$f = \lim_{\Delta m \to 0} \frac{\Delta F}{\Delta m} \tag{2.4}$$

式中　f——单位质量流体所受到的质量力，m/s^2；

　　　ΔF——流体微团受到的质量力，N；

　　　Δm——流体微团的质量，kg。

质量力包括重力和惯性力。

（一）重力

重力是指物体受到地球引力而产生的指向地心的力，大小与质量成正比，用 G 表示，数学表达式为：

$$G = mg \tag{2.5}$$

式中　G——流体所受到的重力，N，方向指向地心；

　　　m——流体的质量，kg；

　　　g——重力加速度，通常取 $9.81m/s^2$。

重力的单位质量力为：

$$f_G = \lim_{\Delta m \to 0} \frac{\Delta G}{\Delta m} = \lim_{\Delta m \to 0} \frac{\Delta mg}{\Delta m} = g \tag{2.6}$$

式中　f_G——单位质量流体所受到的重力，m/s^2，方向指向地心；

　　　Δm——流体微团的质量，kg。

(二) 惯性力

惯性力是指当流体以某一加速度运动时，描述其保持原有运动状态倾向的一种虚拟力，用符号 F_L 表示，其大小与物体所受的合力相等，方向与合力方向相反。数学表达式为：

$$F_L = -ma \tag{2.7}$$

式中　F_L——流体所受到的惯性力，N，方向与流体所受外力的合力方向相反；

　　　m——流体的质量，kg；

　　　a——流体的加速度，m/s^2。

流体的单位惯性力为：

$$f_L = \lim_{\Delta m \to 0} \frac{\Delta F_L}{\Delta m} = \lim_{\Delta m \to 0} \frac{\Delta ma}{\Delta m} = -a \tag{2.8}$$

式中　f_L——单位质量流体所受到的惯性力，m/s^2；

　　　Δm——流体微团的质量，kg。

对于圆周运动，其惯性力又称为离心力，数学表达式为：

$$F_R = -m\omega^2 r \tag{2.9}$$

式中　F_R——流体所受到的离心力，N，方向为由圆心指向圆周；

　　　m——流体的质量，kg；

　　　r——流体运动的曲率半径，m。

圆周运动的单位惯性力为：

$$f_R = \lim_{\Delta m \to 0} \frac{\Delta F_R}{\Delta m} = \lim_{\Delta m \to 0} \frac{\Delta m\omega^2 r}{\Delta m} = \omega^2 r \tag{2.10}$$

式中　f_R——单位质量流体所受到的惯性力，m/s^2；

　　　Δm——流体微团的质量，kg。

二、表面力

作用在流体表面，大小与受力面积成正比的力称为表面力，包括气液分界面、气固分界面以及流体内部微团表面所受的力。表面力具有传递性，流体微团间力的传递总是通过表面力进行的。

如图 2.5 所示，流体的表面力可以分解为两个方向，垂直于表面的分力称为压力，用符号 P 表

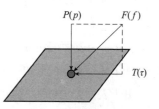

图 2.5　流体的表面力示意图

示，单位为 N；单位面积上的压力称为正应力或压强，用符号 p 表示，单位是 N/m² 或者 Pa，计算式为：

$$p = \lim_{\Delta A \to 0} \frac{\Delta P}{\Delta A} \qquad (2.11)$$

平行于表面的分力称为剪切力，用大写的 T 表示，单位为 N；单位面积上的剪切力称为切应力，用符号 τ 表示，单位是 N/m²，计算式为：

$$\tau = \lim_{\Delta A \to 0} \frac{\Delta T}{\Delta A} \qquad (2.12)$$

三、表面张力

对于流体，有一些非常有趣的现象，如清晨树叶上闪亮的露珠、雨天树枝上摇摇欲滴的水滴、毛细管现象等，这些都是水在表面张力作用下呈现出的奇妙现象。

由于液体的分子间引力很小，在静止状态时只能承受压力，不能承受张力。但是在液体与大气接触的自由面上，由于气体分子的内聚力和液体分子的内聚力有显著差别，使自由表面上液体分子有向液体内部收缩的倾向，这时沿自由表面上必定有拉紧作用的力。

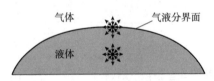

气体　气液分界面
液体

图 2.6　表面张力的形成原理

如图 2.6 所示，在气液分界面处，一边是液体，一边是气体，表面这层液体分子在两侧气体分子和液体分子的作用下处于平衡位置。由于气体分子间的内聚力远小于液体分子间的内聚力，表层液体分子在分子间作用力的作用下，会向液体这一侧做微小的移动，使它与相邻的液体分子间距小于液体内部的平均分子间距，形成一层相对致密的表面层，就像一层弹性膜一样，在分子间作用力的作用下，形成内敛的趋势。

表面张力的计算式：

$$F = \sigma l \qquad (2.13)$$

式中　σ——表面张力系数，N/m；

　　　　l——分界线长度，m。

由于表面张力的方向与液面相切，表面张力似乎既不属于质量力也不属于表面力。但从表面张力的形成原因可以看出，在气液分界面的表面层上，一条分界线将表面层分成两个部分，这两个部分之间的引力就是表面张力，如图 2.7 所示。

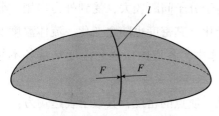

图2.7 表面张力示意图

由于表面层的厚度很小，实际工程应用中是不可测量的。因此，以可测量的参数"l"作为表面张力的特征参数，而表面层的厚度参数则包含在了表面张力系数 σ 中，因此不同流体的表面张力系数是不一样的。由此可见，表面张力是一种表面力。

虽然表面张力很小，在工程上一般忽略不计，但是在毛细管中，这种张力可以引起显著的液面上升和下降，即毛细管现象。在使用玻璃管制成的水力仪表中，必须考虑到表面张力的影响。

如图2.8所示，当玻璃管插入水（或其他能够浸润管壁的液体）中时，由于水的内聚力小于水同玻璃间的附着力，水将浸润玻璃管的内外壁面。在内壁面，由于管径小，水的表面张力使水面向上弯曲并升高。

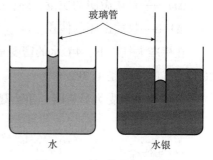

图2.8 毛细管现象示意图

当玻璃管插入水银（或其他不浸润管壁的液体）中时，由于水银的内聚力大于水银同玻璃间的附着力，水银不会浸润玻璃，水银面向下弯曲，表面张力将使玻璃管内的液柱下降。

第四节 流体的物理性质

一、密度、重度和相对密度

密度是指单位体积物质的质量，是物质的本质属性，数学表达式为：

$$\rho = \frac{m}{V}$$

式中 m——物质的质量，kg；

V——物质的体积，m^3。

一般情况下，物质的密度取决于温度和压强。对于固体来说，通常分子通过金属键、化学键紧密连接在一起，外部压强几乎不会引起分子间距的变化，分子间距主要影响因素是温度。但对于流体，由于分子间距较大，受到外力作用时分子间距的变化会引起单位体积物质质量的变化，其密度也随之变化。流体温度变化也同样会引起密度的变化。而在运动流体中，各点的压强和温度常常各不相同，因此流体中各点的密度也不相同。

因此，对于流体，密度通常表示的是某一质点的密度，其数学表达式为：

$$\rho = \lim_{\Delta V \to 0} \frac{\Delta m}{\Delta V} \tag{2.14}$$

式中　ρ——流体质点的密度，kg/m^3；

　　　Δm——物质微团的质量，kg；

　　　ΔV——物质微团的体积，m^3。

在标准大气压下，4℃水的密度是$1000kg/m^3$，水银的密度是$13.6 \times 10^3 kg/m^3$，20℃空气的密度是$1.2kg/m^3$。

对流体进行受力分析时，重力是常见的质量力，其数学表达式为：

$$G = \rho g V \tag{2.15}$$

将ρg定义为重度，用γ来表示，即：

$$\gamma = \rho g$$

在工程应用中，为了便于表示，常使用流体与水的重度的比值来表示某种物质的密度或重度，称为相对密度，用S表示：

$$S = \frac{\gamma}{\gamma_{水}} = \frac{\rho}{\rho_{水}} \tag{2.16}$$

式中　γ、ρ——某种流体的重度、密度；

　　　$\gamma_{水}$、$\rho_{水}$——标准状态下水的重度、密度。

例如某液体相对密度为0.82，其密度就是$0.82 \times 10^3 kg/m^3$。常见液体的相对密度如表2.1所示。

表2.1　常见液体的相对密度

液体种类	温度/℃	相对密度	液体种类	温度/℃	相对密度
蒸馏水	4	1.00	航空汽油	15	0.65
海水	4	1.02 ~ 1.03	轻柴油	15	0.83
重质原油	15	0.92 ~ 0.93	润滑油	15	0.89 ~ 0.92
中质原油	15	0.85 ~ 0.90	重油	15	0.89 ~ 0.94

液体种类	温度/℃	相对密度	液体种类	温度/℃	相对密度
轻质原油	15	0.86~0.88	沥青	15	0.93~0.95
煤油	15	0.79~0.82	甘油	0	1.26
航空煤油	15	0.78	水银	0	13.6
普通汽油	15	0.70~0.75	酒精	15	0.79~0.80

二、压缩性与膨胀性

影响流体密度的因素有两个：一个是压强，另一个是温度，所以密度可以表示为 p 和 T 的函数 $\rho(p, T)$。

对密度做全微分得到：

$$d\rho = \frac{\partial \rho}{\partial p}dp + \frac{\partial \rho}{\partial T}dT \qquad (2.17)$$

式中　ρ——流体微团的密度，kg/m^3；

p——流体微团的压强，Pa；

T——流体微团的温度，K。

在实际应用中，对于不同的物质，仅考虑密度的变化量往往并不能表征密度变化的程度。例如，同时加热两种流体，一种流体的密度变化量为 $1.0kg/m^3$，另一种流体的密度变化量为 $0.6kg/m^3$，哪种流体的密度变化大？如果第一种流体是水、第二种流体是空气呢？可见，密度变化率可以更准确地表征密度的变化程度。

因此，将式(2.17)两边分别除以 ρ，使公式无量纲化，得到：

$$\frac{d\rho}{\rho} = \frac{\partial \rho/\rho}{\partial p}dp + \frac{\partial \rho/\rho}{\partial T}dT \qquad (2.18)$$

式中，$\dfrac{\partial \rho/\rho}{\partial p}$ 表征了流体的可压缩性；$\dfrac{\partial \rho/\rho}{\partial T}$ 表征了流体的热膨胀性。

(一)压缩性

压缩性是指当温度不变时，由压强变化引起的流体密度变化，用压缩性系数 β_p 表示，单位为 m^2/N，用公式表示为：

$$\beta_p = \frac{d\rho/\rho}{dp} = -\frac{dV/V}{dp} \qquad (2.19)$$

式中　ρ——流体的密度，kg/m³；

　　　dρ——流体密度的变化量，kg/m³；

　　　dp——流体压强的变化量，Pa；

　　　dV——流体体积的变化量，m³；

　　　V——流体的总体积，m³。

从式中可以看出，压缩性系数大意味着较小的压强变化就会引起较大的密度变化，说明流体容易被压缩；反之，压缩性系数小意味着需要很大的压强变化才会使流体发生很小的密度变化，说明流体不容易被压缩。为了使概念更易于理解，定义压缩性系数的倒数为体积弹性模量，用符号 K 表示，单位为 Pa（N/m²），即：

$$K = \frac{1}{\beta_\mathrm{p}} \qquad\qquad (2.20)$$

可见，体积弹性模量越大，说明使流体密度变化所需要的压强越大，反之亦然。

常见液体的体积弹性模量为：

水：$1.962 \times 10^9 \mathrm{N/m^2}$

煤油：$1.687 \times 10^9 \mathrm{N/m^2}$

柴油：$1.570 \times 10^9 \mathrm{N/m^2}$

由以上数据可以看出，在标准大气条件下，要使水压缩1%，所需要的压强约为 20MPa，这是一个很大的压强，其他液体所需的压强相近。

通常情况下，流体压缩性的影响可以忽略不计，只有在研究水击现象、压力波传播等问题时才会考虑流体的可压缩性。在流体力学研究中，不考虑可压缩性的流体称为不可压缩流体，需要考虑可压缩性的流体称为可压缩流体。

对于气体，可压缩性比液体大。但在低温、低压、低速条件下的气体运动，如隧道施工及运营通风、低压气体运输、低温烟道流动等，其气流速度远小于音速，气体压缩性对气流流动的影响可以忽略，即这些状态下的气体可视为不可压缩流体。在研究高空稀薄气体运动、亚音速流动、超音速流动、压力波传播等问题时，必须考虑气体的可压缩性。

（二）膨胀性

膨胀性是指当压强不变时，由温度变化引起的密度变化，用膨胀性系数 β_T 表示，单位为 $\mathrm{K^{-1}}$。由于质量不变而体积增大时，密度变化为负值，因此在算式前加负号：

$$\beta_T = -\frac{\partial \rho / \rho}{\partial T} = \frac{\partial V / V}{\partial T} \tag{2.21}$$

需要说明的是：在标准大气压下，水在4℃时密度最大，为1000kg/m³。当温度 $T > 4℃$ 时，水热胀冷缩；而当 $0 < T < 4℃$ 时，水热缩冷胀；0℃为水在标准大气压下的冰点。

三、黏性

(一)牛顿内摩擦定律

当两个固体接触并做相对运动时，接触面上会产生一个与运动方向相反的摩擦阻力，阻力的大小与摩擦系数和两平面间的压力有关。这是由于两个接触面上粗糙凸起相互碰撞，引起的分子间作用力变化以及分子微团剥离所产生的阻力。在相对运动过程中，摩擦力做功，将固体的动能转化为热能散失掉。

流体相对于固体运动或两种流体相对运动时，情况相似。例如，我们在空气中可以自如地运动，但在水中所受的阻力就要大得多。由此看来，有一个性质可以表示流体相对运动或流动的内部阻力，该参数就是黏度。流动的流体在流动方向上作用于物体的力即阻力，其大小在一定程度上取决于黏度。

产生黏性力的根源是分子间作用力和分子不规则运动引起的动量交换。

(1)分子间作用力：当流体分子相对运动时，分子间距就会发生变化。分子间作用力像弹簧的弹力一样，距离小时斥开、距离大时拉近，从宏观表现来看就是阻碍流体分子相对运动。

(2)动量交换：不同速度的分子在运动过程中发生碰撞时会产生动量交换，使高速分子减速、低速分子加速，从宏观表现来看，这种作用同样是使流体分子运动趋同，阻碍流体相对运动。

最早对流体的黏性进行定量研究的是牛顿。他于1686年通过实验测量了液体的黏性，并建立了描述流体内部摩擦力的牛顿内摩擦定律，牛顿黏性实验原理如图2.9所示。

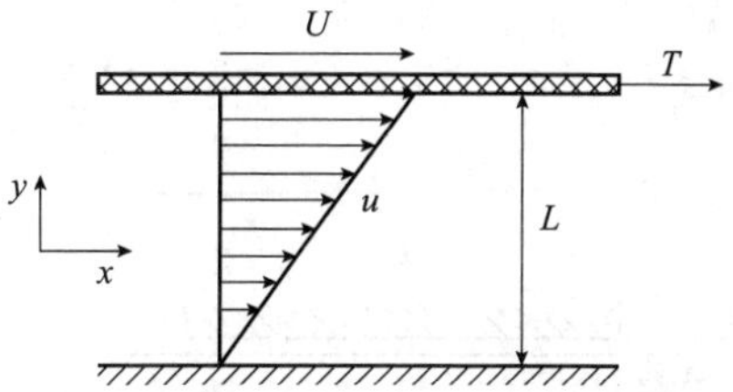

图2.9 平板实验示意图

设有两个无限大的平板平行布置，间距为 L，两平板间填充某种流体。对上平板施加一个水平向右的拉力 T，使其向右做速度为 U 的匀速运动，下平板固定不动。

根据边界无滑移条件，与上平板接触的流体黏附在平板表面，与平板的速度相同；与下平板接触的流体速度与平板速度相同，均为零。

实验研究表明，当 L 很小时，两板间流速近似线性分布，即：

$$u(y) = \frac{y}{L}U \qquad \frac{\mathrm{d}u}{\mathrm{d}y} = \frac{U}{L} \tag{2.22}$$

式中，y 为到下平板的垂直距离，m。

研究表明：两平板间黏性力的大小与平板的面积和速度梯度的乘积成正比，即：

$$T \propto A\frac{\mathrm{d}u}{\mathrm{d}y} \tag{2.23}$$

令 $\mu = \dfrac{T}{A\dfrac{\mathrm{d}u}{\mathrm{d}y}}$，称为动力黏度，则式（2.23）可变为等式：

$$T = \mu A\frac{\mathrm{d}u}{\mathrm{d}y} \qquad 或 \qquad \tau = \mu\frac{\mathrm{d}u}{\mathrm{d}y} \tag{2.24}$$

式中　μ——动力黏度，$N \cdot s/m^2$ 或 $Pa \cdot s$；

　　　A——流体的受力面积，m^2；

　　　$\dfrac{\mathrm{d}u}{\mathrm{d}y}$——垂直于平板运动方向上的速度梯度，$s^{-1}$。

分析黏性流体运动规律时，动力黏度 μ 经常与密度 ρ 以比值的形式出现，与其他参数共同表征流体的运动特征，因此将其比值定义为运动黏度，用符号 ν 表示，单位为 m^2/s：

$$\nu = \frac{\mu}{\rho} \tag{2.25}$$

在石油化工、机械等行业中，常使用工程单位泊（P）和厘泊（cP）表示动力黏度，用斯（St）和厘斯（cSt）表示运动黏度。

$$1Pa \cdot s = 10P = 1000cP$$

$$1m^2/s = 10^4St = 10^6cSt$$

例题 2.1：某潜水艇的螺旋桨中有一轴承，如图 2.10 所示。轴承宽 0.5m，内径为 150mm，若潜水艇的最大速度为 20kn（节），轴的转速为 400r/min，轴与轴承的间隙为 0.25mm。润滑油的动力黏度为

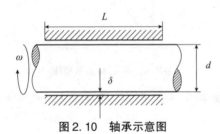

图 2.10　轴承示意图

0.49P，则轴转动时所需的功率为多大？

解：轴转动时产生的黏性力大小为：

$$T = \mu A \frac{\mathrm{d}u}{\mathrm{d}y}$$

根据边界无滑移条件，轴承处的流体速度为0，与轴相接的流体速度为：

$$u = \frac{\pi d n}{60} = \frac{\pi \times 0.15 \times 400}{60} = 3.14\,(\mathrm{m/s})$$

则

$$\frac{\mathrm{d}u}{\mathrm{d}y} \approx \frac{\Delta u}{\Delta y} = \frac{3.14}{0.00025} = 12560\,(\mathrm{s}^{-1})$$

与流体相接且有相对运动的面为轴承内壁面，即：

$$A = \pi d L = \pi \times 0.15 \times 0.5 = 0.236\,(\mathrm{m}^2)$$

根据牛顿内摩擦定律，轴承所受的剪切力为：

$$T = \mu A \frac{\mathrm{d}u}{\mathrm{d}y} = 0.049 \times 0.236 \times 12560 = 145.2\,(\mathrm{N})$$

则轴转动时所需功率 N 为：

$$N = T \cdot u = 145.2 \times 3.14 = 455.9\,(\mathrm{W})$$

（二）牛顿流体与非牛顿流体

在自然界中，并不是所有的流体都适用牛顿内摩擦定律。将符合牛顿内摩擦定律的流体称为牛顿流体，如水、空气、酒精、汽油、柴油等；不符合牛顿内摩擦定律的流体称为非牛顿流体，如泥浆、血浆、新拌的水泥等，非牛顿流体根据其黏性的特征也可分为塑性流体、拟塑性流体、膨胀性流体等，如图2.11所示。

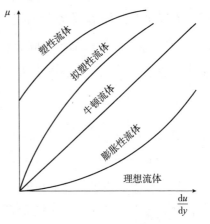

图2.11　牛顿流体与非牛顿流体

黏性是流体的本质属性，所有的流体都具有黏性，黏性使流体的运动更加复杂。在流体的运动分析中考虑黏性的影响时，很多问题将难以分析。针对这一问题，在实际应用中，常常会对流场进行一定的简化，将忽略黏性的流体定义为理想流体，而考虑黏性的流体则称为实际流体。例如，在紊流分析中，利用边界层理论将流场分为边界层和核心区。在边界层中，由于流体运动的速度梯度很大，必须考虑黏性影响；而在核心区，速度梯度很小，通常可以忽略黏性影响。实践表明，这种方法非常有效，既可以显著降低流体运动分析的难度，又可以保证一定的计算精度，在工程中得到了广泛的应用。

(三)黏温特性

理论上，压强和温度的变化都会引起流体黏性的变化。当压强增大时，分子间距减小、分子间作用力增大，导致流体黏性增加；反之亦然。当温度升高时，一方面流体膨胀、分子间距增加，分子间作用力减小，黏性会降低；另一方面，分子运动速度加快，相互碰撞的概率和动量交换的频率增加，黏性会增加。

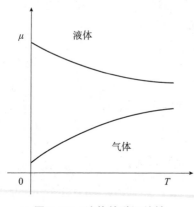

图2.12 流体的黏温特性

实际上，由于流体的可压缩性非常小，尤其是液体，通常认为是不可压缩的，因此压强引起的黏度变化非常小，可以忽略不计。因此，黏度的主要影响因素是温度。温度升高时，液体的黏度降低，而气体的黏度升高，如图2.12所示。

对于气体，分子间距很大，分子间作用力可以忽略不计，因此其黏性力主要由分子间的动量交换引起。当温度升高时，气体分子以更高速度随机运动，导致单位体积、单位时间内产生更多的分子碰撞，产生更大的流动阻力。

在高温下，气体动力学理论预测气体黏度与温度的平方根成正比，即$\mu_{gas} \propto \sqrt{T}$。这一预测已通过实际观察予以证实，但考虑不同气体存在偏差，需要加入一些修正因子。根据萨瑟兰公式，气体黏度可以用温度的函数表示：

$$\mu = \frac{aT^{1/2}}{1 + b/T} \tag{2.26}$$

式中，T 为气体的温度，K；a、b 为通过实验确定的实验常数，空气的常数为 $a = 1.458 \times 10^{-6} kg/(m \cdot s \cdot K^{1/2})$、$b = 110.4K$。

对于液体，其黏性力主要由分子间作用力产生。当温度升高时，分子间距增大，分子间作用力减小，其对流体分子的约束也相应降低，因此黏性力呈现出下降的趋势。

液体的黏温计算式为：

$$\mu = a \times 10^{b/(T-c)} \tag{2.27}$$

式中，T 为液体的温度，K；a、b 和 c 为通过实验获得的实验常数。在 0 ~

370℃范围内，水的常数值为 $a = 2.414 \times 10^{-5} \mathrm{N \cdot s/m^2}$，$b = 247.8\mathrm{K}$，$c = 140\mathrm{K}$。

部分流体实验常数如表 2.2 所示，所得运动黏度 ν 的单位为 cSt。

表 2.2 部分流体的 a、b、c 值

油品名称	$a/(\mathrm{N \cdot s/m^2})$	b/K	c/K	最大相对误差/%
95/130 号航空汽油	0.1370321	276.6468	-162.3721	1.96
100/130 号航空汽油	0.2400018	134.1192	-116.5837	1.7
0 号柴油	0.102291	554.5759	-127.2498	0.274
10 号柴油	8.61717×10^{-2}	606.2189	-133.4043	0.577
35 号柴油	0.0567343	726.2583	-147.0274	1.41
水	4.326696×10^{-2}	405.0438	-108.8725	0.15
8 号稠化机油	4.850709×10^{-2}	1092.029	-127.037	2.02
8 号航空润滑油	5.279493×10^{-2}	787.7665	-105.7555	0.864
14 号航空润滑油	6.395639×10^{-2}	1180.24	-114.322	1.796
严寒区双曲线齿轮油	1.605013×10^{-2}	1382.847	-125.2859	2.367

流体黏温特性的研究在工程中有着十分重要的意义。如石油储运工程中的工艺设计计算、油品收发中的计量等，都需要考虑黏温特性和密度温度特性的计算问题。

四、饱和蒸汽压

在液体表面，一部分液体分子在惯性力的作用下溢出液体表面，进入大气以气体的形式存在，这个过程称为蒸发。随着气体中液体分子的增多，一部分分子在无序的运动中又重新进入液体表面，以液体的形式存在，这个过程称为凝结，此时液面上的气体由原先的气体分子和液体分子组成，共同构成了气体压强。其中，液体分子的分压强称为蒸汽压，当蒸发和凝结达到平衡时，蒸汽压称为饱和蒸汽压。

当气压降低、温度不变时，液体分子运动速度不变，液体蒸发和凝结的速度不变，因此，饱和蒸汽压不会发生变化。随着液体温度升高，分子运动加剧，更多的分子溢出液面，液面上气体中液体分子的比例增加，饱和蒸汽压随之升高；反之亦然。

当饱和蒸汽压达到大气压强时，液面产生大量的蒸汽，在压差的作用下涌入大气，同时液体内部也会产生并浮出大量的蒸汽泡，形成沸腾。所以饱和蒸汽压也可以看作某一温度下液体发生沸腾时的液面气体压强。

饱和蒸汽压的值可通过经验公式、查图或表获得。

单质液体的饱和蒸汽压可以通过安托因方程（Antoine Equation）计算：

$$\lg p = A - B/(T + C) \tag{2.28}$$

式中，p 为温度 T 对应下的纯液体饱和蒸汽压，mmHg；T 为温度，℃；A、B、C 为物性常数，不同物质对应不同的 A、B、C 的值。

安托因方程适用于大多数化合物，广泛应用于化学工程、石油天然气开采等领域，因为在这些领域中需要准确地计算物质的饱和蒸汽压，以便设计和运营相关设备，如在炼油厂中，安托因方程可以用来预测原油和不同组分的饱和蒸汽压，以便调整反应器的温度和压力。

部分液体的物性常数值见表2.3。

表2.3　部分液体的物性常数 A、B、C 值

名称	分子式	适用温度范围/℃	A	B	C
水	H_2O	0 ~ 60	8.10765	1750.286	235.000
水	H_2O	60 ~ 150	7.96681	1668.210	228.000
氨	NH_3	−83 ~ 60	7.55466	1002.711	247.885
甲醇	CH_4O	−20 ~ 140	7.87863	1473.110	230.000
乙醇	C_2H_6O	—	8.04494	1554.300	222.650
乙醚	$C_4H_{10}O$	—	6.78574	994.195	210.200
乙烯	C_2H_4	—	6.74756	585.000	255.000
四氯化碳	CCl_4	—	6.93390	1242.430	230.000
正丁烷	C_4H_{10}	—	6.83029	945.900	240.000
正己烷	C_6H_{14}	—	6.87776	1171.530	224.366

对于混合液体，可使用更复杂的公式或专业的化学工程软件计算精确值。如对精度要求不高，可通过查图获取，也可以通过实验获得。图2.13为几种常见液体的饱和蒸汽压数据，图中纵坐标的饱和蒸汽压值为以水柱高度表示的饱和蒸汽压绝对压强值。

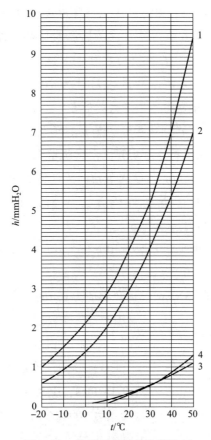

图2.13　常见液体的饱和蒸汽压

1—车用汽油；2—航空汽油；3—航空煤油；4—水

习题

1. 什么是流体的质点？其与流体分子是什么关系？

2. 所有的流体都可以视作连续介质吗？为什么？

3. 流体所受到的力有哪些？

4. 重度和密度有何区别及联系？

5. 温度升高时，液体和气体的黏度变化相同吗？为什么？

6. 流体的黏性力与固体间的摩擦力有哪些异同？

7. 是否比较稀薄的流体都是牛顿流体？牛顿流体的特征是什么？

8. 一根直径为400mm、长2000m的输水管在进行水压实验时，管内水的压强从7.35×10^6Pa降至6.86×10^6Pa，历时1h。不计水管变形，设水的体积压缩

性系数为 $5.097 \times 10^{-10} \mathrm{m^2/N}$，求导致压强下降所流出的水量。

9. 为了防止热水供暖系统内的水受热膨胀后胀坏管路，需在供暖系统顶部安装一个膨胀水箱，以便在温度升高时水可自由膨胀进入水箱。已知供暖系统管道内水的总体积为 $8\mathrm{m^3}$，管道水的最大温升为 $70℃$，水的体积膨胀性系数为 $0.000151\mathrm{K^{-1}}$，求膨胀水箱最少需要多大的容积。

10. 某成品柴油输油管道因故障暂停输送，管道上的阀门均已关闭。由于气温升高，地面管道内油温升高，导致管道内压强增大。现已知该输油管道管径为 $100\mathrm{mm}$，两阀门间长度为 $1500\mathrm{m}$，管内柴油的温度由 $15℃$ 升高到了 $40℃$，管道内初始压强为 $1\mathrm{at}$，柴油的体积弹性模量为 $1.57 \times 10^{9} \mathrm{N/m^2}$，膨胀性系数为 $0.00085\mathrm{K^{-1}}$，此时管道内的压强有多大？

11. 在 $20℃$ 时，水的重度为 $9.789 \times 10^{3}\mathrm{N/m^3}$，动力黏度为 $1.005 \times 10^{-3}\mathrm{Pa \cdot s}$，求其运动黏度。

12. 空气的重度为 $11.5\mathrm{N/m^3}$，运动黏度为 $0.157\mathrm{cm^2/s}$，求其动力黏度。

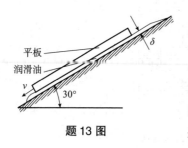

题 13 图

13. 在一项润滑实验中，将一块平板沿斜面下滑，如题 13 图所示。已知平板滑动面的面积为 $30\mathrm{cm} \times 30\mathrm{cm}$，质量为 $11.3\mathrm{kg}$，测得下滑速度为 $0.183\mathrm{m/s}$，平板和斜面间距为 $1.2\mathrm{mm}$，润滑油密度为 $900\mathrm{kg/m^3}$。试求润滑油的动力黏度和运动黏度。

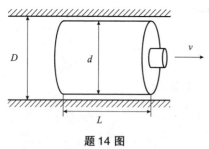

题 14 图

14. 某发动机的活塞直径为 $10.96\mathrm{cm}$，长为 $12\mathrm{cm}$，在直径为 $11\mathrm{cm}$ 的活塞筒内作往复运动，活塞与筒之间充满密度为 $900\mathrm{kg/m^3}$ 的润滑油，如题 14 图所示。若在活塞柄上施以 $8.4\mathrm{N}$ 的力，则活塞运动的速度为 $0.45\mathrm{m/s}$，求润滑油的动力黏度 μ 值(P)。

15. 某制药厂采用一种黏度计测量药液的黏度，其原理如题 15 图所示。固定的内圆筒半径为 $20\mathrm{cm}$，高 $40\mathrm{cm}$，外圆筒以角速度 $10\mathrm{rad/s}$ 旋转，两筒间距 $0.3\mathrm{cm}$，间隙内充满药液。由于药液的内摩擦力作用，对内圆筒中心轴产生一个 $5\mathrm{N \cdot m}$ 的力矩，求药液的动力黏度。(由于圆筒底部药液的黏性力比圆筒侧壁所受黏性力小得多，可以略去不计)

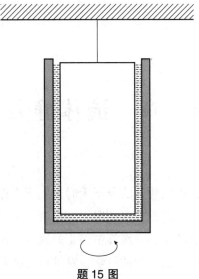

题 15 图

16. 如题 16 图所示的上下两平行圆盘，直径均为 d，两盘间隙厚度为 δ，间隙中液体的动力黏度为 μ，若下盘固定不动，上盘以角速度 ω 旋转，求所需力矩 M 的表达式。

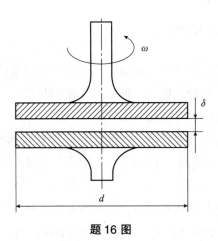

题 16 图

第三章　流体静力学

在物理学的概念中，组成物质的分子无时无刻不在做着无规则的热运动，固体、液体、气体都是如此。但在大多情况下，这种分子级别的热运动并不会影响物质的宏观表现，如静置的水杯、水杯中静止的水等。流体静力学是研究流体处于静止状态时的平衡规律及其应用的科学，对工程实践具有非常重要的意义，也是学习流体动力学的必要基础。

第一节　流体的静压强

一、流体的静止状态

流体的静止状态是指流体质点相对于某一参考坐标系没有相对运动，且流体质点之间也不发生相对运动，处于一种受力平衡的状态。

流体的静止状态包括两种情况：

①流体质点相对地球没有运动，这种状态称为绝对静止（或绝对平衡状态）。如静置在地面上的水杯中的水，液面平静无波动，流体质点间没有相对运动，如图 3.1(a)所示。

②流体质点虽然相对地球有运动，但流体质点之间没有相对运动，这种状态称为相对静止（或相对平衡状态）。如在一列匀加速运行的高铁上，静置的杯子里的水，液面虽倾斜但保持不变，流体质点间也没有相对运动，如图 3.1(b)所示；又如在杯子中以等角速度旋转的水，其质点均以相同的角速度绕中心轴旋转，水面呈旋转抛物面形状，质点间也没有相对运动，如图 3.1(c)所示。

无论流体是绝对静止还是相对静止，其质点间都没有相对运动，速度梯度为零，即 $\dfrac{\mathrm{d}u}{\mathrm{d}y}=0$，则 $\tau=\mu\dfrac{\mathrm{d}u}{\mathrm{d}y}=0$，即黏性力不发生作用。

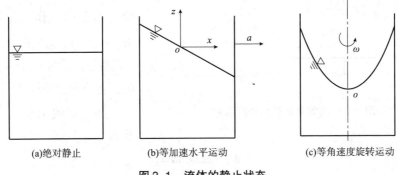

| (a)绝对静止 | (b)等加速水平运动 | (c)等角速度旋转运动 |

图 3.1　流体的静止状态

二、流体静压强的特性

处于静止状态的流体压强称为静压强，用 p 表示，单位为 Pa(或 N/m^2)。

流体的静压强具有两个基本特性：

性质 1(静压强方向)：静压强的方向为垂直于作用面，沿作用面的内法线方向。

证明：如图 3.2，在静止的流体中，壁面 A 点受到应力 f 的作用。应力 f 可以分解为 p 和 τ 两个方向的分力，其中 τ 平行于作用面，p 垂直于作用面。

假设 f 不垂直于壁面，则 $\tau \neq 0$，即流体对壁面产生一个切应力 τ，根据牛顿第三定律，流体也会受到壁面一个反向的切应力 $-\tau$ 的作用。

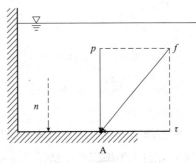

图 3.2　静压强方向示意图

根据流体的定义：在任意微小的剪切力作用下会发生连续变形。因此，流体在反向切应力 $-\tau$ 的作用下会发生连续变形，流体无法保持静止状态，这与已知条件相悖，因此该假设错误。f 应与壁面垂直，即 $\tau = 0$。并且，由于流体只能承受压力，无法承受拉力，作用力方向为压力的方向，即由流体指向作用面，沿作用面的内法线方向。

性质 2(静压强大小)：流体静压强大小与作用面的方向无关，同一点上各方向上的流体静压强大小相等。

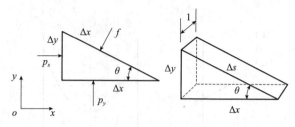

证明：在静止的流体中取一楔形微元体，边长分别为 Δx、Δy、Δs 和 1，如图 3.3 所示。流体处于静止状态时，各方向上均受力平衡。

图 3.3　流体微元受力分析示意图

在 x 方向上受力平衡表示为：

$$p_x \Delta y - f \Delta s \sin\theta = 0$$

由于 $\Delta s \sin\theta = \Delta y$，可得 $p_x = f$ 　　　　　　　　　　(3.1)

同理，在 y 方向上受力的平衡可表示为：

$$p_y \Delta x - f\cos\theta \Delta s - \frac{1}{2}\rho g \Delta x \Delta y = 0$$

由于 $\Delta s \cos\theta = \Delta x$，可得：

$$p_y \Delta x - f \Delta x - \frac{1}{2}\rho g \Delta x \Delta y = 0 \qquad\qquad (3.2)$$

化简式(3.2)可得：

$$p_y - f - \frac{1}{2}\rho g \Delta y = 0$$

当 $\Delta y \rightarrow 0$ 时，$\frac{1}{2}\rho g \Delta y \rightarrow 0$

则 $p_y = f$，可得：$p_x = p_y = f$

同理可推论 　　　　　　$p_x = p_y = p_z = f$ 　　　　　　(3.3)

即在静止的流体中，流体的静压强大小与方向无关，与其所处的位置有关，静压强可表示为坐标的函数，即 $p = p(x, y, z)$。

第二节　静力学平衡微分方程

一、方程推导

在静止的流体中建立坐标系，取一个微元六面体作为研究对象，其边长分别为 Δx、Δy、Δz，微元体所受到的单位质量力为 $f(f_x, f_y, f_z)$，如图 3.4 所示。

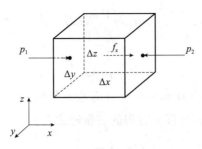

图 3.4　静止流体中的微元体

在静止的流体中，微元体在表面力和质量力的作用下处于静止状态，受力平衡。根据静压强性质 1，微元体各表面受到的表面力只有垂直于各个表面的正应力——压强；而质量力只作用在微元体重心上。

以 x 方向上的受力为例，对微元体进行分析。

在 x 方向上，前、后、上、下面的正应力与 x 轴垂直，因此在 x 方向上的分量为 0，只有左、右两侧面的压力不为 0。

左侧面：$P_1 = p_1 \Delta y \Delta z$，方向向右

右侧面：$P_2 = -p_2 \Delta y \Delta z$，方向向左

设微元体在 x 方向上所受到的单位质量力为 f_x，则微元体所受到的质量力为：

$$F_x = f_x \rho \Delta x \Delta y \Delta z$$

微元体处于静止状态，则其在 x 方向上的所有外力之和应为零：

$$P_1 + P_2 + F_x = p_1 \Delta y \Delta z - p_2 \Delta y \Delta z + f_x \rho \Delta x \Delta y \Delta z = 0 \tag{3.4}$$

将式（3.4）两边同时除以 $\rho \Delta x \Delta y \Delta z$ 并化简，可得：

$$\frac{p_1}{\rho \Delta x} - \frac{p_2}{\rho \Delta x} + f_x = 0 \tag{3.5}$$

式中

$$\frac{p_1}{\rho \Delta x} - \frac{p_2}{\rho \Delta x} = \frac{p_1 - p_2}{\rho \Delta x} = -\frac{p_2 - p_1}{\rho \Delta x} = -\frac{1}{\rho} \frac{\Delta p}{\Delta x}$$

压强是空间坐标的函数 $p = p(x, y, z)$，其值与 x、y、z 均有关，当 $x \to 0$，y、z 不变时，$\dfrac{\Delta p}{\Delta x}$ 可表示为 $\dfrac{\partial p}{\partial x}$，则 x 方向的受力平衡式可改写为：

$$f_x - \frac{1}{\rho} \frac{\partial p}{\partial x} = 0$$

同理，y、z 方向的受力平衡式可以表述为：

$$f_y - \frac{1}{\rho}\frac{\partial p}{\partial y} = 0$$

$$f_z - \frac{1}{\rho}\frac{\partial p}{\partial z} = 0$$

这组方程就是流体静力学平衡微分方程，是欧拉在 1755 年最先提出来的，因此又称为欧拉平衡微分方程。方程的**矢量形式**为：

$$f - \frac{1}{\rho}\nabla p = 0 \tag{3.6}$$

式中，$\nabla(\ )$ 称为哈密顿算子，$\nabla(\ ) = \dfrac{\partial(\ )}{\partial x}\boldsymbol{i} + \dfrac{\partial(\ )}{\partial y}\boldsymbol{j} + \dfrac{\partial(\ )}{\partial z}\boldsymbol{k}$

$$\nabla \boldsymbol{p} = \frac{\partial p}{\partial x}\boldsymbol{i} + \frac{\partial p}{\partial y}\boldsymbol{j} + \frac{\partial p}{\partial z}\boldsymbol{k}$$

静力学平衡微分方程表明：在静止的流体中，任一质点所受到的质量力与表面力的合力为零。适用范围包括绝对静止流体和相对静止流体、可压缩流体和不可压缩流体。

二、静力学平衡微分方程的普遍关系式

将静力学平衡微分方程写成方程组的形式，表示流体质点在 x、y、z 方向上的受力平衡。

$$\begin{cases} f_x - \dfrac{1}{\rho}\dfrac{\partial p}{\partial x} = 0 \\[2mm] f_y - \dfrac{1}{\rho}\dfrac{\partial p}{\partial y} = 0 \\[2mm] f_z - \dfrac{1}{\rho}\dfrac{\partial p}{\partial z} = 0 \end{cases} \tag{3.7}$$

将式(3.7)中每个方程两边分别乘以 $\mathrm{d}x$、$\mathrm{d}y$、$\mathrm{d}z$，表示该质点在 x、y、z 方向上分别移动了 $\mathrm{d}x$、$\mathrm{d}y$、$\mathrm{d}z$ 距离后，合力所做的功均为零。

$$\begin{cases} f_x\mathrm{d}x - \dfrac{1}{\rho}\dfrac{\partial p}{\partial x}\mathrm{d}x = 0 \\[2mm] f_y\mathrm{d}y - \dfrac{1}{\rho}\dfrac{\partial p}{\partial y}\mathrm{d}y = 0 \\[2mm] f_z\mathrm{d}z - \dfrac{1}{\rho}\dfrac{\partial p}{\partial z}\mathrm{d}z = 0 \end{cases} \tag{3.8}$$

将式(3.8)中各方程相加并化简，可得：

$$f_x \mathrm{d}x + f_y \mathrm{d}y + f_z \mathrm{d}z = \frac{1}{\rho}\left(\frac{\partial p}{\partial x}\mathrm{d}x + \frac{\partial p}{\partial y}\mathrm{d}y + \frac{\partial p}{\partial z}\mathrm{d}z\right) \tag{3.9}$$

根据连续介质假设和静压强性质 2，压强是坐标的连续函数，即 $p = p(x,\ y,\ z)$，则压强在空间上的全微分表达式可以写为：

$$\mathrm{d}p = \frac{\partial p}{\partial x}\mathrm{d}x + \frac{\partial p}{\partial y}\mathrm{d}y + \frac{\partial p}{\partial z}\mathrm{d}z \tag{3.10}$$

将式(3.10)代入式(3.9)可得流体力学平衡微分方程的普遍关系式：

$$\mathrm{d}p = \rho(f_x \mathrm{d}x + f_y \mathrm{d}y + f_z \mathrm{d}z) \tag{3.11}$$

从式(3.8)、式(3.11)可以看出，在静止的流体中(包括绝对静止和相对静止)：

(1)流体质点移动时，质量力与表面力做功的和为零，但质量力和表面力单独做功不一定为零；

(2)质量力做功会使以质量力和位置为表现的位置势能减小[简称位能，式(3.11)中 $\rho(f_x \mathrm{d}x + f_y \mathrm{d}y + f_z \mathrm{d}z)$ 项，$V \cdot \rho(f_x \mathrm{d}x + f_y \mathrm{d}y + f_z \mathrm{d}z)$ 为质量力所做的功]，同时，压强也会发生相应变化，质量力所做的功转化为以压强为表现的能量，称为压强势能[简称压能，式(3.11)中 $\mathrm{d}p$ 项，$V \cdot \mathrm{d}p$ 为压能的变化量]；

(3)在静止的流体中，各质点所具有的压能和位能变化量之和为零。

三、等压面

1. 等压面方程

在静止的流体中，压强相等的各点所组成的面称为等压面。

设 $p(x,\ y,\ z) = \mathrm{const}$，则：

$$\mathrm{d}p = 0 \tag{3.12}$$

代入式(3.10)可得：

$$f_x \mathrm{d}x + f_y \mathrm{d}y + f_z \mathrm{d}z = 0 \tag{3.13}$$

式(3.13)即等压面方程。等压面可能是平面，也可能是曲面，其形状与质量力分布规律有关。

2. 等压面的性质

等压面具有以下两个重要性质：

性质1：在静止的流体中，通过任意一点的等压面与该点所受的质量力垂直。

证明：如图 3.5 所示的一个等压面上，设有一质点 M，受到的质量力为

$f(f_x, f_y, f_z)$。质点 M 沿等压面移动了 $\mathrm{d}l$，$\mathrm{d}l$ 在坐标轴上的投影分别为 $\mathrm{d}x$、$\mathrm{d}y$、$\mathrm{d}z$。

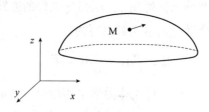

图 3.5　等压面示意图

移动过程中 M 质点的质量力做功为：

$$\boldsymbol{f} \cdot \mathrm{d}\boldsymbol{l} = f_x \mathrm{d}x + f_y \mathrm{d}y + f_z \mathrm{d}z$$

由式（3.13）可知，在等压面上 $f_x \mathrm{d}x + f_y \mathrm{d}y + f_z \mathrm{d}z = 0$，即：

$$\boldsymbol{f} \cdot \mathrm{d}\boldsymbol{l} = 0$$

由于 $\boldsymbol{f} \neq 0$、$\mathrm{d}\boldsymbol{l} \neq 0$，要使等式成立，只有 $\boldsymbol{f}$ 与 $\mathrm{d}\boldsymbol{l}$ 相互垂直，即质量力与等压面垂直。

根据这一特性，质量力的方向决定着等压面的形状；反之也可根据等压面的形状确定质量力的方向。

性质 2：当两种互不相混的流体处于静止时，分界面为等压面。

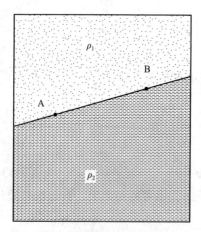

图 3.6　两种流体静止分界面示意图

证明：有两种互不相混的流体处于静止状态，如图 3.6 所示，两种流体的密度分别为 ρ_1、ρ_2，流体质点所受到的重力的单位质量力均为 $f(f_x, f_y, f_z)$，在其分界面上任取两点 A、B，设两点间距离为 $\mathrm{d}l(\mathrm{d}x, \mathrm{d}y, \mathrm{d}z)$。利用式（3.11）可计算 A、B 两点的压强差。

利用上部流体计算压强差为：

$$\mathrm{d}p = \rho_1(f_x \mathrm{d}x + f_y \mathrm{d}y + f_z \mathrm{d}z) = p_B - p_A$$

利用下部流体计算压强差为：

$$\mathrm{d}p = \rho_2(f_x \mathrm{d}x + f_y \mathrm{d}y + f_z \mathrm{d}z) = p_B - p_A$$

根据静压强性质 2，同一点各方向的压强相等，因此无论用哪种方法，$\mathrm{d}p$ 均应相等。

即：$\rho_1(f_x \mathrm{d}x + f_y \mathrm{d}y + f_z \mathrm{d}z) = \rho_2(f_x \mathrm{d}x + f_y \mathrm{d}y + f_z \mathrm{d}z)$

要使等式成立，则：

$$\rho_1 = \rho_2 \quad 或 \quad f_x\mathrm{d}x + f_y\mathrm{d}y + f_z\mathrm{d}z = 0$$

根据已知条件，$\rho_1 \neq \rho_2$，因此：

$$f_x\mathrm{d}x + f_y\mathrm{d}y + f_z\mathrm{d}z = 0$$

即分界面为等压面。

由此可见，无论是在绝对静止还是相对静止的流体中，两种流体的分界面都是等压面。

四、绝对静止的流体

1. 静压强基本方程

当流体处于绝对静止状态时，流体与地球保持静止，其质量力只有重力，如图 3.7 所示。

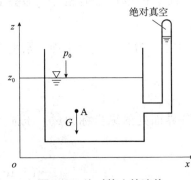

图3.7 绝对静止的流体

取垂直向上为 z 轴，水平方向为 x、y 轴，建立坐标系 $o(x, y, z)$，则质点 A 受到的单位质量力为：

$$f_x = 0;\ f_y = 0;\ f_z = -g$$

代入式（3.11）可得：

$$\mathrm{d}p = -\rho g\mathrm{d}z \qquad (3.14)$$

对于不可压缩流体，$\rho = \mathrm{const}$，对式（3.14）积分并化简可得：

$$z + \frac{p}{\rho g} = C \qquad (3.15)$$

式（3.15）为流体静力学基本方程，C 为积分常数，其大小与边界条件和坐标原点位置有关。

2. 静压强基本方程的物理意义和几何意义

流体静力学基本方程虽然简单，却有着非常重要的意义。如图 3.8 所示，液面下有一流体质点 A，其质量为 m，z 轴坐标为 z。

质点 A 的位置势能为 mgz，则单位质量流体所具有的位置势能为 $z = \dfrac{mgz}{mg}$。因此，式

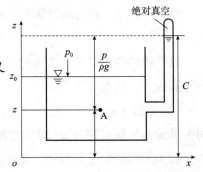

图3.8 流体静力学基本方程示意图

(3.15)第一项 z 表示的就是单位质量流体的位置势能，简称单位位能。从几何角度看，z 表示质点 A 到基准面的高度，表征了质点的位置高度，称为位置水头。

式(3.15)是平衡微分方程在绝对静止条件下的表达式，它表明了静止流体中位置势能和压强势能的相互转换，$\dfrac{p}{\rho g} = \dfrac{pV}{\rho Vg} = \dfrac{pV}{mg}$ 表示单位质量流体因压强增加而产生的压强势能，称为单位压能。从几何角度看，$\dfrac{p}{\rho g}$ 表征了产生 p 所需要的液柱高度，称为压强水头。

$z + \dfrac{p}{\rho g}$ 表示单位质量流体所具有的总势能，称为单位势能。从几何上看，$z + \dfrac{p}{\rho g}$ 表示压强为零的液面到基准面的高度，称为测压管水头。

从式(3.15)和图 3.8 可以看出：

(1)在绝对静止、不可压缩的流体中，各个质点的单位势能相等，即势能守恒；

(2)在连续、均一、绝对静止的不可压缩流体中，等压面是水平面，水平面也是等压面。

3. 绝对静止流体的压强分布规律

如图 3.8 所示，设与外部大气接触的气液分界面处的纵坐标为 z_0，压强为 p_0，代入式(3.15)可得：

$$C = p_0 + \rho g z_0 \tag{3.16}$$

将式(3.16)代入式(3.15)得：

$$p = p_0 + \rho g(z_0 - z) \tag{3.17}$$

令 $z_0 - z = h$，称为淹没深度，则式(3.17)变形为：

$$p = p_0 + \rho g h \tag{3.18}$$

这是流体静力学基本方程的另一种表达式，反映了不可压缩绝对流体的静压强分布规律。由此可以看出：

(1)在静止液体中，任一点的压强 p 由两部分组成。一部分为液面压强 p_0，另一部分是从该点到液面(或自由表面)的液柱所产生的压强 $\rho g h$。

(2)表面压强 p_0 等值地传递到液体内各点。

(3)液柱产生的压强与其淹没深度成正比，随着深度的增大而增大。

(4)位于同一深度的各点具有相同的压强值。在质量力只有重力的平衡液体内，等压面才为水平面。因此在绝对静止的液体中，水平面均是等压面。但要注意这个结论必须具备两个前提：一是质量力只有重力的静止液体；二是液体区域必须由同一种均质液体连通。如果液体区域连通但非均质，或者均质液体之间隔有气体或其他液体，则同一水平面就不再是等压面。

如图3.9所示，一容器中上部流体的密度为ρ_1，下部流体的密度为ρ_2，两种流体不相溶。在容器中，Ⅰ－Ⅰ、Ⅱ－Ⅱ、Ⅲ－Ⅲ均是水平面。尽管1点和$1'$点在同一水平面上，且两点间连通，但由于两点处流体的密度不同，属于非均一流体，因此两点的压强也不同，$p_1 \neq p_{1'}$，Ⅰ－Ⅰ面非等压面；而水平面Ⅱ－Ⅱ及Ⅲ－Ⅲ均符合连续、均一但绝对静止的条件，均为等压面，$p_2 = p_{2'}$、$p_3 = p_{3'}$。

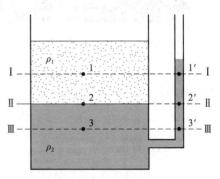

图3.9 混合液体的等压面

五、相对静止的流体

流体的相对静止包括等加速直线运动和等角速度圆周运动。相对静止的流体具有三个特征：

（1）流体质点相对于地球是运动的；

（2）流体质点之间没有相对运动；

（3）流体所受到的质量力包括重力和惯性力。

（一）等加速直线运动的相对静止

在等加速提速阶段的油罐车、铁路槽车等运输车辆中，储罐内的流体可以看作处于等加速相对平衡状态。

如图3.10所示，容器和流体一起以加速度a向右运动，流体处于相对静止平衡状态。以液面上一点为坐标原点建立坐标系，坐标系随流体一起运动。

1. 压强分布规律

根据理论力学中的达朗贝尔原理，将流体运动当作静力学问题处理时，应在流体上虚加一个惯性力，其大小等于流体的质量乘以加速度，方向与加速度方向相反。因此，作用在流体上的质量力包括惯性力和重力：

$$f_x = -a, \quad f_y = 0, \quad f_z = -g$$

图 3.10   等加速运动的油罐车

将其代入式(3.11)可得：

$$dp = \rho(-a\,dx - g\,dz)$$

进行积分可得：

$$p = -\rho(ax + gz) + C \tag{3.19}$$

式中 C 为积分常数。

坐标原点建立在液面上，设液面处的压强为 p_0，大多数情况下 p_0 是当地大气压，在密闭容器中则为液面气体压强。

已知条件为：$x = 0$，$z = 0$，$p = p_0$，代入式(3.19)可得：

$$C = p_0$$

$$p = p_0 - \rho(ax + gz) \tag{3.20}$$

2. 等压面

将等加速条件下的质量力 $f_x = -a$、$f_y = 0$、$f_z = -g$ 代入式(3.13)可得：

$$a\,dx + g\,dz = 0$$

积分后可得等加速水平运动流体的等压面方程：

$$ax + gz = C \tag{3.21}$$

此时的等压面不再是水平面，而是倾斜平面。等压面与 x 方向的倾角大小为：

$$\theta = \tan^{-1}\left(\frac{a}{g}\right) \tag{3.22}$$

等压面与重力及惯性力的合力方向垂直。

3. 垂直方向上的压强分布

如图 3.11 所示，设等加速运动的流体中，垂直方向上有 A、B 两点，则

$$p_A = p_0 - \rho(ax_A + gz_A)$$

$$p_B = p_0 - \rho(ax_B + gz_B)$$

因 A、B 两点在同一垂线上，$x_A = x_B$，则

$$p_B - p_A = \rho g(z_A - z_B) = \rho g h \quad (3.23)$$

由此可见，在等加速水平运动的流体中，压强大小与淹没深度成正比。这是由于在静止的流体中，位置势能和压强势能之和为常数，随着淹没深度的变化，位置势能转化为压强势能，以压强变化的形式来表现。在绝对静止和等加速水平运动的流体中，垂直方

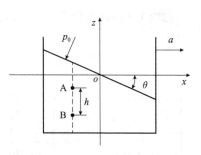

图 3.11　等加速水平运动示意图

向的质量力只有重力，与绝对静止时相同，因此在垂直方向上只有重力做功，压能的增加量等于重力位置势能的减小量，这一点并没有变化，因此在垂直方向上的压强分布与绝对静止时相同。不同的是，在水平方向上，由于惯性力也会做功，使压能增大或减小，因此在水平方向上压强也会相应地增大或减小。

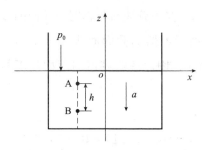

图 3.12　等加速垂直运动示意图

流体等加速运动的方向是垂直，如图 3.12 所示。

有一容器以加速度 a 垂直向下运动。此时，作用在流体上的质量力包括惯性力和重力，单位惯性力的大小与容器加速度相等，方向相反，即单位惯性力大小为 a，方向向上，与 z 轴方向相同。因此，作用在流体上的质量力可以表示为：

$$f_x = 0,\ f_y = 0,\ f_z = a - g$$

将其代入式(3.11)可得：

$$\mathrm{d}p = \rho(a-g)\mathrm{d}z$$

将上式进行积分可得：

$$p = \rho(a-g)z + C \quad (3.24)$$

式中 C 为积分常数。

代入已知条件 $z = 0$、$p = p_0$，可得：

$$C = p_0$$

即：

$$p = p_0 + \rho(a-g)z \quad (3.25)$$

由此可以看出，当存在垂直方向的加速度时，流体在垂直方向上的压强分布与绝对静止时将不再相同。假若流体进行自由落体运动，则此时下落的加速度为

g，则式(3.25)就变为：

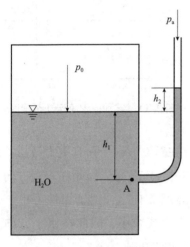

$$p = p_0$$

即流体内各点的压强都等于外部气压，流体内各点压强均相等。这一性质在液体射流、孔口和管嘴出流、管道水力计算中得到广泛应用。

图 3.13　例题 3.1 图

例题 3.1：有一密闭容器内部装有一定量的水，容器静止放置在地面上，如图 3.13 所示。A 点的淹没深度为 0.5m，测压管液面比容器液面高 0.1m，外部大气压为 $9.81 \times 10^4 Pa$。若用电梯运输该容器，电梯上行加速度为 2m/s，测压管液面与容器内液面的差为多少？（由于容器的截面面积远大于测压管的截面面积，因此忽略容器内液面高度的变化）

解：由题意可知，A 点的压强为：

$$p_A = p_a + \rho g(h_1 + h_2) = 9.81 \times 10^4 + 1000 \times 9.81 \times (0.5 + 0.1) = 103986(Pa)$$

容器内液面压强为：

$$p_0 = p_A - \rho g h_1 = 103986 - 1000 \times 9.81 \times 0.5 = 99081(Pa)$$

当容器随着电梯上行时，单位惯性力为 $-a$。

代入式(3.25)可得：

$$p = p_0 + \rho(-a - g)z = p_0 + \rho(a + g)h$$

则上行时 A 点的压强为：

$$p_{A'} = p_0 + \rho(a + g)h_1 = 99081 + 1000 \times (2 + 9.81) \times 0.5 = 104986(Pa)$$

上行时 h_2 的值为：

$$h_2 = \frac{p_{A'} - p_a}{\rho(a + g)} - h_1 = \frac{104986 - 98100}{1000 \times (2 + 9.81)} - 0.5 \approx 0.083(m)$$

（二）等角速度旋转运动的相对静止

当流体绕某一轴做等角速度旋转时，流体各质点间没有相对运动，处于相对静止状态，如离心泵中的流体。

1. 绕垂直轴等角速度旋转容器中的相对静止

(1)压强分布：

设盛装有液体的直立圆筒容器，以等角速度 ω 绕其中心轴旋转，如图 3.14 所示。

在开始旋转时，液体很快被甩向外周，以相同的角速度随容器一起旋转。在这种状态下，流体质点间没有相对运动，流体处于相对静止状态。此时，作用在流体质点上的质量力除重力外，还有一个离心惯性力，如图 3.15 所示。

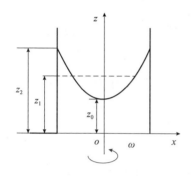

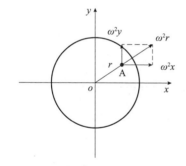

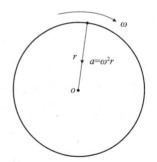

图 3.14　等角速度绕垂直轴旋转容器中的液体　　图 3.15　离心惯性力示意图

因为向心加速度为 $\omega^2 r$，故单位质量的离心惯性力等于 $-\omega^2 r$，与向心加速度方向相反。该力可分解为 x 和 y 方向的两个分量：

$$f_x = \omega^2 r\cos\theta = \omega^2 x$$

$$f_y = \omega^2 r\sin\theta = \omega^2 y$$

在垂直方向上，力的分量为：

$$f_z = -g$$

代入式(3.11)可得：

$$dp = \rho(\omega^2 x dx + \omega^2 y dy - g dz)$$

积分并化简后，可得：

$$p = \rho\left(\frac{\omega^2 x^2}{2} + \frac{\omega^2 y^2}{2} - gz\right) + C$$

$$= \rho\left(\frac{\omega^2 r^2}{2} - gz\right) + C$$

根据边界条件 $r = 0$、$z = z_0$ 时 $p = p_0$，

代入可得：$C = p_0 + \rho g z_0$。

绕垂直轴等角速度旋转时的压强分布规律的公式为：

$$p = p_0 + \rho g\left(\frac{\omega^2 r^2}{2g} - z + z_0\right) \tag{3.26}$$

（2）等压面方程：

根据等压面微分方程式（3.13），将 $f_x = \omega^2 x$，$f_y = \omega^2 y$ 及 $f_z = -g$ 代入并积分，可得等压面方程：

$$\frac{\omega^2 r^2}{2} - gz = C \tag{3.27}$$

因此，在等角速度旋转的容器中，液体的等压面形成一簇旋转抛物面。

利用等角速度旋转增加外缘液体压强在工程上具有实用价值。某些机械零件，如轴瓦、轮毂铸件常采用离心铸造的办法使外缘压强增大，以密实铸件，提高质量。

2. 绕水平定轴等角速度旋转容器中液体的平衡

在工程中，还会利用高速旋转产生的离心力和压能来设计水力机械，如离心泵就是利用这一性质设计的，如图 3.16 所示。

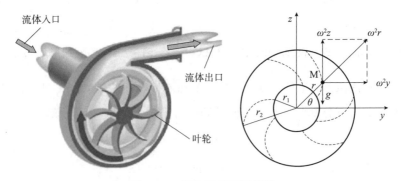

图 3.16　等角速度圆周运动

（1）压强分布规律：

如图 3.16 所示，以离心泵叶轮轴心为坐标原点建立坐标系，x 轴为叶轮的旋转轴。已知流体的密度为 ρ，泵叶轮入口半径为 r_1，出口半径为 r_2。选取流道中

半径为 r 的某一流体质点 M 作为研究对象。作用在 M 点上的单位质量力为：

$$f_x = 0$$
$$f_y = \omega^2 r\cos\theta = \omega^2 y$$
$$f_z = \omega^2 r\sin\theta - g = \omega^2 z - g$$

代入式(3.11)可得：

$$dp = \rho\left[\omega^2 y\,dy + (\omega^2 z - g)\,dz\right]$$

积分后，压强 p 的分布为

$$p = \rho\left[\frac{\omega^2}{2}(y^2 + z^2) - gz\right] + C = \rho\left[\frac{\omega^2}{2}r^2 - gz\right] + C$$

由于离心泵转速很高(一般大于 $1000\text{r}/\min$)，此时 $\dfrac{\omega^2 r^2}{2} \gg gz$，故重力作用可忽略不计，压强分布可表示为：

$$p = \rho\frac{\omega^2 r^2}{2} + C$$

流体经过离心泵后压强的增加量 Δp 为：

$$\Delta p = \frac{\rho\omega^2}{2}(r_2^2 - r_1^2) \quad 或 \quad \frac{\Delta p}{\rho g} = \frac{\omega^2}{2g}(r_2^2 - r_1^2) \tag{3.28}$$

式中　Δp——流体经过叶轮后压强的增加量；

　　　ρ——离心泵中流体的密度；

　　　ω——叶轮中流体的旋转速度；

　　　r_1——叶轮入口的半径；

　　　r_2——叶轮出口的半径。

可见，流体经过离心泵叶轮后，压强的增加量与叶轮的转速和尺寸有关。

(2)等压面：

忽略重力作用，等加速运动的流体单位质量力为：

$$f_x = 0$$
$$f_y = \omega^2 y$$
$$f_z = \omega^2 z$$

代入式(3.13)可得：

$$\omega^2 y\,dy + \omega^2 z\,dz = 0$$

积分可得：

$$\frac{\omega^2}{2}(y^2 + z^2) = \frac{\omega^2 r^2}{2} = C$$

可见，等压面是以 x 轴为中心的圆柱面。由于忽略了重力作用，因此在垂直方向上的压强分布与重力无关，仅由惯性力决定，此时其压强分布规律与绝对静止流体不同。

例题 3.2：有一圆柱形水桶，高 1m，底面直径为 1m，桶内水深 0.6m。若该桶绕其中心轴做等角速度旋转，当旋转速度达到多少时，桶内的水会溢出？（提示：桶匀速旋转时，桶内水与桶做等角速度旋转）

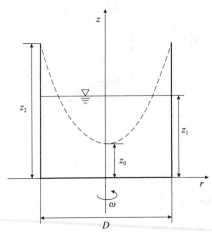

图 3.17 例题 3.2 图

解：在外溢前，流体旋转过程中的体积不变，以桶底中心为坐标原点建立坐标系。由于旋转抛物体的体积为同底等高圆柱体积的一半，可以计算出在不同高度 z 处的水体积，如图 3.17 所示。

则 $z_0 = z_2 - 2(z_2 - z_1) = 0.2 (\mathrm{m})$

由式（3.26）可得：

$$p = p_0 + \rho g \left(\frac{\omega^2 r^2}{2g} - z + z_0 \right)$$

$z = z_0$，该点在气液分界面上，$p_0 = p_\mathrm{a} = 0$，代入上式可得流体的压强分布规律：

$$p = \rho g \left(\frac{\omega^2 r^2}{2g} - z + 0.2 \right)$$

当水刚好溢出时，自由液面达到桶边缘的高度，即：$z = z_2 = 1 (\mathrm{m})$

此时桶边缘刚好在气液分界面上，$p_2 = p_\mathrm{a} = 0$，$r = \dfrac{D}{2} = 0.5 (\mathrm{m})$

代入已知条件计算可得：$\omega = \sqrt{\dfrac{0.8 \times 2 \times 9.81}{0.5^2}} \approx 7.92 (\mathrm{s}^{-1})$

$$n = \frac{\omega}{2\pi} \times 60 = \frac{7.92 \times 60}{2 \times 3.14} = 75.67 (\mathrm{r/min})$$

第三节　压强的计量与测量

一、压强的计量

1. 压强的计量基准

人们生活的大气中时刻保持着一定的压强，在平原地区约为 $10^5 \mathrm{Pa}$，但实际上是感受不到的，这是因为几乎所有的空间都与大气相通。大气压虽然无处不在、处处平衡，但在大多数情况下大气压并不会产生任何作用，如气球并不会因为大气压的存在自行吹大，油罐也不会因为外部的大气压而被压瘪，能产生作用的是其内部压强与大气压的差值。因此，在生产活动中，实际压强与环境压强之间的差值更有应用价值。

与温度类似，压强的大小可以从不同的基准点(即零点)起算，因而有不同的表示方法。以没有任何物质存在的绝对真空为零点的压强称为绝对压强，用 p' 表示，单位为 Pa；以当地大气压(p_a)为零点的压强称为相对压强，用 p 表示，单位为 Pa。当地大气压是指测量者所处位置的绝对压强值，受海拔、温度、湿度等因素的影响。

绝对压强和相对压强之间的关系为：

$$p = p' - p_a$$

由于绝对压强以绝对真空为零点，因此任何流体的绝对压强都是大于零的，不会出现负数。而相对压强是绝对压强与当地大气压的差值，可能为正数，也可能为负数。当相对压强为正数时，称其为表压强，用 p 表示，单位为 Pa；而相对压强为负值时，取其绝对值称为真空度，用 p_v 表示，单位为 Pa，用公式表示为：

$$p_v = |p' - p_a| = p_a - p'$$

绝对压强、相对压强、表压强、真空度相互之间的关系如图 3.18 所示。

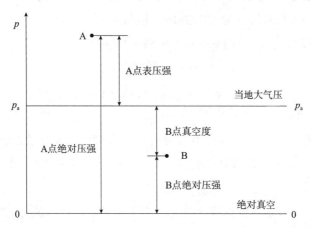

图 3.18 绝对压强、相对压强、表压强、真空度关系示意图

应当指出，当地大气压随海拔及气象因素发生变化时，若绝对压强保持不变，则相对压强和真空值将随当地大气压强的变化而变化。不同地方的当地大气压 p_a 是不同的，如上海的当地大气压约为 10^5Pa，拉萨的当地大气压约为

$6.52 \times 10^4 Pa$。

大致来说，在工程技术问题中，属于流体的物性和状态的有关公式、计算、资料数据等多采用绝对压强，如完全气体状态方程、饱和蒸汽压强等的压强值。属于流体工程的强度、测试等有关压强值多采用相对压强，例如计算受压容器强度、管道附件公称压强、高压加热器水侧压强、泵与风机进出口压强等。低于大气压的容器的压强多采用真空度，例如水泵或风机进口压强等。

2. 压强的计量单位

压强的计量单位主要有三种：应力单位、工程大气压和液柱高度。

(1)应力单位：

从压强的基本定义出发，用单位面积上所受的力来表征压强大小的单位，称为应力单位。

国际标准单位制中的应力单位包括 Pa、bar、kPa、MPa 等。

$$1MPa = 10^6 Pa = 10bar = 1000kPa$$

在工程应用中，常用 kgf/cm^2 表示压强的大小。

$$1kgf/cm^2 = 9.81 \times 10^4 Pa$$

(2)工程大气压：

在工程应用中，有时还会以大气压的倍数来表征压强的大小。

大气的压强可分为两种：一种是标准大气压(atm)，表示零摄氏度时海平面处的大气压强，其绝对压强为 101325Pa，通常使用 $1.01 \times 10^5 Pa$；另一种是工程大气压，用 at 表示，大小为 $1kgf/cm^2(9.81 \times 10^4 Pa)$。

$$1atm = 1.01 \times 10^5 Pa$$

$$1at = 1kgf/cm^2 = 9.81 \times 10^4 Pa$$

(3)液柱高度：

在工程应用中，也经常会使用某种液体的高度来表征压强大小，如 mmHg、mmH_2O。这种表示方法既形象又准确，在绝对压强小于 0.2MPa 的范围内被广泛应用。

使用液柱高度表示压强时需要注意，单位由长度单位、液体种类和液体相对密度三部分组成。对于常见的液体，如水在标准状态下的密度为 $10^3 kg/m^3$，水银的密度为 $13.6 \times 10^3 kg/m^3$。无特别说明时，均采用此数值，不需要标注相对密度。其他液体如油料、溶液等，因为没有明确的密度，必须标明相对密度。

$$1atm = 1.01 \times 10^5 Pa \approx 10.5mH_2O \approx 760mmHg \approx 14.1m \text{ 油柱}(0.73)$$

$$1at = 9.81 \times 10^4 Pa = 10mH_2O \approx 736mmHg \approx 13.7m \text{ 油柱} (0.73)$$

二、压强的测量

压强的测量仪器设备有很多，根据其原理可以分为三类：机械式、电气式和液柱式，如图 3.19 所示。

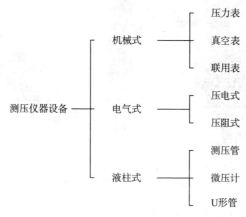

图 3.19　测压仪器设备分类

1. 机械式压力表

机械式压力表利用弹性元件作为敏感元件，将压强的变化转化为弹性元件的变形，从而带动指针转动，指示压强的大小。根据测量压强的种类，机械式压力表可以分为压力表、真空表和联用表，如图 3.20 所示。

压力表只能用来测量表压强，真空表只能用来测量真空度，联用表既能测量真空度，也能测量表压强。

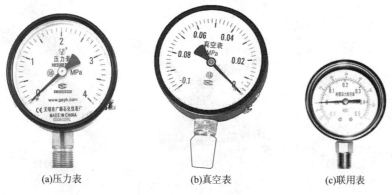

(a)压力表　　　　　　　(b)真空表　　　　　　　(c)联用表

图 3.20　机械式压力表

2. 电气式压力计

电气式测压仪表又称为压力传感器或压力变送器，是利用半导体材料变形引起电学性质变化来推算压强大小的仪器，可以分为压阻式和压电式两种，如图3.21所示。

    (a)   (b)   (c)

图3.21　电气式压力计

压力传感器可以与自动控制仪器仪表联用，实现生产的高效自动控制，可测量动态压强，精度高，但是成本和使用要求较高，结构复杂，寿命较短。

3. 液柱式测压计

液柱式测压计是利用静压强性质，以液柱高度的形式表现压强大小的仪器，可以分为测压管、微压计和U形管三类，如图3.22所示。液柱式测压计的读数为液柱高度而非应力单位，因此需要进行相应的单位换算。

(a)测压管　　　　　(b)微压计　　　　　(c)U形管

图3.22　液柱式测压计

三、液柱式测压计

1. 测压管

测压管是最简单的液柱式测压计，由一根细直的玻璃管构成，一端连接在被测容器的壁孔，另一端与大气相通，如图 3.23 所示。为了减少毛细现象对测量精度的影响，玻璃管直径一般为 10mm。

在测量过程中，通过测量液柱的高度 h，根据式(3.18)，可计算出 M 点的压强：

$$p_M = p_0 + \rho g h$$

式中　p_M——M 点的压强；

　　　p_0——自由液面的压强；

　　　h——液柱高度。

在这个计算式中，当 p_0 为相对压强时，得到的 p_M 也是相对压强。同理，如果 p_0 为绝对压强，计算所得的 p_M 也是绝对压强。

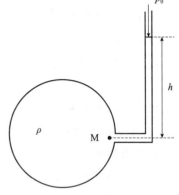

图 3.23　测压管原理示意图

在这里，有几点需要注意：

①由于测压管是一根直玻璃管，用工作液体标志读数，因此只能用来测量液体。而且，受管长的限制，其测压量程一般不超过 1m。

②测压管使用时应与管道内壁垂直，防止管道内的流体的动能转化为压能，从而影响测量精度。

③测压管端应与管道内壁齐平，避免在接口处形成绕流，产生测量误差。

2. 倾斜式微压计

当测量微小压强或压差时，为了提高测量精度，可使用微压计。微压计一般用于测量气体压强，是在一个较大截面的容器上安装一个可调倾斜角的测压管，容器中装有测量介质(如酒精等液体)，如图 3.24 所示。

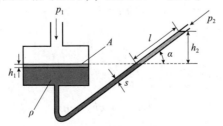

图 3.24　倾斜式微压计原理示意图

图 3.24 中，已知容器截面积为 A，玻璃管截面积为 s，测量介质的密度为 ρ。当连接被测流体后，容器内液面在压强的作用下下降 h_1，右侧管内液柱增加 l，此时被测流体的相对压强为：

$$p_1 = p_2 + \rho g (h_2 + h_1) = p_2 + \rho g (l\sin\alpha + h_1) \tag{3.29}$$

同时，左侧容器中下降的液体体积与右侧玻璃管上升的液体体积相同，即：

$$Ah_1 = sl$$

由于容器的截面积远大于玻璃管的截面积，即 $A \gg s$。则 $l \gg h_1$，即 h_1 可以忽略不计。

式 (3.29) 可变化为：

$$p_1 = p_2 + \rho g l\sin\alpha$$

由式 (3.29) 可见，在微压计中，通过将垂直的测量高度读数 h 变换成斜长读数 l，将液柱的长度放大 $1/\sin\alpha$ 倍，从而提高了测量精度，减少了读数误差。

3. U 形管测压计

为了克服测压管测量范围和工作液体的限制，常使用 U 形测压计来测量压强，如图 3.25 所示。在一个 U 形的管内充装测压介质（称为封液），U 形管两端分别连接两个测点或一个连接测点一个连通大气。测压介质通常采用与被测流体不相溶的液体，如水、水银、油及酒精等。

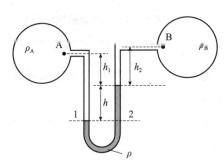

图 3.25　U 形管原理示意图

如图 3.25 所示，使用 U 形管测量 A、B 两点的压强差，两个容器内的流体密度分别为 ρ_A、ρ_B，U 形管中的测量介质密度为 ρ。

在测量介质中建立水平面 1 - 2，在连续且均一的流体中，1 - 2 为等压面，即：

$$p_1 = p_2$$

分界面 1 上的压强为：

$$p_1 = p_A + \rho_A g (h_1 + h)$$

分界面 2 上的压强为：

$$p_2 = p_B + \rho_B g h_2 + \rho g h$$

解方程组可得：

$$p_A - p_B = (\rho g - \rho_A g)h + \rho_B g h_2 - \rho_A g h_1$$

若两个容器内是气体，由于气体的密度远小于液体的密度，即 $\rho_A \ll \rho$、$\rho_B \ll \rho$，U 形管内的气柱所产生的压强可忽略不计，A、B 两点的压强差可表示为：

$$p_A - p_B = \rho g h$$

从这个过程可以看出，利用静压强分布规律和等压面的概念，可以很容易地得到 U 形管两侧的压强差。然而，当多个 U 形管串联使用时，情况就变得复杂了。

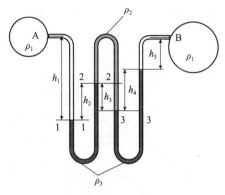

如图 3.26 所示，求解 A、B 两点的压强差时，需要解 5 个方程的方程组，在计算过程中非常容易出错。在计算复杂结构中的静压强时，可采用以下三步法快速计算：

图 3.26　复式 U 形管

①从一端(或分界面，假如路线连续的话)开始，使用统一的单位(例如 Pa)和适当的符号记录该点的压强。

②用相同的单位，将从该点到下一个分界面引起的压强变化相加。相加时注意走向，若向上，取负号；若向下，则取正号。

③连续相加直到另一端，并在等式右边写出该点的压强。

如图 3.26 所示，从 A 点开始：

$$p_A + \rho_1 g h_1 - \rho_3 g h_2 + \rho_2 g h_3 - \rho_3 g h_4 - \rho_1 g h_5 = p_B$$

A、B 两点的压差就可以直接得到：

$$p_B - p_A = \rho_1 g h_1 - \rho_3 g h_2 + \rho_2 g h_3 - \rho_3 g h_4 - \rho_1 g h_5$$

可见，用三步法可以很容易地得出任意复杂结构的流体中各点压强及压强差。

第四节　平面上的静水总压力

万吨巨轮漂浮在海面上所需的浮力是怎么来的？水闸、水坝需要建成什么样子？油罐的钢板需要多厚？这些都是流体与固体壁面间力的相互作用，也是流体力学的主要研究内容之一。

一、静水总压力的计算

如图 3.27 所示，已知液面下有一面积为 A 的平面，其与自由液面的夹角为 θ，自由液面上的气压为 p_0。以平面延长面与自由液面交线为 x 轴，垂直纸面向外为正方向，以沿平面向下为 y 轴，建立 xoy 坐标系。将 xoy 沿 y 轴翻转 $90°$，得到图 3.27 中的受力示意图。

在平面上任取一个微元面积 $\mathrm{d}A$，其纵坐标为 y，则作用在 $\mathrm{d}A$ 上的静压力为：

$$\mathrm{d}P = p\mathrm{d}A = (p_0 + \rho gy\sin\theta)\mathrm{d}A \tag{3.30}$$

做面积分即可得到面积 A 上的总压力大小：

$$P = \iint_A (p_0 + \rho gy\sin\theta)\mathrm{d}A$$

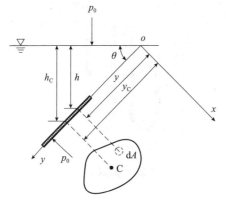

图 3.27　平面静水总压力计算

对于不可压缩流体，密度 ρ 保持不变，且 p_0、g、θ 均保持不变，则：

$$P = p_0A + \rho g\sin\theta\iint_A y\mathrm{d}A \tag{3.31}$$

在积分中，形心的定义式为：

$$\bar{y} = \frac{\iint_A y\mathrm{d}A}{A} \quad 或 \quad \iint_A y\mathrm{d}A = \bar{y}A$$

式中，$\bar{y}$ 为形心坐标。

将形心定义式代入式(3.31)可得：

$$P = p_0A + \rho gy_CA\sin\theta = p_0A + \rho gh_CA \tag{3.32}$$

式中　p_0——液面压强，N/m^2；

　　　　A——平面的面积，m^2；

　　　　ρ——流体的密度，kg/m^3；

　　　　y_C——平面形心的纵坐标，m；

　　　　h_C——平面形心的淹没深度，m。

该式表明：任意形状平面上的静水总压力大小等于受压面积与形心处压强的乘积，压力的方向为平面内法线方向。该结论适用于任意形状的平面。

对于液面压强 p_0，既可以采用绝对压强，也可以采用相对压强。但是，由于平面一面与流体接触，另一面通常与大气相通，于是大气压强作用在平面两侧，其所产生的压力大小相等、方向相反，彼此平衡，实际产生作用的是相对压强。因此，在无特殊说明时，水力计算中均采用相对压强，即：自由液面与大气相通时，$p_0 = p_a = 0$。

二、静水总压力的作用点

虽然得到了平面上所受到的总静压力，但各微元面积上的力是不同的，为了平面在流体中受力平衡，就需要知道流体静压力的作用点，也称为作用中心。作用点的定义为：平面上受到作用力产生的效果与合力作用在某一点上产生的效果相同的点。

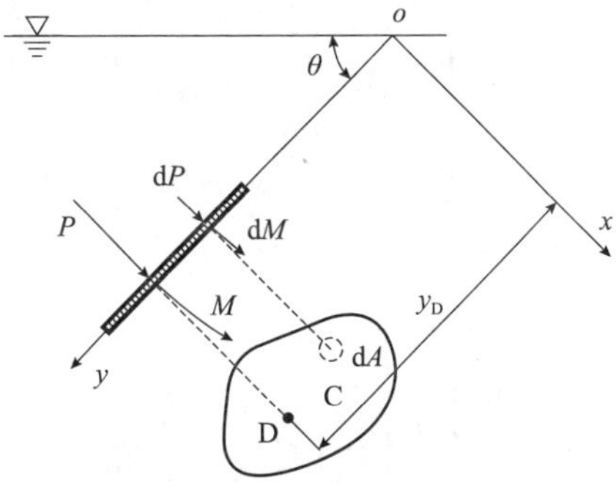

如图 3.28 所示，dA 上所受的静压力 dP 使微元面产生一个绕 x 轴旋转的转矩 dM：

$$dM = dP \cdot y = \rho gh dA \cdot y = \rho g y^2 \sin\theta dA$$

在面积 A 上积分可得平面上静水总压力产生的总转矩 M：

$$M = \iint_A \rho g y^2 \sin\theta dA = \rho g \sin\theta \iint_A y^2 dA$$

$$(3.33)$$

图 3.28 静水总压力作用点示意图

在物理学中，面积 A 对 x 轴的惯性矩表示为：

$$I_x = \iint_A y^2 dA$$

代入式 (3.33) 可得：

$$M = \rho g \sin\theta \cdot I_x \tag{3.34}$$

根据惯性矩平移定理，$I_x = I_C + y_C^2 A$，则式 (3.34) 变为：

$$M = \rho g \sin\theta \cdot (I_C + y_C^2 A) \tag{3.35}$$

设作用点的纵坐标为 y_D，则：

$$M = P y_D = \rho g y_C A \sin\theta y_D \tag{3.36}$$

联立式 (3.35) 和式 (3.36)，可得到：

$$y_D = \frac{I_C + y_C^2 A}{y_C A} = y_C + \frac{I_C}{y_C A} \tag{3.37}$$

式中　y_D——作用点纵坐标，m；

　　　y_C——平面形心纵坐标，m；

　　　I_C——平面对过其形心、与 x 轴平行的轴的惯性矩，m^4；

　　　A——平面的面积，m^2。

常见图形的面积、形心和 I_C 可按表 3.1 中的公式计算。需要注意：图 3.28 和表 3.1 中的 y_C 的定义是不同的，图 3.24 中 y_C 为形心的纵坐标，即形心点沿平面或其延长面到 x 轴的距离，而表 3.1 中的 y_C 为形心至图形最高点的距离。

表 3.1　常见平面图形参数计算方法

几何图形名称	惯性矩 I_C	形心纵坐标 y_C	面积 A
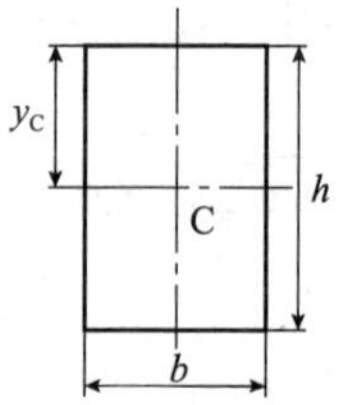 矩形	$\dfrac{1}{12}bh^3$	$\dfrac{1}{2}h$	bh
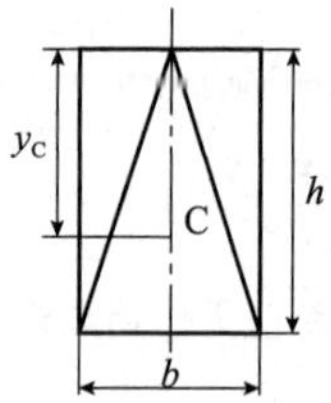 三角形	$\dfrac{1}{36}bh^3$	$\dfrac{2}{3}h$	$\dfrac{1}{2}bh$
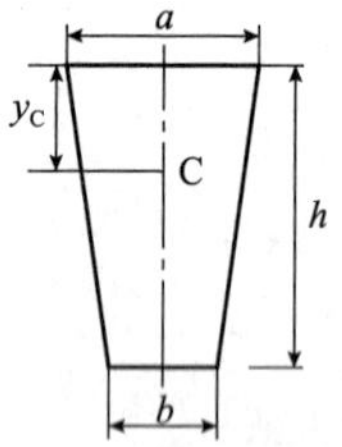 梯形	$\dfrac{1}{36}h^3\dfrac{a^2+4ab+b^2}{a+b}$	$\dfrac{1}{3}h\dfrac{a+2b}{a+b}$	$\dfrac{1}{2}h(a+b)$
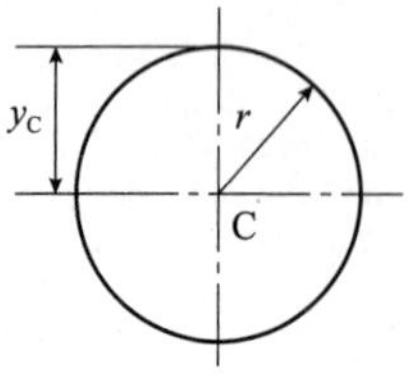 圆形	$\dfrac{\pi}{4}r^4$	r	πr^2

几何图形名称	惯性矩 I_C	形心纵坐标 y_C	面积 A
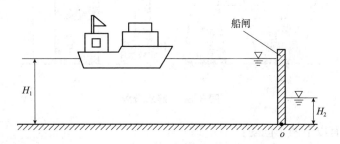 半圆形	$\dfrac{(9\pi^2 - 64)}{72\pi}r^4$	$\dfrac{4r}{3\pi}$	$\dfrac{1}{2}\pi r^2$
椭圆形	$\dfrac{1}{4}\pi a^3 b$	a	πab

例题 3.3：某河道上有一个船闸，如图 3.29 所示。已知上游水深为 50m，下游水深为 20m，船闸的宽度为 100m。试算该船闸所承受的静水总压力大小及其作用点位置。

图 3.29 例题 3.3 图

解：船闸左侧所受到的静水总压力 P_1 为：

$$P_1 = \left(p_a + \rho g \frac{H_1}{2}\right)A_1 = 1.23 \times 10^6 \, (\text{N})$$

船闸右侧受到的静水总压力 P_2 为：

$$P_2 = \left(p_a + \rho g \frac{H_2}{2}\right)A_2 = 1.96 \times 10^5 \, (\text{N})$$

船闸受到的总的静水总压力 P（以向右为正方向）为：

$$P = P_1 - P_2 = 10.34 \times 10^5 \, (\text{N})$$

左侧静压力 P_1 的作用点 y_{C1} 为：

$$y_{D1} = y_{C1} + \frac{I_{C1}}{y_{C1}A} = 33.33 \, (\text{m})$$

右侧静压力 P_2 的作用点 y_{C2} 为：

$$y_{D2} = y_{C2} + \frac{I_{C2}}{y_{C2}A} = 13.33(\text{m})$$

以船闸底部 o 点为旋转中心，根据作用点的定义，合力作用在船闸上的转矩与每一个分力的力矩之和相等，则：

$$P(H_1 - y_D) = P_1(H_1 - y_{D1}) + P_2(H_2 - y_{D2})$$

$$y_D = H_1 - \frac{P_1(H_1 - y_{D1}) + P_2(H_2 - y_{D2})}{P} = 31.43(\text{m})$$

三、静水奇象

在流体静力学中，有一个非常有趣的现象，叫作静水奇象。

如图 3.30 所示，桌面上放着 4 个容器，这些容器的底面形状和面积相同，高度也相同，且都装满相同的液体。

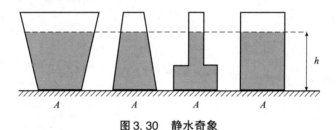

图 3.30　静水奇象

此时，有以下两个问题：

(1)四个容器底面受到液体的作用力是否相同，不同的话哪个最大？

(2)桌面上受到容器的压力是否相同，不同的话哪个最大？

对于第一个问题，四个容器底面受到液体的作用力是相同的，都是 $P = \rho ghA$。

对于第二个问题，桌面上的受力肯定不同。容器处于平衡状态，其对桌面的压力就等于容器与液体的总重。第一个容器内液体最多，则所受到的重力最大，因此作用力也最大。

第五节　曲面上的静水总压力

一、静水总压力的计算

在工程技术中，例如各类圆柱形容器、储油罐、球形压力罐、水塔、弧形闸门等的设计，都会遇到静止液体作用在曲面上总压力的计算问题。由于作用在曲面上各点的流体静压强都垂直于容器壁，各点的压强方向各不相同，它们彼此不平行，也不一定交于一点，形成复杂的空间力系，求总压力的问题便成为空间力系的合成问题。

由于工程中用得最多的是二维曲面(即只与两个坐标有关的曲面)，且水平两向的计算方法相同，因此以下仅以二维曲面为例计算流体静压力。

设有一承受液体压强的二维曲面，其面积为 A。若参考坐标系的 y 轴与此二维曲面的母线平行，则曲面 $ABB'A'$ 在 xoy 平面上的投影便成为曲线 AB，如图3.31 所示。

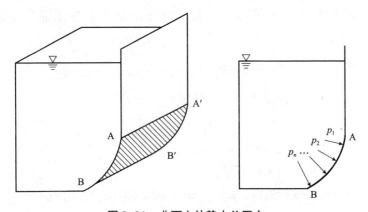

图3.31　曲面上的静水总压力

将曲面 $ABB'A'$ 分解为无数微元平面求解其静水压力，如图3.32 所示。

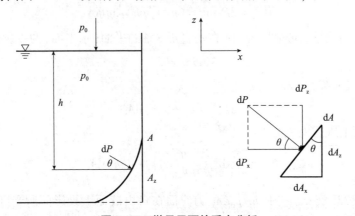

图3.32　微元平面的受力分析

在曲面上取一微元平面，面积为 dA，淹没深度为 h，与 z 轴夹角为 θ，则微元面上所受到的静水总压力为：

$$dP = (p_0 + \rho g h) dA \tag{3.38}$$

1. 静水总压力的水平分力 dP_x

$$dP_x = dP\cos\theta = (p_0 + \rho g h)\cos\theta dA \tag{3.39}$$

式中，θ 为 dP 与水平面的夹角。根据几何关系，$\cos\theta dA$ 是 dA 在垂直于 x 轴的平面的投影面积，即：

$$\cos\theta dA = dA_z$$

代入式(3.39)可得：

$$dP_x = dP\cos\theta = (p_0 + \rho g h) dA_z$$

每个微元平面上的水平分力之和即曲面所受到的静水总压力的水平分力，则：

$$P_x = \iint_A dP_x = \iint_{A_z} (p_0 + \rho g h) dA_z$$

由平面静水总压力计算式(3.31)可知：

$$P_x = (p_0 + \rho g h_C) A_z \tag{3.40}$$

式中 P_x——曲面在垂直面上的投影面 A_z 上所受到的静水总压力，N；

h_C——A_z 面形心的淹没深度，m。

当自由液面与大气相通时，$p_0 = p_a = 0$，则式(3.40)化简为：

$$P_x = \rho g h_C A_z \tag{3.41}$$

2. 静水总压力的垂直分力 dP_z

$$dP_z = dP\sin\theta = (p_0 + \rho g h)\sin\theta dA \tag{3.42}$$

根据几何关系，$\sin\theta dA$ 是 dA 在垂直于 z 轴的平面(水平面)的投影面积，即：

$$\sin\theta dA = dA_x$$

代入式(3.42)可得：

$$dP_z = (p_0 + \rho g h) dA_x \tag{3.43}$$

在曲面上进行面积分：

$$P_z = \iint_A dP_z = \iint_{A_x} (p_0 + \rho g h) dA_x$$

从图3.33可知，式中 $\iint_{A_x} p_0 dA_x$ 为曲面在自由液面上投影面所受到的气体压力，$\iint_{A_x} \rho g h dA_x$ 为曲面与其在自由液面上的投影之间的液柱重量。因此上式的积分结果可写成如下公式：

$$P_z = p_0 A_x + \rho g V_p \tag{3.44}$$

式中　V_p——压力体的体积，m^3。

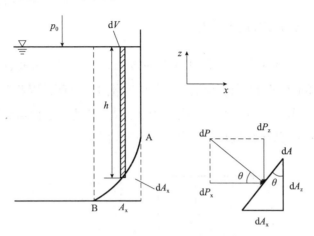

图3.33　曲面静压力的垂直分力

压力体：由曲面本身及其在自由面（或自由面的延长面）的投影面与从曲面的周边引至自由面的铅垂侧面所组成的体积。压力体的底面为所研究的曲面本身，顶面是该曲面在自由面（或自由面的延长面）的投影面，其侧面由沿该曲面边缘引向自由面的铅垂面构成，如图3.34所示。

计算压力体的"液重"这一部分压力时，要特别注意其方向。分为两种情况：一种是压力体中充满液体，如V_{ABCD}，这部分的"液重"对曲面的压力是向下的，称为实压力体；另一种则相反，压力体内没有液体，如$V_{A'B'C'D'}$，此时"液重"对曲面的压力是向上的，称为虚压力体。因此，实压力体表现为压力，而虚压力体表现为浮力。

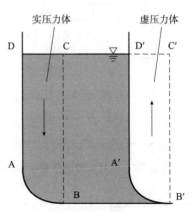

图3.34　实压力体和虚压力体

3. 静水总压力

曲面静水总压力P等于水平分力P_x和垂直分力P_z的合力：

$$P = \sqrt{P_x^2 + P_z^2}$$

总压力作用线与水平方向夹角θ为：

$$\theta = \arctan\left(\frac{P_z}{P_x}\right)$$

二、静水总压力的作用点

由于总压力的竖直分力 P_z 的作用线通过压力体的重心并指向受力面，水平分力 P_x 的作用线通过 A_z 上静压力的作用点并指向受力面，因此总压力的作用线必然通过这两条作用线的交点，如图 3.35 所示，过其交点做与 x 轴夹角为 θ 的作用线，与曲面的交点 D 就是总压力在曲面上的作用点。

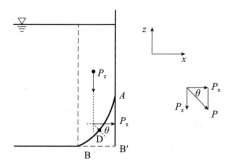

图 3.35 曲面静水总压力作用点

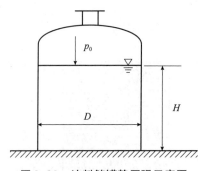

图 3.36 油料储罐静压强示意图

例题 3.4：如图 3.36 所示，有一立式圆柱形贮油罐，内装密度为 $730\mathrm{kg/m^3}$ 的汽油。已知油罐直径为 15.25m，储油高度为 9.6m，油罐内液面上的压强为 $220\mathrm{mmH_2O}$。试求罐身半个壁面的流体总压力和罐顶铅垂向上的总压力。

解：(1)罐身半个罐壁的流体总压力

由于罐身垂直安装，只考虑水平总压力，由式(3.40)得：

$$P_x = (p_0 + \rho g h)A_z$$

式中：

$$A_z = DH = 15.25 \times 9.6 = 146.4\,(\mathrm{m^2})$$

$$h_C = \frac{H}{2} = 4.8\,(\mathrm{m})$$

$$p_0 = \rho_{H_2O}gh = 1000 \times 9.81 \times 220 \times 10^{-3} = 2158.2(Pa)$$

代入得：

$$P_x = (2158.2 + 730 \times 9.81 \times 4.8) \times 146.4 = 5348.35(kPa)$$

（2）罐顶铅垂向上的总压力

因为罐顶上压力体积等于零。由式（3.44）得

$$P_z = p_0A_z = 2158.2 \times \frac{1}{4} \times \pi \times 15.25^2 \approx 394.00(kN)$$

习题

1. 流体静压强的特性是什么？

2. 流体静止状态是否指流体质点的速度为零？流体静止状态的特征是什么？

3. 流体静力学平衡微分方程的力学含义是什么？

4. 在静止的流体中，等压面都是水平面吗？为什么？

5. 什么是压力体？实压力体和虚压力体有何不同？

6. 在一个圆柱形水桶中，水绕桶的中心轴做等角速度圆周运动，如题 6 图(a)所示。请问旋转前后，底面所受的总压力是否相同，为什么？如果是题 6 图(b)形状的水桶呢？

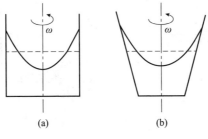

题 6 图

7. 已知海水的相对密度为 1.025，标准大气压为 101300Pa，试求海面下深度为 100m 处的绝对压强和表压强。

8. 有一密闭容器装着水，如题 8 图所示，若液面绝对压强为 1bar，当地大气压为 1at。试求题 8 图中 A 点的相对压强。

9. 如题 9 图所示，在封闭管端完全真空的情况下，水银柱差为 50mm，求盛水容器液面绝对压强 p_1 和水面高度差 z_2。

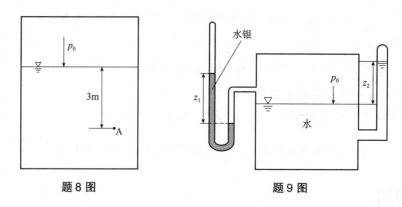

题8图 　　　　　　　　　　　　题9图

10. 如题 10 图所示，位于不同高度的两球形容器，分别装有重度为 $8.9kN/m^3$ 的油和 $10kN/m^3$ 的盐水，差压计内工作液体为水银。已知 $h_1 = 0.5m$，$h_2 = 0.6m$，$h_3 = 0.4m$，若 B 点压强为 200kPa，求 A 点压强。

11. 用倒 U 形管测量输水管路中两点之间的压差，装置如题 11 图所示，若该差压计顶部留有空气，又知 $h_1 = 60cm$，$h = 45cm$，$h_2 = 180cm$。求 A、B 两点的压强差。

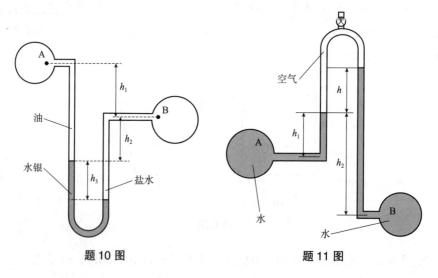

题10图 　　　　　　　　　　　　题11图

12. 如题 12 图所示，在水流流动的水平管道中，在横断面 A 和 B 安装一差压计，其水银液面高度差为 0.6m，靠近 A 的液面较低，计算 A、B 两断面之间的压强差。

13. 如题 13 图所示，在中心高程相差 3m 的两输水管上，倒装一 U 形管差压计，差压计内盛装油质液体，其 $\gamma = 7800\text{N/m}^3$，试问当差压计内两个油面高度差为 2m 时，A、B 两点的压强差为多少？

14. 如题 14 图所示，已知 $h_1 = 0.1\text{m}$，$h_2 = 0.2\text{m}$，$h_3 = 0.3\text{m}$，$h = 0.5\text{m}$，U 形测压计中工作流体为水银和气体，试计算水管中 A 点压强的大小。

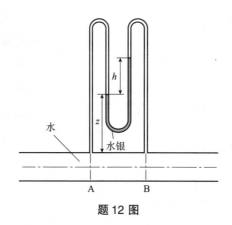

题 12 图

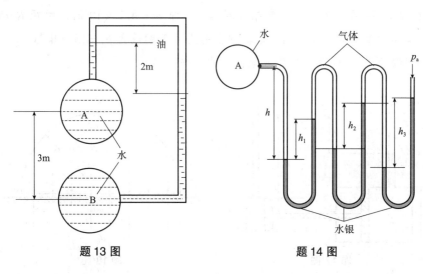

题 13 图

题 14 图

15. 如题 15 图所示，宽为 1m，长为 AB 的矩形闸门，倾角为 45°，左侧水深 $h_1 = 3\text{m}$，右侧水深 $h_2 = 2\text{m}$。求作用于闸门上的水的静压力及其作用点。

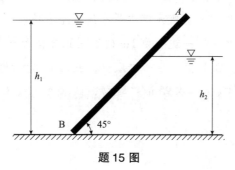

题 15 图

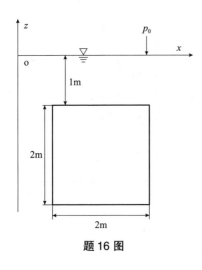

题 16 图

16. 如题 16 图所示,有一 $2m \times 2m$ 的矩形平板铅垂置于某静止液体中。该液体的密度沿着深度呈直线分布变化,如液面及 3m 深处的液体密度分别为 $\rho_0 = 1 \times 10^3 kg/m^3$ 及 $\rho_3 = 1.18 \times 10^3 kg/m^3$。试求:

(1)液体压强的计算公式;

(2)作用于平板(单面)上的液体总压力;

(3)压力中心距液面的距离。

17. 如题 17 图所示,水力变压器的大活塞直径 $D = 30cm$,小活塞直径 $d = 10cm$,$H = 9m$,求平衡状态时的 h 值。

18. 如题 18 图所示,有一半球形容器,质量 $m = 4.2 \times 10^3 kg$,半径 $R = 1m$。内部充满相对密度为 0.8 的油,容器顶上的压力表读数为 $p_g = 15.70 kPa$。求容器底部受到的油压 p_A 以及容器底与地面间的平均压强 p_B。

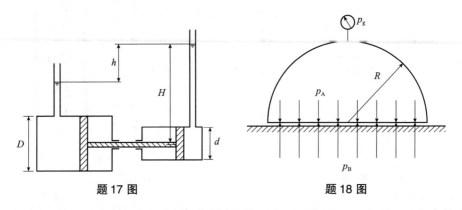

题 17 图   **题 18 图**

19. 如题 19 图所示,水泵吸水阀为圆球底阀,其直径 $D = 150mm$,装在直径 $d = 100mm$ 的阀座上,圆球为实心体,密度 $\rho_1 = 8.494 \times 10^3 kg/m^3$。已知 $H_1 = 3m$,$H_2 = 1.5m$,试求:底阀进水时吸水管内最小的真空度值。

20. 如题 20 图所示,有一边长为 1m 的密闭正方体容器充满了水。在使用过程中,容器发生破损,在 D 点产生一个破口,使内部的水与大气相通。若该容器以加速度 $a_x = 4.95m/s^2$、$a_z = 4.95m/s^2$ 运动,试求 A、B、C 点处的压强。(水未发生泄漏)

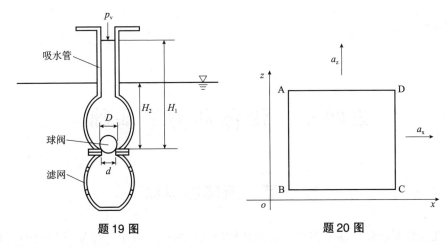

| 题 19 图 | 题 20 图 |

21. 如题 21 图所示，有一液体火箭，燃料箱中装液（燃料）深度 $H = 4\mathrm{m}$，箱底面初始压力为 $140\mathrm{kgf/cm^2}$，燃料密度 $\rho = 850\mathrm{kg/m^3}$。（垂直）发射加速度 $a = 3g$，试计算燃料箱底面积上的压力。

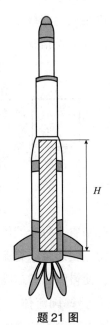

题 21 图

第四章　流体动力学基础

第一节　流体的运动

　　流动性是流体的最基本特征。流体的流动现象是无数个流体质点运动的宏观表现。流体动力学基础主要研究流体的运动方法、运动特征，并根据质量守恒、能量守恒分析流体的运动过程。

　　在物理学中，固体的运动可以分为平动和转动。平动是指物体在空间中做线性运动，可以是直线运动，也可以是空间曲线运动，运动过程中物体的姿态不发生变化，改变的只是物体的位置。转动是指物体绕自身某轴做旋转，位置不发生变化，但姿态会变化。两者的结合构成了物体的复杂运动，如图4.1所示。

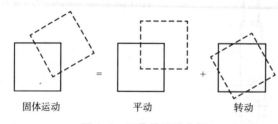

固体运动　　　平动　　　转动

图4.1　固体的运动分解

　　那对于流体，它的运动又有什么不一样呢？我们以液体为例进行分析，因为液体有边界，是可见的。液体在运动过程中会不断发生变形，从微观角度来看，每个流体微团不仅发生平动和转动，还在变形，这与固体的运动是不同的。变形意味着流体分子之间、分子与地面之间存在相对运动，黏性就会起作用，使得流体的运动变得非常复杂。

　　对于流体运动的分解，1858年，德国流体力学家亥姆霍兹提出了流体微团的速度分解定律。流体微团在运动过程中不断地发生移动，绕极点旋转并发生形变。因此，流体微团的运动可以分解为平动、转动和变形三种。变形分为线变形和角变形，是流体所独有的运动。线变形指两点之间距离的变化，角变形指各点间连线夹角的变化，如图4.2所示。在变形过程中，流体的质点间距发生变化，产生了速度梯度，黏性力影响了流体的运动。

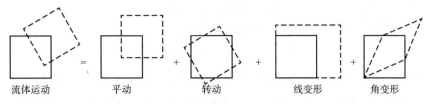

图 4.2　流体的运动分解

用这种方法，我们就可以用数学的方法描述和分析流体微团的运动，为流体微团运动和黏性力分析提供理论基础。

第二节　流体运动的研究方法

一、拉格朗日法

拉格朗日法又称为随体法或质点系法，是从分析流场中流体质点着手来研究整个流体运动的方法。研究过程中，研究对象流体质点是不变的，但其空间位置会随时间发生变化。这种方法要求研究者跟踪每一个质点的运动轨迹，从而获得整个流场的运动规律。

用公式表达如下：

$$\begin{cases} x = x(a,\ b,\ c,\ t) \\ y = y(a,\ b,\ c,\ t) \\ z = z(a,\ b,\ c,\ t) \end{cases} \tag{4.1}$$

式中，a、b、c 表示初始时该点的坐标，t 表示时间。

将式(4.1)对时间求一阶和二阶导数，可得任意流体质点的速度和加速度：

$$\begin{cases} u_x = \dfrac{\partial x(a,\ b,\ c,\ t)}{\partial t} \\[2mm] u_y = \dfrac{\partial y(a,\ b,\ c,\ t)}{\partial t} \\[2mm] u_z = \dfrac{\partial z(a,\ b,\ c,\ t)}{\partial t} \end{cases} \qquad \begin{cases} a_x = \dfrac{\partial u_x}{\partial t} = \dfrac{\partial^2 x}{\partial t^2} \\[2mm] a_y = \dfrac{\partial u_y}{\partial t} = \dfrac{\partial^2 y}{\partial t^2} \\[2mm] a_z = \dfrac{\partial u_z}{\partial t} = \dfrac{\partial^2 z}{\partial t^2} \end{cases} \tag{4.2}$$

这种跟踪流体质点的研究方法是理论力学中质点系法的延伸，也可以拓展到其他物理量的表述，如密度、温度、压强等。

$$\rho = \rho(a, b, c, t)$$
$$T = T(a, b, c, t)$$
$$P = P(a, b, c, t)$$

这种方法具有理论概念清晰、便于物理定律的直接推广等优点。但在实际的使用过程中，存在质点跟踪难度大、数据量过多、研究区域流动不变等缺点。

二、欧拉法

针对这些缺点，学者们又提出了欧拉法。欧拉法又称为空间点法、流场法，其研究对象不再是某一个固定的质点，而是在某一空间点上的流体质点。即在连续流体空间中选择一个点，研究不同时刻不同质点在该空间点上的状态。通过研究该流体空间中每一个质点的运动要素，我们就可以得到整个区域中流体运动的全景。用公式表达如下，

$$u = u(x, y, z, t) \tag{4.3}$$

式中，x、y、z 为所选定的空间点的坐标，t 为时间。

保持 x，y，z 不变而改变 t，表示的是空间某固定点速度随时间的变化规律。若保持 t 不变而改变 x，y，z，则代表某一时刻空间各点的速度分布。

根据流体连续介质假设，每个空间点上都有流体质点占据，而这些流体质点都有自己的速度，从而产生位移。空间坐标 x，y，z 既是流体质点位移的变量，也是时间 t 的函数：

$$x = x(t), \quad y = y(t), \quad z = z(t) \tag{4.4}$$

该式为流体质点的轨迹方程。对时间求导，得到流体质点在各方向上的速度分量：

$$u_x = \frac{\mathrm{d}x}{\mathrm{d}t}, \quad u_y = \frac{\mathrm{d}y}{\mathrm{d}t}, \quad u_z = \frac{\mathrm{d}z}{\mathrm{d}t} \tag{4.5}$$

而流体的速度是位置和时间的函数，即：

$$\begin{cases} u_x = u_x(x, y, z, t) \\ u_y = u_y(x, y, z, t) \\ u_z = u_z(x, y, z, t) \end{cases} \tag{4.6}$$

将式(4.6)对时间求导，可得欧拉法表示的运动加速度：

$$a_x = \frac{\mathrm{d}u_x}{\mathrm{d}t} = \frac{\partial u_x}{\partial t} + \frac{\partial u_x}{\partial x}\frac{\mathrm{d}x}{\mathrm{d}t} + \frac{\partial u_x}{\partial y}\frac{\mathrm{d}y}{\mathrm{d}t} + \frac{\partial u_x}{\partial z}\frac{\mathrm{d}z}{\mathrm{d}t}$$

将式(4.5)代入化简可得：

$$\begin{cases} a_x = \dfrac{\partial u_x}{\partial t} + u_x \dfrac{\partial u_x}{\partial x} + u_y \dfrac{\partial u_x}{\partial y} + u_z \dfrac{\partial u_x}{\partial z} \\[2mm] a_y = \dfrac{\partial u_y}{\partial t} + u_x \dfrac{\partial u_y}{\partial x} + u_y \dfrac{\partial u_y}{\partial y} + u_z \dfrac{\partial u_y}{\partial z} \\[2mm] a_z = \dfrac{\partial u_z}{\partial t} + u_x \dfrac{\partial u_z}{\partial x} + u_y \dfrac{\partial u_z}{\partial y} + u_z \dfrac{\partial u_z}{\partial z} \end{cases} \quad (4.7)$$

式中　　　　　$\dfrac{\partial u}{\partial t}$——流体质点速度随时间变化而产生的当地加速度；

$u_x \dfrac{\partial u}{\partial x} + u_y \dfrac{\partial u}{\partial y} + u_z \dfrac{\partial u}{\partial z}$——流体质点速度随空间的变化而产生的迁移加速度。

如图4.3所示，不可压缩流体流过一个中间有收缩的变截面管道。如果在某段时间内流进管道的流体的流量发生变化(增加或减少)，由此产生的流体质点速度变化和相应的加速度就是当地加速度；当流体

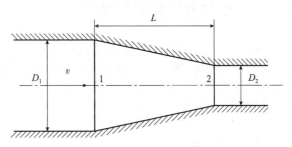

图4.3　欧拉法加速度示意图

质点从1点流到2点时，截面的收缩会引起速度增加，从而产生速度的改变，由此产生的加速度就是迁移加速度。

流体质点的其他物理量随时间的变化也可以采用类似的形式表达：

$$\frac{\mathrm{d}(\ )}{\mathrm{d}t} = \frac{\partial(\ )}{\partial t} + (\boldsymbol{u} \cdot \nabla)(\ ) \quad (4.8)$$

如压强 $p = p(x, y, z, t)$ 可以写为：

$$\frac{\mathrm{d}\boldsymbol{p}}{\mathrm{d}t} = \frac{\partial \boldsymbol{p}}{\partial t} + (\boldsymbol{u} \cdot \nabla)\boldsymbol{p}$$

$$\begin{cases} \dfrac{\mathrm{d}p_x}{\mathrm{d}t} = \dfrac{\partial p_x}{\partial t} + u_x \dfrac{\partial p_x}{\partial x} + u_y \dfrac{\partial p_x}{\partial y} + u_z \dfrac{\partial p_x}{\partial z} \\[2mm] \dfrac{\mathrm{d}p_y}{\mathrm{d}t} = \dfrac{\partial p_y}{\partial t} + u_x \dfrac{\partial p_y}{\partial x} + u_y \dfrac{\partial p_y}{\partial y} + u_z \dfrac{\partial p_y}{\partial z} \\[2mm] \dfrac{\mathrm{d}p_z}{\mathrm{d}t} = \dfrac{\partial p_z}{\partial t} + u_x \dfrac{\partial p_z}{\partial x} + u_y \dfrac{\partial p_z}{\partial y} + u_z \dfrac{\partial p_z}{\partial z} \end{cases}$$

采用欧拉法描述流体流动，常常比采用拉格朗日法更优越，其原因有三：

(1)利用欧拉法得到的是流场，便于采用场论这一数学工具来研究；

（2）采用欧拉法，加速度是一阶导数，而拉格朗日法中加速度是二阶导数，所得的运动微分方程分别是一阶偏微分方程和二阶偏微分方程，在数学上一阶偏微分方程比二阶偏微分方程求解容易；

（3）在工程实际中，通常并不关心每一质点的详细运动轨迹。

基于上述三点原因，欧拉法在流体力学研究中被广泛采用。当然，拉格朗日法在研究爆炸现象以及计算流体力学的某些问题时仍具有其方便之处。

第三节　运动流体的基本概念

一、恒定流与非恒定流

根据流体质点的流动参数是否随时间变化，将流体的流动分为恒定流（或定常流）和非恒定流（或非定常流）。流体质点的流动参数不随时间变化的流动称为恒定流，反之称为非恒定流。

在恒定流中，所有流动参数对时间的偏导数为零，仅是空间位置坐标的函数，用公式表达为：

$$\frac{\partial \phi}{\partial t} = 0$$

式中，ϕ 为流体质点的运动参数，包括速度 u、加速度 a、密度 ρ、压强 p 等。

在恒定流中，欧拉法表示的变量中不含时间变量，所有流动参数（速度、压强等）都只是空间坐标的函数，即 $\phi = \phi(x, y, z)$，运动参数的当地加速度为零，迁移加速度不一定为零，即：

$$\frac{\mathrm{d}\phi}{\mathrm{d}t} = \frac{\partial \phi}{\partial t} + u_x \frac{\partial \phi}{\partial x} + u_y \frac{\partial \phi}{\partial y} + u_z \frac{\partial \phi}{\partial z} = u_x \frac{\partial \phi}{\partial x} + u_y \frac{\partial \phi}{\partial y} + u_z \frac{\partial \phi}{\partial z} \tag{4.9}$$

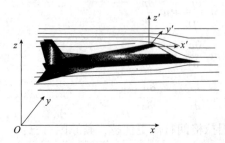

流体流动的恒定或非恒定与所选定的参考系有关。如图 4.4 所示，匀速飞行的飞行器周围空气的流动，相对于固定在地面的坐标系来说是非恒定的，但如果以飞行器作为参考系，又可看作是恒定的。

图 4.4　不同参考系下的恒定流与非恒定流

二、一元流、二元流、三元流

根据流场中各运动参数与空间坐标的关系，可以把流体的流动分为一元流、二元流和三元流。运动参数随三个坐标(包括曲线坐标)变化的流动称为三元流；随其中两个坐标变化的流动称为二元流；仅随其中一个坐标变化的流动称为一元流。

实际工程中的流动，运动参数一般是三个坐标的函数，属于三元流动。但可以通过巧妙的数学方法将流动过程进行简化而不影响对流体运动的研究，使其简化为二元流或一元流。

如图4.5所示，流体在一个锥形管中流动。使用常规方法建立直角坐标系，流体运动要素与三个坐标均有关，此时流动过程为三元流，即：

$$u = u(x, y, z, t)$$

如果调整坐标系，以管轴线方向为 x 轴，将 yoz 坐标更改为极坐标，建立柱坐标系，如图4.6所示。此时不考虑重力影响的情况下，流体在圆周方向上中心对称，速度分布与 θ 无关，流动过程就简化成了二元流：

$$u = u(r, x, t)$$

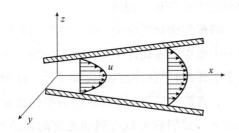

图4.5 锥形管中的三元流

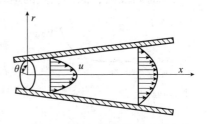

图4.6 锥形管中的二元流

如果在研究过程中不需要考虑断面上的速度分布影响，就可以用平均速度来代替每个质点的速度。此时在断面上，每个质点的速度都是相同的，均等于平均速度。那么流动速度就只和 x 轴坐标有关，如图4.7所示。流动可以简化为一元流：

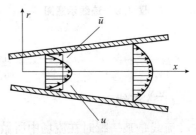

图4.7 锥形管中的一元流

$$u = u(x, t)$$

通过这种方式简化，可以减少计算中的变量数，从而极大地降低计算量，为计算流体力学融入工程应用提供了途径。如研究机翼绕流时，如图 4.8 所示，由于机翼长度很长，截面形状、尺寸相似，沿机翼翼展方向上的速度分布规律是相似的，其速度变化可以忽略不计。因此，可将流动简化为二元流。

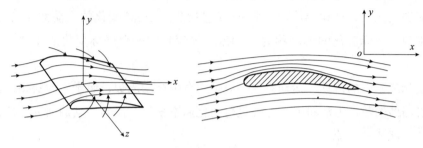

图 4.8　机翼绕流

参数的减少可以大幅降低数学分析过程中的计算量，也降低了求解方程所需要的方程、初始条件和边界条件数量。

三、迹线与流线

（一）迹线

在某一时间段内，流体质点的运动轨迹的连线称为迹线。

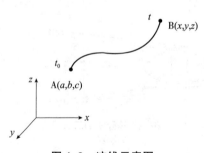

图 4.9　迹线示意图

根据连续介质模型，每个空间点上只能有一个质点，因此这个质点是唯一的。这就表示了任意时刻该质点的位置坐标。这个方法中，直接测量量为位移，然后根据加速度的定义，我们就可以得到加速度的表达式。某一个流体质点在一段时间内的运动轨迹，称为该质点的迹线，如图 4.9 所示。

迹线用公式表示为：

$$\frac{\mathrm{d}x}{u_{x}} = \frac{\mathrm{d}y}{u_{y}} = \frac{\mathrm{d}z}{u_{z}} = \mathrm{d}t \tag{4.10}$$

（二）流线

流线是某一瞬时在流场中所做的一条曲线，在这条曲线上的各流体质点的速度方向都与该曲线相切，因此流线是同一时刻不同流体质点所组成的曲线，可以形象地表示流场的流动状态。

在欧拉法中，直接测量量为速度，得到的是某一时刻空间内各点的速度，包括大小和方向。假设过某一点有一条特定的曲线，曲线上各质点的速度方向与该曲线在这一点的切线相同，如图4.10所示。

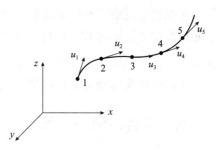

图4.10　流线示意图

用公式表示为：

$$\frac{\mathrm{d}x}{u_x} = \frac{\mathrm{d}y}{u_y} = \frac{\mathrm{d}z}{u_z} \qquad (4.11)$$

流场中的流线应该具有以下性质：

①通过某一空间点，在任意时刻只能有一条流线。流线不能相交、分叉、交汇和转折，只能是一条光滑曲线，如图4.11所示。

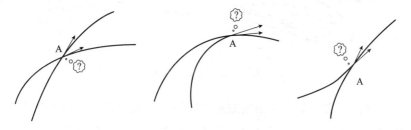

图4.11　流线性质示意图

有两种情况是例外的，分别是奇点和驻点。在研究流体的旋涡运动时，可以将其简化为一个圆周运动和一个由四周向中心运动的合运动。这导致中心点的径向速度无穷大，也没有明确的方向，这个点就称为奇点，如图4.12(a)所示。另外一种情况是流体绕流，如桥墩绕流，正对圆心的这条流线与壁面垂直。无论假定流线上的质点将向哪个方向运动，都会对流场产生影响，产生不确定性。因此，通常忽略这条流线的影响，认为一条流线到此为止，这个点就称为驻点，如图4.12(b)所示。

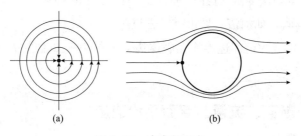

(a)　　　　　　　　　(b)

图4.12　奇点与驻点

②在恒定流中，流线和迹线重合。恒定流是指流场中各点的运动参数不随时间变化的流动，流线的形状将不发生变化，于是就变成了每个质点的运行轨迹，即迹线。在非恒定流中，流线和迹线一般不重合。

③流线密集的地方流体的流速大，流体稀疏的地方流速小。

四、流管、流束、元流、总流

在流场中任取一个非流线的封闭曲线，通过封闭曲线上的每一个质点都有一条流线，这些流线围成一个管状表面，称为流管，如图4.13所示。

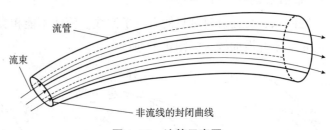

图4.13　流管示意图

根据流线的定义，流管表面的流体速度与流管表面相切，因此流体质点不会穿过流管表面，流管如同实际管道，其管状表面周界可视为固壁。

流管端面是一条非流线的封闭曲线，曲线包围的若干流体质点在流管内流动，形成一束流线簇，称为流束。当流束缩小到只包含一条流线时，该流线上质点的运动参数代表了流束的运动参数，称为元流。无数元流合并形成的宏观流动称为总流，如河流、湖泊、管道流动等。

根据总流的边界条件情况，流体可以分为三种类型：

(1)有压流动。总流的全部边界受固体边界的约束，即流体充满管道，如自来水管、输油管道中的流动。

(2)无压流动。总流的边界一部分受固体边界的约束，另一部分与气体接触，形成自由液面，如河流、城市排污管道等。

(3)射流。总流的全部边界均无固体边界的约束，如水龙头流出的水，消防水管喷出的水等。

五、过流断面、流量、断面平均速度

在元流中，垂直于流线的微小平面称为过流断面。在总流中，无数元流的过流断面连接在一起形成的空间曲面称为总流的过流断面。

单位时间通过过流断面的流体量称为流量。在流体力学中，流量包括体积流量(Q)和质量流量($\dot{m}$)。

体积流量是指单位时间通过过流断面的流体体积，用符号 Q 表示，单位为 m^3/s，计算式为：

$$Q = \iint_A u\mathrm{d}A$$

质量流量是指单位时间内通过过流断面的流体质量，用符号 $\dot{m}$ 表示，单位为 kg/s，计算式为：

$$\dot{m} = \iint_A \rho u\mathrm{d}A$$

由于液体的压缩性很小，在绝大多数情况下可以忽略其影响，即采用不可压缩流体模型，$\rho = C$。此时，质量流量计算式可简化为：

$$\dot{m} = \rho \iint_A u\mathrm{d}A = \rho Q$$

因此，在流体力学的分析中，通常使用体积流量来表述流体的流量。

在过流断面上，单位面积的体积流量称为过流断面平均速度，用符号 v 表示，单位为 m/s，计算式为：

$$v = \frac{Q}{A} = \frac{\iint_A u\mathrm{d}A}{A} \tag{4.12}$$

六、均匀流与渐变流

均匀流是指运动要素沿程不变的流动，包括大小和方向；反之则为非均匀流。均匀流的流线是平行直线，过流断面是平面。

均匀流有一个重要性质——过流断面上的压强分布符合静压强分布规律，即 $z + \dfrac{p}{\rho g} = C$，这在流体力学的计算中非常重要。

理论上，长直管道中的流动是均匀流，但实际管道中由于附件、弯曲等因素的存在，管道内的流动并不是完全的均匀流。因此在实际水力计算中，将运动要素沿程变化较为平缓的流体称为渐变流，反之称为急变流，如图4.14所示。渐变流的流线呈近似平行直线，过流断面为近似平面。在渐变流的过流断面上，压强分布符合静压强分布规律。

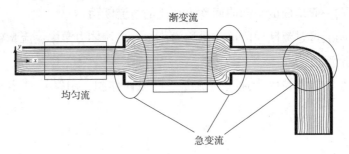

图 4.14　均匀流、渐变流、急变流示意图

七、系统与控制体

所谓系统，就是确定不变的物质集合。系统一经确定，它所包含的流体质点数都将确定，即系统的质量将确定不变。系统以外的物质称为外界，系统与外界的分界面称为边界。如图 4.15 所示。

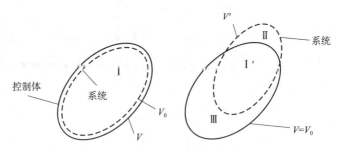

图 4.15　系统与控制体示意图

系统的位置和形状可以发生变化，系统可通过边界与外界发生力的作用和能量交换，但不发生质量交换，即系统的质量是不变的。质量不变是系统的特点。显然，对于流动过程，不管划定哪一部分流体为系统，该系统都必然处于运动之中，其边界形状也会不断发生变化。因此，以系统为对象研究流体运动，就必须随时对系统进行跟踪并识别其边界，这在实际流动过程中显然是很困难的。况且，工程上所关心的问题也不在于跟踪质量确定流体的运动，而在于确定特定流场中流体的流动行为。所以在工程流体力学中，更多地采用以控制体为对象而不是以系统为对象的研究方法。

所谓控制体，就是根据需要所选择的具有确定位置和体积形状的流场空间。与系统不同，控制体一经选定，它在坐标系中的空间位置和形状都不再变化。控制体的表面称为控制面。在控制面上不仅可以发生力的作用和能量交换，而且可以发生质量的交换。因此，一般来说，控制体的体积和形状不变，但控制体内流体的质量是随时间而变化的。

利用控制体可以推导出流体系统的某个物理量（如质量、能量、动量、动量矩等）随时间的变化率，由此可得到流体力学中的若干重要方程：连续性方程（质量守恒方程）、伯努利方程（能量守恒方程）、动量方程和动量矩方程。需要注意的是，有关物质运动的基本原理，包括质量守恒、能量守恒和动量守恒等，都是针对具有确定质量的系统而言的。

第四节 连续性方程

除了核物理现象，质量守恒定律是自然界中的普遍定律之一。在物理学中，质量守恒定律是指：在孤立系统中，不论发生何种变化或过程，物质的总质量不发生变化。流体作为物质的形态之一，同样遵循质量守恒定律。

然而，流体在运动过程中其形状、体积都会发生变化，且难以在连续的流体中选定确定的流体微团作为研究对象。因此，流体的流动性使其质量守恒的表现与固体不同。

一、不可压缩恒定元流的连续性方程

在恒定总流中，可以任取一段元流作为研究对象。由于流动为恒定流，则流线不随时间变化，该段元流所处位置的大小和形状均不随时间变化，可将该空间作为控制体进行研究。如图 4.16 所示，流体由 dA_1 流入控制体，流入速度为 u_1，密度为 ρ_1，从 dA_2 流出控制体，流出速度为 u_2，密度为 ρ_2，元流的侧壁为流管，没有流体流入或流出。

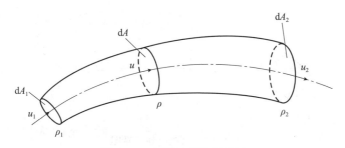

图 4.16 元流控制体示意图

设控制体内的流体总质量为 dm，经过 dt 时间后，控制体内流体的质量变为 dm'，则在 dt 时间内，从 dA_1 流入控制体的流体质量为：

$$dm_1 = \rho_1 u_1 dt dA_1$$

同样，在 dt 时间内，从 dA_2 流出控制体的流体质量为：

$$dm_2 = \rho_2 u_2 dt dA_2$$

根据质量守恒定律：

$$dm + \rho_1 u_1 dt dA_1 - \rho_2 u_2 dt dA_2 = dm' \tag{4.13}$$

若流体不可压缩，即在运动过程中流体密度不变，则：

$$\rho_1 = \rho_2 = \rho$$

由于流动为恒定流，控制体的形状、体积及密度不随时间变化，则控制体内流体的质量不随时间变化：

$$dm = dm'$$

代入式(4.13)可得：

$$dm + \rho u_1 dt dA_1 - \rho u_2 dt dA_2 = dm$$

化简可得不可压缩恒定元流的连续性方程：

$$u_1 dA_1 = u_2 dA_2 \tag{4.14}$$

由此可以看出，不可压缩恒定元流的质量守恒可以表述为：任意单位时间内流入控制体流体的质量等于流出控制体流体的质量。

二、不可压缩总流的连续性方程

总流是无数元流的集合，每一条元流都符合连续性方程，则其集合也同样符合连续性方程，如图4.17所示。

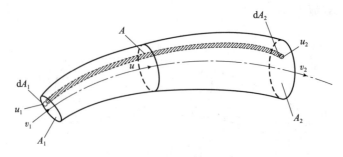

图4.17　总流流动示意图

在过流断面上，对式(4.14)进行面积分可得：

$$\iint_{A_1} u_1 dA_1 = \iint_{A_2} u_2 dA_2 \qquad (4.15)$$

由于在 A_1、A_2 过流断面上的速度分布规律未知，该方程无法直接求解。而且，在实际的工程计算中，流体速度分布函数也难以获得。因此，根据过流断面平均速度的定义[见式(4.13)]，用过流断面平均速度代替元流速度，可得不可压缩恒定总流的连续性方程：

$$v_1 A_1 = v_2 A_2 \quad \text{或} \quad Q_1 = Q_2 \qquad (4.16)$$

该方程表明：在不可压缩恒定总流中沿程保持体积(质量)流量不变；沿程各过流断面上的平均流速与其断面积成反比，即断面积大则流速小，断面积小则流速大。

式(4.16)表示的是在沿程没有流体流入流出的情况下的质量守恒。对于在侧壁有流体流入或流出，即管道有交汇或分支的情况，如图 4.18 所示，则根据连续性原理，应有：

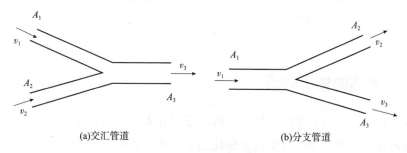

(a)交汇管道   (b)分支管道

图 4.18 交汇和分支管道

交汇管道：$Q_1 + Q_2 = Q_3$

分支管道：$Q_1 = Q_2 + Q_3$

上式左端表示流入的流量，右端表示流出控制体各断面的流量之和，因而可得到恒定总流连续性方程的一般表达式：

$$\Sigma Q_{进} = \Sigma Q_{出} \qquad (4.17)$$

例题 4.1：某管道上有一个三通结构，如图 4.19 所示，已知主管道内径为 150mm，支管 2 的内径为 100mm，支管 3 的内径为 120mm，主管道上的流量为 250m³/h。若测得支管 2 上的断面平均速度为 5m/s，试求支管 3 上的断面平均速度。

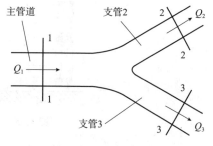

图 4.19 例题 4.1 图

解：已知 $d_2 = 100\text{mm}$，$v_2 = 5\text{m/s}$，则：

$$Q_2 = v_2 A_2 = 5 \times \frac{1}{4} \times \pi \times (0.1)^2 = 0.039(\text{m}^3/\text{s})$$

根据连续性方程，$Q_3 = Q_1 - Q_2 = \dfrac{250}{3600} - 0.039 = 0.030(\text{m}^3/\text{s})$

$$v_3 = \frac{Q_3}{A_3} = \frac{0.030}{\dfrac{1}{4} \times \pi \times (0.12)^2} = 2.65(\text{m/s})$$

第五节　伯努利方程

能量守恒定律是自然界普遍的基本定律之一，可表述为：能量既不会凭空产生，也不会凭空消失，它只会从一种形式转化为另一种形式，或者从一个物体转移到其他物体，而能量的总量保持不变。这里的总能量为包括机械能、内能（热能）及其他任何形式能量的总和。

在本书的流体动力学中，只涉及机械能与内能之间的转换。

一、固体的能量守恒

固体物质运动过程中的能量守恒体现在方方面面，如投篮过程中，篮球上升时动能转化为势能，下降时势能又转化成了动能，如图 4.20 所示。

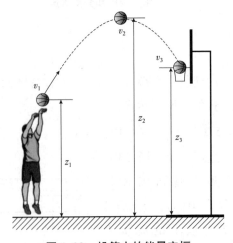

图 4.20　投篮中的能量守恒

设篮球的质量为 m，图 4.20 中的 3 个位置的高度分别为 z_1、z_2、z_3，篮球在对应点的速度分别为 v_1、v_2、v_3。在篮球的运动过程中，如果不考虑篮球飞行中的阻力影响，则篮球运动遵循机械能守恒定律，可用公式表示为：

$$mgz_1 + \frac{1}{2}mv_1^2 = mgz_2 + \frac{1}{2}mv_2^2 = mgz_3 + \frac{1}{2}mv_3^2 \qquad (4.18)$$

即篮球在各点的势能与动能之和为常数。然而，在实际飞行中，篮球受到空气阻力的作用，会产生能量损失，损失的机械能转换为篮球和空气的内能，从而使篮球在 2 点、3 点的总机械能小于 1 点的机械能。以 1 点到 2 点的运动过程为例分析，设篮球从 1 点运动到 2 点过程中损失的机械能为 ΔE，则篮球在运动中的能量守恒可以表示为：

$$mgz_1 + \frac{1}{2}mv_1^2 = mgz_2 + \frac{1}{2}mv_2^2 + \Delta E$$

或 $$E_{p1} + E_{k1} = E_{p2} + E_{k2} + \Delta E \qquad (4.19)$$

式中　E_p——篮球的势能，$E_p = mgz$；

　　　E_k——篮球的动能，$E_k = \frac{1}{2}mv^2$；

下标 1——起始位置；

下标 2——终点位置。

在运动过程中，篮球在任意两点间的能量守恒均可以这种形式表示。

二、流体质点的能量守恒

根据连续介质模型，流体是由无数质点无间隙地组合在一起形成的物质，每一个质点都遵循物理学基本定律，如质量守恒定律、能量守恒定律等。因此，可以使用拉格朗日法分析某个流体质点的性质和规律。

在不可压缩恒定流中，取一个质点 M 作为研究对象，如图 4.21 所示。建立坐标系，x、y 轴方向为水平方向，在 xoy 平面运动时重力不做功，不会产生重力势能变化。设 M 质点的质量为 m，在 t_0 时刻在 1 点位置，经过 dt 时间后质点运动到了 2 点位置，在整个过程中质点遵循质量守恒和能量守恒，即：

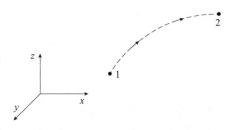

图 4.21　恒定流中质点的运动

$$m_1 = m_2 = m$$

$$E_{p1} + E_{k1} = E_{p2} + E_{k2} + \Delta E$$

（一）流体质点的势能

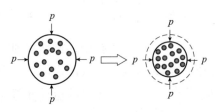

图 4.22　质点压缩过程的压力做功

对于固体物质来说，势能就是重力势能，即 $E_p = mgz$。但对于流体，由于其具有可压缩性，在外部压力作用下体积会发生变化。如图 4.22 所示，压力做功、质点具有的能量增加，形成以压强形式表现的压能（详见第三章第二节），表示为 $mg\dfrac{p}{\gamma}$。

于是，流体质点的势能就包括了位置势能和压强势能，即：

$$E_p = mgz + mg\frac{p}{\gamma} \tag{4.20}$$

式中　mgz——质点的位置势能；

$mg\dfrac{p}{\gamma}$——质点的压强势能。

（二）流体质点的动能

流体质点作为孤立的个体在流体中运动。但不论质点如何运动，质点中所包含的分子不变、总质量不变，而质点的速度是这些分子的平均值，因此将其作为一个整体进行研究时，动能的表达式与固体相同：

$$E_k = \frac{1}{2}mv^2$$

因此，不可压缩恒定流中运动质点的能量守恒方程可表示为：

$$mgz_1 + mg\frac{p_1}{\gamma} + \frac{1}{2}mu_1^2 = mgz_2 + mg\frac{p_2}{\gamma} + \frac{1}{2}mu_2^2 + \Delta E \tag{4.21}$$

三、元流的伯努利方程

在不可压缩恒定总流中，选取一个元流作为研究对象（图 4.23）。如图 4.24 所示，以元流 1-2 两个过流断面间的空间为控制体，设在控制体 1 断面处面积为 dA_1，质点速度为 u_1，2 断面处面积为 dA_2，质点速度为 u_2，流体密度为 ρ。

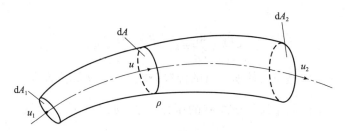

图 4.23　不可压缩恒定元流

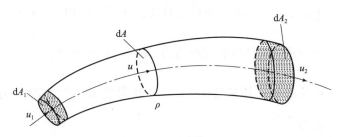

图 4.24　元流控制体

流体为不可压缩恒定流，控制体内流体的质量保持不变，根据连续性方程可得：

$$\rho u_1 dA_1 = \rho u_2 dA_2 \quad 或 \quad \rho dQ_1 = \rho dQ_2 = \rho dQ$$

即单位时间内流入控制体的流体质量与流出控制体的流体质量相等，均为 ρdQ。

同理，控制体内各点的运动要素（如 z、p、u、a、ρ 等）不随时间变化，即每个质点的动能、势能值不变，控制体内所有质点的动能、势能之和也不变。因此，在流动过程中，随着流体进入控制体的能量与离开控制体的能量应保持相等，以维持控制体内的能量不变。

由式（4.21）可知，单位时间流入控制体的流体携带的机械能为：

$$\rho dQ \left(gz_1 + g\frac{p_1}{\gamma} + \frac{1}{2}u_1^2 \right) = \left(z_1 + \frac{p_1}{\gamma} + \frac{u_1^2}{2g} \right)\rho g dQ$$

单位时间流出控制体的流体携带的机械能为：

$$\rho dQ \left(gz_2 + g\frac{p_2}{\gamma} + \frac{1}{2}u_2^2 \right) = \left(z_2 + \frac{p_2}{\gamma} + \frac{u_2^2}{2g} \right)\rho g dQ$$

流动中损失的机械能为：ΔE

根据能量守恒定律可得：

$$\left(z_1 + \frac{p_1}{\gamma} + \frac{u_1^2}{2g} \right)\rho g dQ = \left(z_2 + \frac{p_2}{\gamma} + \frac{u_2^2}{2g} \right)\rho g dQ + \Delta E \qquad (4.22)$$

化简可得：

$$z_1 + \frac{p_1}{\gamma} + \frac{u_1^2}{2g} = z_2 + \frac{p_2}{\gamma} + \frac{u_2^2}{2g} + h'_w \qquad (4.23)$$

式中　　z——单位质量流体所具有的位置势能，m，又称位置水头；

$\dfrac{p}{\rho g}$——单位质量流体所具有的压强势能（见本书第三章第二节），m，又

称压强水头；

$z + \dfrac{p}{\rho g}$——单位质量流体所具有的总势能，m，又称测压管水头；

$\dfrac{u^2}{2g}$——单位重力流体所具有的动能，m，又称速度水头；

$h'_w = \dfrac{\Delta E}{\rho g \mathrm{d}Q}$——单位质量流体流经 1、2 两个断面损失的机械能，m，又称水头

损失。

四、总流的伯努利方程

总流是无数元流的集合，每条元流都遵循能量守恒，因此总流同样遵循能量守恒。总流的伯努利方程如图 4.25 所示。

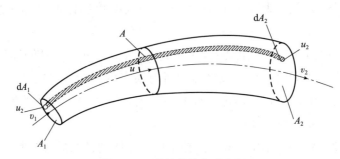

图 4.25　总流的伯努利方程

在过流断面上，对元流的能量守恒方程式(4.22)进行积分，可得总流在两个过流断面上的能量守恒表达式：

$$\iint_{A_1} \left(z_1 + \frac{p_1}{\gamma} + \frac{u_1^2}{2g} \right) \rho g u_1 \mathrm{d}A_1$$

$$= \iint_{A_2} \left(z_2 + \frac{p_2}{\gamma} + \frac{u_2^2}{2g} + h'_w \right) \rho g u_2 \mathrm{d}A_2$$

$$\iint_{A_1} \left(z_1 + \frac{p_1}{\gamma} \right) \rho g u_1 \mathrm{d}A_1 + \iint_{A_1} \frac{u_1^2}{2g} \rho g u_1 \mathrm{d}A_1$$

$$= \iint_{A_2} \left(z_2 + \frac{p_2}{\gamma} \right) \rho g u_2 \mathrm{d}A_2 + \iint_{A_2} \frac{u_2^2}{2g} \rho g u_2 \mathrm{d}A_2 + \iint_{A_2} h'_w \rho g u_2 \mathrm{d}A_2 \qquad (4.24)$$

先对式(4.24)的各项积分分别讨论。

1. 势能 $\iint_A \left(z + \frac{p}{\gamma} \right) \rho g u \mathrm{d}A$ 积分

该积分表示单位时间内通过某过流断面势能的总和。由于过流断面的形状、位置、压强分布均未知,因此该积分式无法直接求解,需要进行理论简化。在流动的基本概念中,已知均匀流和渐变流的基本性质:过流断面上的压强符合静压强分布,即 $z + \frac{p}{\rho g} = C$。若过流断面处流体是均匀流或渐变流,就可以利用该结论进行求解:

$$\iint_A \left(z + \frac{p}{\gamma} \right) \rho g u \mathrm{d}A = \left(z + \frac{p}{\gamma} \right) \rho g \iint_A u \mathrm{d}A = \left(z + \frac{p}{\gamma} \right) \rho g Q \qquad (4.25)$$

2. 动能 $\iint_A \frac{u^2}{2g} \rho g u \mathrm{d}A$ 的积分

该积分表示单位时间内通过过流断面流体动能的总和。由于过流断面上流速 u 分布未知,也无法直接求解。为了解决这一问题,可以利用过流断面的平均速度进行化简:

$$v = \frac{Q}{A} = \frac{\iint_A u \mathrm{d}A}{A}$$

然而,由于两个速度的积分式并不相同,用过流断面平均速度代替元流速度必然会造成计算误差,因此引入一个动能修正系数 α 来修正这一误差:

$$\alpha = \frac{\iint_A \frac{u^2}{2g} \rho g u \mathrm{d}A}{\iint_A \frac{v^2}{2g} \rho g v \mathrm{d}A}$$

则: $$\iint_A \frac{u^2}{2g} \rho g u \mathrm{d}A = \alpha \frac{v^2}{2g} \rho g v \iint_A \mathrm{d}A = \frac{\alpha v^2}{2g} \rho g Q \qquad (4.26)$$

动能系数 α 是断面上的实际动能与以平均流速计算的动能的比值,与流速分布有关。流速分布越不均匀,α 值越大;当流速分布均匀时,α 接近于 1。

对于管道,当流态为层流时,$\alpha = 2.0$;当流态为紊流时,$\alpha = 1.05 \approx 1.0$。层流和紊流概念和判定见本书第五章。

3. $\iint_A h'_w \rho g u dA$ 的积分

该积分表示的是过流断面上每个元流流经 1、2 两个过流断面所消耗的机械能之和。该式的计算涉及流体运动的流体种类、流态、壁面参数等，将在第五章专门讲解，在这里不做讨论，将其积分用 h_w 代替，即：

$$h_w = \iint_A h'_w \rho g u dA \tag{4.27}$$

将式(4.25)、式(4.26)、式(4.27)代入式(4.24)，并化简可得：

$$z_1 + \frac{p_1}{\rho g} + \frac{\alpha_1 v_1^2}{2g} = z_2 + \frac{p_2}{\rho g} + \frac{\alpha_2 v_2^2}{2g} + h_w \tag{4.28}$$

式中，$h_w = \dfrac{\iint_A h'_w \rho g u dA}{\rho g Q}$ 表示单位质量流体流经 1、2 两个断面所消耗的机械能，其余各项与式(4.23)相同。

式(4.28)称为不可压缩恒定总流的伯努利方程。其与连续性方程都是分析流体流动问题的基本方程式。

五、伯努利方程的适用条件

在推导总流伯努利方程式的过程中，引入了一些简化条件，因此方程式的适用范围受到这些简化条件制约。

对于总流的伯努利方程，适用范围有：

(1)不可压缩恒定流体。只有恒定流时，流线才是固定不变的，从而进行一元元流、总流的分析，而不可压缩流体中密度为常数，密度项才可进行化简和积分。

(2)以地球为参照物建立坐标系，质量力只有重力作用。

(3)过流断面处为渐变流，此时过流断面处的压强才符合静压强分布，才能够实现势能在过流断面上的积分。

(4)两过流断面间无能量的输入和输出，如过流断面间的泵、水轮机等机械。

六、伯努利方程的应用技巧

在实际应用伯努利方程时，可能会遇到许多困难：

(1)流动不是恒定流。

如果流动不是恒定流，则伯努利方程将是另一种更加复杂的形式。真正的恒定流在工程实践中是非常少见的，但是很多情况可以看作"准"恒定流。例如，水库、油罐等大容器中的液面变化非常缓慢，可以将其看作恒定流，适用伯努利方程。

（2）流动中，除水头损失外，两过流断面间没有其他能量输入输出，即两过流断面间没有安装水泵、水轮机等机械。

在实际的有压管道流动中，往往需要泵驱动流体输送，如自来水供输、油料的输送等。如果两端面间存在泵（水轮机），会使控制体内流体的机械能增加（减少），从而使式（4.24）不成立。然而，类似于流体的连续性方程，根据能量守恒原理，控制体内能量的总输入和总输出应该是平衡的。此时式（4.24）可改写为：

$$z_1 + \frac{p_1}{\rho g} + \frac{\alpha_1 v_1^2}{2g} \pm H = z_2 + \frac{p_2}{\rho g} + \frac{\alpha_2 v_2^2}{2g} + h_w \quad (4.29)$$

式中，H 为泵的扬程或水轮机的运行水头。泵使控制体内机械能增加，用"+"表示；水轮机使控制体内机械能减少，用"−"表示。

（3）所取的两个断面必须是渐变流过流断面。

需要注意的是，伯努利方程并没有要求整个流动都是渐变流，只需要选取的两个过流断面处是渐变流即可。因此，在选取过流断面时，选择流动过程中符合渐变流条件的断面作为计算断面。同时，过流断面和计算点的选择尽量使已知条件更多。如在水力系统中，如果存在油罐、水库等大容器液面，过流断面一般选择自由液面，而计算点则取液面上任意一点，此时液面高度便于测量、液面压强常常为大气压，可以大幅减小计算量；在管道水力计算中，通常选择管道轴线上的点作为计算点，这是由于设计、测量等通常以轴线作为标准，而管道流出位置的过流断面通常选择管道出口处的断面，这一断面上的流体压强均为大气压。

（4）式中 p_1、p_2 应选取同一基准计量。

伯努利方程中的压强计量基准和计量方式应该一致。式中 p 应采用应力压强，单位为 Pa，均为绝对压强或相对压强，通常情况下为相对压强。

（5）沿程流量的变化并不会影响伯努利方程的形式。

伯努利方程中的各项均表示单位质量流体所具有的能量，与过流断面的面积、流量无关，即使存在分支或交汇的情况也是如此，如图 4.26 所示。

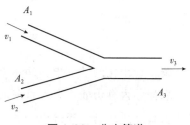

图 4.26　分支管道

1−2 过流断面的伯努利方程为：

$$z_1 + \frac{p_1}{\rho g} + \frac{\alpha_1 v_1^2}{2g} = z_2 + \frac{p_2}{\rho g} + \frac{\alpha_2 v_2^2}{2g} + h_{w12}$$

1 – 3 过流断面的伯努利方程为：

$$z_1 + \frac{p_1}{\rho g} + \frac{\alpha_1 v_1^2}{2g} = z_3 + \frac{p_3}{\rho g} + \frac{\alpha_3 v_3^2}{2g} + h_{w13}$$

两个方程分别成立，各自独立。在实际计算中，如果断面 1 为相同断面，且对应物理量采用相同的基准和单位，则两式中对应的物理量相同。

（6）基准面应为水平面。

原则上基准面可为任意平面，但为计算方便，通常以通过较低的计算点的平面为基准面，使 $z = 0$，便于计算。

（7）动能修正系数。

伯努利方程中，两个过流断面上的流态可以相同也可以不同，即一个为层流、另一个为紊流，或者相反。计算中应根据过流断面处的流态选取动能修正系数 α。在实际有压管道流动中，层流是很少见的，通常使用紊流的动能修正系数。

（8）在容器或水库中取断面时，速度水头可忽略不计。

例题 4.2：有一汽油储罐（如图 4.27），用直径 100mm 的管道向油罐车发油。已知该油品的相对密度为 0.68，油罐液面连通大气，液面高度为 10m，输油管长度为 30m，管道中的水头损失用式 $0.023 \dfrac{l}{d} \dfrac{v^2}{2g}$ 计算，式中，l 为输油管长度，d 为输油管直径，v 为输油管内的油品的流速。试求该次发油的流量 Q。

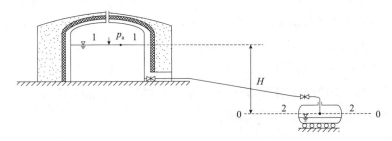

图 4.27　储罐自流发油示意图

解：由于发油过程中，油罐液面高度变化非常缓慢，可认为是恒定流。

取储罐内自由液面为入口断面，液面上一点为入口计算点，取管道出口处断面为出口过流断面，管道中心点为出口计算点。以出口计算点所在的平面为基准面，列伯努利方程：

$$z_1 + \frac{p_1}{\rho g} + \frac{\alpha_1 v_1^2}{2g} = z_2 + \frac{p_2}{\rho g} + \frac{\alpha_2 v_2^2}{2g} + h_w$$

根据题意知，$z_1 = 10\mathrm{m}$，$z_2 = 0\mathrm{m}$，$p_1 = p_2 = p_a = 0$，$v_1 = 0$，$\alpha_1 = \alpha_2 = 1$，代入可得：

$$h_w = 0.023\,\frac{l}{d}\frac{v^2}{2g}$$

化简伯努利方程可得：

$$10 = \frac{v_2^2}{2g} + 0.023\,\frac{l}{d}\frac{v_2^2}{2g}$$

式中，$l = 30\mathrm{m}$，$d = 100\mathrm{mm}$，$g = 9.81\mathrm{m/s^2}$，代入可得：

$$v = 44.98\,(\mathrm{m/s})$$

则发油流量为：

$$Q = vA = 4.98 \times \frac{\pi}{4} \times 0.1^2 = 0.039\,(\mathrm{m^3/s}) = 141\,(\mathrm{m^3/h})$$

例4.3：如图4.28所示，使用文丘里管测量管道内水的流量，用水银U形管计量压差，已知其读数为360mmHg，文丘里管直径为300mm，喉部直径为150mm。U形管两测点间的水头损失为$0.2\mathrm{mH_2O}$，试求管道内流体的流量。

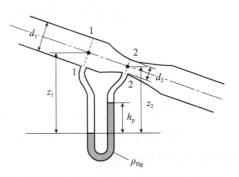

图4.28　文丘里管

解：如图4.28所示，以文丘里管1−1、2−2为过流断面，以轴线上的点为计算点，以U形管较低的水银液面为基准面，建立伯努利方程：

$$z_1 + \frac{p_1}{\rho g} + \frac{\alpha_1 v_1^2}{2g} = z_2 + \frac{p_2}{\rho g} + \frac{\alpha_2 v_2^2}{2g} + h_w$$

由于1−1、2−2断面是渐变流过流断面，压强分布符合静压强分布，用三步法写出两个计算点间的压强差：

$$p_2 - p_1 = \rho g z_1 - \rho_{Hg} g h_p - \rho g (z_2 - h_p)$$

$$\frac{p_2 - p_1}{\rho g} = z_1 - z_2 - \left(\frac{\rho_{Hg}}{\rho} - 1\right) h_p$$

代入伯努利方程可得：

$$\frac{\alpha_1 v_1^2}{2g} = -\left(\frac{\rho_{Hg}}{\rho} - 1\right) h_p + \frac{\alpha_2 v_2^2}{2g} + h_w$$

根据连续性方程：

$$v_1 A_1 = v_2 A_2$$

$$v_2 = 4v_1$$

根据题意知：$\rho = 1000\,\text{kg/m}^3$，$\rho_{Hg} = 13.6 \times 10^3\,\text{kg/m}^3$，$\alpha_1 = \alpha_2 = 1$，$h_w = 0.2\,\text{m}$
代入方程可得：

$$\frac{\alpha_1 v_1^2}{2g} = -\left(\frac{\rho_{Hg}}{\rho} - 1\right)h_p + \frac{\alpha_2 v_2^2}{2g} + h_w$$

$$v_1 \approx 2.38\,(\text{m/s})$$

文丘里管内水的流量为：

$$Q = v_1 A_1 = 2.38 \times \frac{\pi}{4} \times 0.3^2 = 0.168\,(\text{m}^3/\text{s})$$

第六节　动量方程和动量矩方程

一、动量方程

在生产实践中，有些流动问题不能只用连续性方程和能量方程来解决，还需要借助动量方程。例如，评估高压消防水龙头末端喷嘴对人体的冲力，流体在弯管中流动时弯管受到的力等。

动量方程是指作用在物体上的所有外力之和等于物体动量对时间的变化率，即：

$$F = \frac{\text{d}M}{\text{d}t} = \frac{\text{d}(mv)}{\text{d}t} \tag{4.30}$$

在不可压缩恒定总流中，取 1、2 两个渐变流过流断面，以 1－2 两断面间的空间为控制体，如图 4.29 所示。设流体从断面 1 流入、从断面 2 流出。

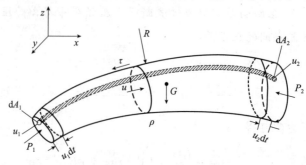

图 4.29　动量方程示意图

对于不可压缩流体，控制体内各点密度相同，即 $\rho = C$。

对于恒定流，控制体内各质点的运动要素不随时间变化。

$\mathrm{d}t$ 时间控制体的动量变化量为：

$$\mathrm{d}M = \iint_{A_2} \rho \boldsymbol{u}_2 u_2 \mathrm{d}t \mathrm{d}A_2 - \iint_{A_1} \rho \boldsymbol{u}_1 u_1 \mathrm{d}t \mathrm{d}A_1 \tag{4.31}$$

将式(4.31)代入根据动量方程式(4.30)，可得：

$$\boldsymbol{F} = \frac{\mathrm{d}M}{\mathrm{d}t} = \iint_{A_2} \rho \boldsymbol{u}_2 u_2 \mathrm{d}A_2 - \iint_{A_1} \rho \boldsymbol{u}_1 u_1 \mathrm{d}A_1 \tag{4.32}$$

根据连续性方程，则 $u_1 \mathrm{d}A_1 = u_2 \mathrm{d}A_2$。

则式(4.32)可改写为：

$$\boldsymbol{F} = \int_Q \rho \boldsymbol{u}_2 \mathrm{d}Q - \int_Q \rho \boldsymbol{u}_1 \mathrm{d}Q$$

式中，$\boldsymbol{u}$ 为流体内质点的速度矢量，当速度分布未知时，此方程无法求解。

通常，使用过流断面平均速度来代替质点的实际速度，并引入动量修正系数来修正由此带来的误差，即：

$$\boldsymbol{F} = \rho Q (\alpha_2' v_2 - \alpha_1' v_1) \tag{4.33}$$

式中，$\alpha' = \dfrac{\displaystyle\int_Q \boldsymbol{u} \mathrm{d}Q}{\boldsymbol{u}Q}$ 为动量修正系数。

研究表明，在层流状态下动量修正系数 $\alpha' = 1.33$，而在紊流状态时 $\alpha' = 1.005 \sim 1.05 \approx 1.0$，通常认为管道中的流体均处于紊流状态。

为了便于计算，一般将动量方程写成投影形式，即：

$$\begin{cases} \Sigma F_x = \rho Q (\alpha_2' v_{2x} - \alpha_1' v_{1x}) \\ \Sigma F_y = \rho Q (\alpha_2' v_{2y} - \alpha_1' v_{1y}) \\ \Sigma F_z = \rho Q (\alpha_2' v_{2z} - \alpha_1' v_{1z}) \end{cases} \tag{4.34}$$

应用动量方程时应注意以下几点：

(1)适当选取渐变流或均匀流的控制断面，以便于计算断面的平均流速和压强。

(2)作用在控制体上的外力主要包括：

①重力 $G = \rho g V$，若控制体体积难以计算，且重力与其他外力相比很小，可以忽略不计；

②控制体断面上的压强 p_1、p_2，一般采用表压强计算；

③流体对壁面边界的作用力与壁面边界上的反作用力 R 大小相等、方向相

反，选定坐标后，边界上的反作用力的方向可以任意假设，而后根据计算所得值的正负判断力的方向；

④流体沿边界的黏性阻力 τ 与运动方向平行，不影响流体的运动方向，故忽略不计。

(3)根据题意，适当选定坐标方向，此时外力和速度对坐标轴的投影，同向为正，反向为负。

(4)注意动量变化为流出和流入之差，不能混淆。

(5)应用时，各断面的平均流速及压强的计算通常还要与连续性方程和能量方程配合使用进行求解。

二、动量矩方程

动量矩定理是指一个物体单位时间内对转动轴的动量矩变化等于作用于物体上的所有外力对同一轴的力矩之和。运动的流体同样遵循动量矩定理。

在不可压缩恒定流体中建立坐标系，由动量矩定理可得：

$$M = \sum F \times r = \rho Q(\alpha'_2 v_2 \times r_2 - \alpha'_1 v_1 \times r_1) \tag{4.35}$$

式中 r_2、r_1——坐标原点到过流断面 1、2 及外力作用点的矢径，通常取为过流
断面中心点的矢径；

F——作用在控制体上表面力和质量力的合力；

M——作用在控制体上的所有外力对坐标原点的合力矩。

习题

1. 流体和固体的运动有何不同，分析方法上有何不同？

2. 欧拉法研究流体运动时，如何表示流体质点的加速度，其各项含义是什么？

3. 在恒定流中，流体各质点的速度是否相等？为什么？

4. 在均匀流中，过流断面上各质点的速度是否相等？为什么？

5. 流体有哪些特性？

6. 均匀流和渐变流的水力特征是什么？

7. 在恒定流条件下，流线为什么会与迹线重合？

8. 有一输油管道输送相对密度为 0.86 的油料，管道的内径为 200mm，管道内的平均流速为 2m/s。若在管道出口处续接一段直径为 75mm 的管道，试求所

续管道内流体的平均流速及质量流量。

9. 某工程队因施工不当，破坏了自来水管道。该处管道的内径为 300mm，现测得该管道泄漏点上游的流速为 3m/s，下游流速为 2.5m/s，试求自来水泄漏的流量。

10. 有一立式缓冲罐需要排空，已知该油罐直径为 2m，排空管的内径为 20mm。若排空流量为 25m³/h，试问缓冲罐内液面下降的速度是多少？排空管内油料的流速又是多少？

11. 利用皮托管原理测量输油管道中的流量，如题 11 图所示。已知输油管内径为 200mm，油料的相对密度为 0.72，测得水银差压计读数为 30mm。若管道中断面平均流速为 $0.84u_{max}$（u_{max} 为皮托管管轴上未受扰动的流速）。试求输油管中的流量 Q。

12. 用皮托管和静压管测量管中水的流速，如题 12 图所示。若 U 形管中的液体为四氯化碳（相对密度 1.59），并测定读数为 35mm，试求管道中心的流速。

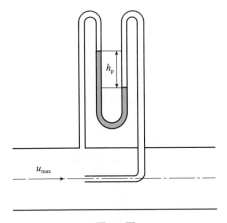

题 11 图

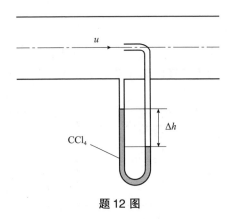

题 12 图

13. 一孔板流量计如题 13 图所示，孔口直径为 100mm，管子直径为 260mm，流量系数为 0.62，管内流过相对密度为 0.9 的油，孔板两侧接一 U 形管，内装水银，当油流过孔板时，水银柱 U 形管读数为 780mm，计算管道内油的流量。

14. 如题 14 图所示，油品在管道中流动，已知点 A 的速度是 2.4m/s，$d_1 =$

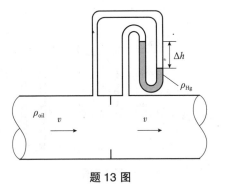

题 13 图

150mm, $d_2 = 100\text{mm}$, $h_1 = 1.2\text{m}$, $h_2 = 1.5\text{m}$, 试求测压管 C 中液面的高度(忽略摩阻损失)。

15. 如题 15 图所示,水在该管路系统流动,若忽略摩阻损失,已知 $d_1 = 125\text{mm}$, $d_2 = 100\text{mm}$, $d_3 = 75\text{mm}$, 水银测压计的读数 $h = 175\text{mm}$, 求 H 及压力表读数。

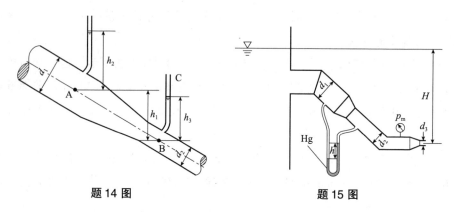

题 14 图 题 15 图

16. 如题 16 图所示,导出当通过的流量为 0.28m/s 时,使断面 1 和 2 的压强相同的条件下的断面 A_1 和 A_2 的关系式。

17. 用虹吸管自水池中吸水,如题 17 图,如不计管中的摩阻损失,试求断面 3 处的真空度?如 3 处的真空度不得超过 $7\text{mH}_2\text{O}$, h_1 与 h_2 值有何限制?

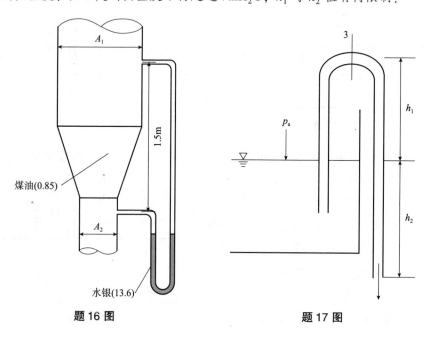

题 16 图 题 17 图

18. 如题 18 图所示，已知水泵的流量为 30L/s，吸水管直径为 150mm，泵吸入口处允许最大真空度为 $6.8\text{mH}_2\text{O}$，吸水管摩阻损失 1m，水池中的速度忽略不计，试求离心泵的安装高度 H_g。

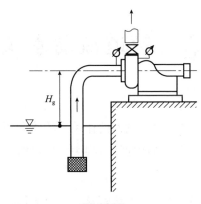

题 18 图

19. 一输水管在点 A 处的直径为 1m，压强为 98kPa，流速为 1m/s，点 B 比点 A 高 2m，直径为 0.5m，压强为 20kPa，试确定流动方向。

20. 带胸墙的闸孔泄流如题 20 图所示。孔宽 3m，泄流量为 $45\text{m}^3/\text{s}$，上游水深 $H=4.5\text{m}$，闸孔下游水深 $h=2\text{m}$，假设下游水面与闸底齐平。求作用在闸孔顶部胸墙上的水平推力，并与按静压强分布计算的结果进行比较。

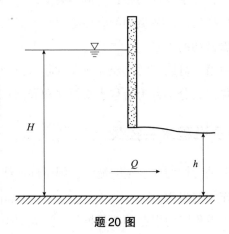

题 20 图

第五章　管道流动水头损失

实际流体在运动过程中，由于黏性的作用，流体微团之间以及流体与边界壁面之间的相对运动会产生不可逆性的能量损失。这种能量损失在伯努利方程中用 h_w 表示。

在第四章的学习中，没有对其表达式及计算方法进行阐述。本章将着重讨论管道流动中的能量损失问题，其中涉及的很多概念在其他流动（如河流、绕流、排污管道等）中也具有适用性。

第一节　流动的阻力与损失

实际流体在流动中，由于黏性的存在，流体会受到与运动方向相反的黏性阻力作用，从而产生能量损失。流体流动的黏性阻力和能量损失与流体种类、运动状态、边界条件均有着密切的关系。

根据流动损失的原因，可以将实际流体所受的阻力分为沿程阻力和局部阻力两大类，其产生的能量损失分别称为沿程水头损失和局部水头损失。

一、沿程阻力及沿程水头损失

沿程阻力：流体在进行均匀流、渐变流时，因不同流线上的流体质点速度差异而产生的沿程均匀作用的阻力。

沿程水头损失：因沿程阻力引起的能量损失，用 h_f 表示。

沿程阻力产生的原因主要有以下两个方面：

(1)不同流线上的流体质点存在速度差，产生速度梯度，从而使黏性力在整个流动过程中阻碍质点的运动变化，导致高速质点减速、低速质点加速，如图5.1所示。

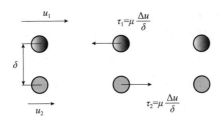

图 5.1 黏性阻力示意图

（2）不同速度的流体质点相互碰撞而产生的动量交换，效果同样会使高速质点减速、低速质点加速，如图 5.2 所示。

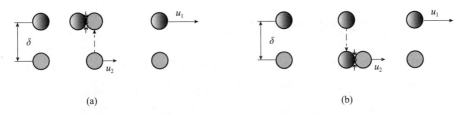

(a)   (b)

图 5.2 不同速度质点的动量交换

由于这两种损失发生在流动的全过程中，其大小受速度分布、流动状态等因素的影响。在相同条件下，由此产生的能量损失与流程的长度成正比。

沿程水头损失 h_f 可以用达西－魏斯巴赫公式(以下简称达西公式)计算：

$$h_f = \lambda \frac{l}{d} \frac{v^2}{2g} \tag{5.1}$$

式中　λ——沿程阻力系数，与流体的黏性、流态、流速、壁面条件等因素有关，
　　　　　通过实验获得。

　　　l——管道长度，m；

　　　d——管道的内径，m；

　　　v——管道内流体过流断面的平均速度，m/s。

二、局部阻力及局部水头损失

局部阻力：在流道突变的地方，如各种阀门、弯管、变径段、三通等处，由于速度发生急剧变化而引起复杂的流动，速度变化时产生的旋涡带来的附加阻力，如图 5.3 所示。

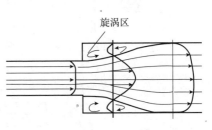

旋涡区

图 5.3 局部阻力水头损失示意图

局部水头损失：因局部阻力引起的能量损失，用 h_j 表示。

由于管道中的局部突变各不相同，流动状态也不一样，难以统一化处理。但实验研究表明：无论何种局部突变，其局部水头损失均与速度水头成正比，而相同结构的比例系数是相同的。因此，将这个比例系数定义为局部阻力系数，用 ζ 表示，则局部水头损失的计算式为：

$$h_j = \zeta \frac{v^2}{2g} \tag{5.2}$$

式中　ζ——局部阻力系数，与局部突变的结构形式有关；

　　　v——管道内流体过流断面的平均速度，m/s。

三、管道水头损失的计算公式

在管道流动中，可能存在不同直径、不同材料的管段，也会存在三通、弯管、阀门等各种管道附件，共同组成可实现各种功能的管道系统。

根据伯努利方程，流体流动过程中的水头损失就等于各部分的水头损失之和，即：

$$h_w = \Sigma h_f + \Sigma h_j \tag{5.3}$$

式中　Σh_f——流体依次流过的各管段的沿程水头损失之和；

　　　Σh_j——流体依次流过的各管段的局部损失之和。

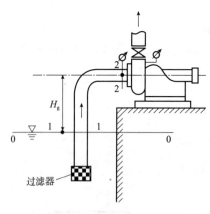

图 5.4　例题 5.1 图

例题 5.1：用离心泵从水池中抽水，如图 5.4 所示，已知离心泵的安装高度为 3m，吸入管的内径为 150mm，长度为 10m，沿程阻力系数为 0.01，过滤器的局部阻力系数为 6.5，弯管的局部阻力系数为 0.5，水泵的抽水量为 150m³/h，试求该水泵入口处的压强。

解：取水池自由液面为入口液面和基准面，液面上一点为计算点，以离心泵吸入口处(装真空表)的过流断面为出口断面，轴心点为计算点，建立伯努利方程：

$$z_1 + \frac{p_1}{\rho g} + \frac{\alpha_1 v_1^2}{2g} = z_2 + \frac{p_2}{\rho g} + \frac{\alpha_2 v_2^2}{2g} + h_w$$

根据题意知，$z_1 = 0\text{m}$，$z_2 = 3\text{m}$，$p_1 = p_a = 0$，$v_1 = 0$，$\alpha_1 = \alpha_2 = 1$，

$$v_2 = \frac{Q}{A} = \frac{150}{3600 \times 3.14 \times 0.075^2} \approx 2.36 (\text{m/s})$$

$$h_\text{w} = \sum h_\text{f} + \sum h_\text{j} = \lambda \frac{l}{d} \frac{v_2^2}{2g} + \zeta_{\text{滤}} \frac{v_2^2}{2g} + \zeta_{\text{弯}} \frac{v_2^2}{2g}$$

$$= \left(0.01 \times \frac{10}{0.15} + 6.5 + 0.1\right) \times \frac{2.36^2}{2 \times 9.81}$$

$$= 2.06 (\text{m})$$

代入可得：

$$p_2 = -\left(3 + \frac{2.36^2}{2 \times 9.81} + 2.06\right) \times 1000 \times 9.81 = -52.4 (\text{kPa})$$

第二节 流动的型态

一、雷诺实验

流动阻力和水头损失的形成不仅与边界条件的变化情况有关，而且与流体的微观流动特性密切有关。在 19 世纪初，许多研究者发现圆管流动中的水头损失与速度大小相关，不同的速度下流动呈现不同的状态，其水头损失也呈现出不同的规律。直到 1883 年，英国物理学家雷诺（Reynolds）通过实验研究，首次证实了流体流动中的两种型态——层流和紊流，并给出了准确的判据。

如图 5.5 所示，雷诺实验装置由水箱、玻璃管、测压管以及颜色水管等组

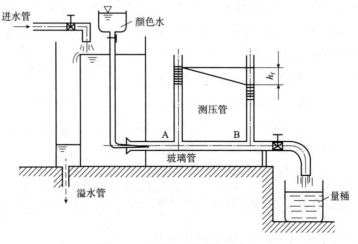

图 5.5　雷诺实验装置示意图

成。水通过水位恒定的水箱经过一长玻璃管道流出，颜色水经水箱上方的细管流下，出口在玻璃管中心位置。通过调节玻璃管出口处的阀门，可以调节玻璃管内水的流速。通过观察不同流速下颜色水的现象、测量玻璃管段的水头损失，就可以获得不同型态流动的特征和判据。

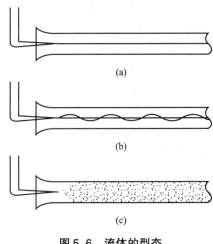

(a)

(b)

(c)

图 5.6　流体的型态

实验研究表明：当玻璃管内水流平均速度较低时，有色流体在玻璃管内为一条直线，不与周围的流体混合。这说明管道内流体分层流动，各层流体间不相互掺混，这种流动型态为层流，如图 5.6(a) 所示。

逐渐开大阀门，颜色水开始振荡弯曲，如图 5.6(b) 所示，此时的流动处于临界状态，流速 v_c' 为上临界速度。

继续开大阀门，使流体的流速继续增大，此时颜色水进入玻璃管后很快就混合均匀、扩散在整个玻璃管。这说明流体不再是分层流动，而是流体相互掺混流，这种流动型态为紊流，如图 5.6(c) 所示。

阀门全开后，再逐渐关小阀门，可以看到相反的转变。流体的紊乱扰动逐渐减小，中心的有色流体也由紊乱变为临界状态，继而回归层流。由临界流动转变为层流时的流速 v_c 称为下临界流速。

理论上，对于相同的流体和实验条件，上、下临界速度应该是相同的，但实验表明，上、下临界速度相差很大，如图 5.7 所示。在由层流转变为紊流时，上临界速度 v' 变化区间很大，而下临界速度 v_c 则相对固定。

大量实验研究表明，临界流速的数值与流体的运动黏度 ν 和管径 d 的比值成正比，即 $u \propto \dfrac{\nu}{d}$。假设存在一比例系数可将这一正比关系式转化为等式，则这个比例系数就可

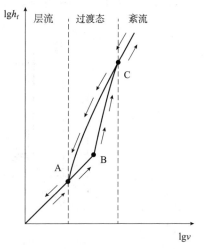

图 5.7　流体运动的型态变化示意图

以定义为雷诺数，用 Re 表示，即 $Re = \dfrac{vd}{\nu}$。

雷诺实验虽然是在圆管中进行的，所用流体是水，但实验结果表明在其他边界形状和其他流体流动的实验中，同样可以观察到两种流动型态——层流、紊流。这两种流动型态不仅存在于管流中，在自然界及实际工程中也普遍存在。它们形成的原因，特别是层流如何转变为紊流，这一问题至今仍是层流稳定性理论及紊流内部机理研究中需要深入探讨的问题。

随着流体力学的发展，流态差异的物理内涵也逐渐被揭示：雷诺数代表惯性力与黏性力之比。当雷诺数较小且不超过临界值时，黏性力作用大，流体质点在黏性力作用下，表现为有序的直线运动，互不掺混，呈层流状态。随着雷诺数的增大，惯性力相对增大，黏性力的作用随之减弱。当雷诺数大到一定程度时，黏性力不足以抑制和约束外界扰动，流体质点离开直线运动，形成无规则的脉动混杂及大大小小的旋涡。

二、流动型态的判据

上临界速度对应的雷诺数 Re_c' 称为上临界雷诺数，下临界速度对应的雷诺数 Re_c 称为下临界雷诺数。

上临界雷诺数：

$$Re_c' = \frac{v_c' d}{\nu} \quad (4000 \sim 20000)$$

下临界雷诺数：

$$Re_c = \frac{v_c d}{\nu} \quad (2300)$$

可见，当 $4000 < Re < 20000$ 时，流动的型态可能是层流，也可能是紊流，雷诺数较高时，层流极不稳定，遇到外界干扰很容易变为紊流。而下临界雷诺数则是稳定的，因此将下临界雷诺数作为判别流动型态的判据，即：

$$\begin{cases} Re \leqslant 2300 \ \text{层流} \\ Re > 2300 \ \text{紊流} \end{cases} \tag{5.4}$$

要判断管道内的流动型态，只需算出流动时的雷诺数 Re，当 Re 大于 2300 时，管道内流动为紊流，反之则为层流。

三、非圆管流动型态的判据

雷诺数的表达式为：

$$Re = \frac{vd}{\nu}$$

式中，d 为管道的特征长度，对于非圆形断面的管道，则其特征长度采用水力直径 d_H（或当量直径）表示：

$$d_H = \frac{4A}{\chi} \tag{5.5}$$

式中 A——管道中流体过流断面的面积，m^2；

χ——管道中流体与固体壁面接触部分的周长，称为湿周，m（见图 5.8）。

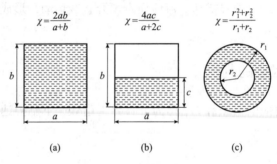

图 5.8　非圆管道流动

另外，在流体力学的学习和应用中，将过流断面面积与湿周的比值定义为水力半径：

$$R = \frac{A}{\chi} \tag{5.6}$$

部分非圆形断面的下临界雷诺数见表 5.1。

表 5.1　非圆形管道的下临界雷诺数

流道形状	正方形	正三角形	同心缝隙	偏心缝隙
下临界雷诺数 Re_c	2070	1930	1100	1000

例题 5.2：如图 5.9 所示，在流量为 0.1L/s 的输水管道上接入一渐缩管。渐缩管的长度为 $l = 100cm$，直径 $d_1 = 10cm$，$d_2 = 4cm$，若水的运动黏度为 $1.0 \times 10^{-6} m^2/s$。

(1) 试判别在该锥形管段中能否发生流态的转变。

(2) 试求发生临界雷诺数断面的位置。

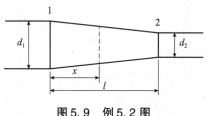

图5.9 例5.2图

解： 根据连续性方程，管道内各断面上的流量均相等，$Q_1 = Q_2 = Q = 0.1\text{L/s}$

判断1断面及前段管道内的流态：

$$Re_1 = \frac{v_1 d_1}{\nu} = \frac{4Q}{\pi d_1 \nu} = \frac{4 \times 0.1 \times 10^{-3}}{3.14 \times 0.1 \times 1.0 \times 10^{-6}} = 1273.89 < 2300$$

判断2断面及后段管道内的流态：

$$Re_2 = \frac{4Q}{\pi d_2 \nu} = \frac{4 \times 0.1 \times 10^{-3}}{3.14 \times 0.04 \times 1.0 \times 10^{-6}} = 3184.71 > 2300$$

水流过渐缩管后，流态发生了变化，由层流变成了紊流。

设临界雷诺数发生在距断面 x 距离处，该断面处的直径为：

$$d = d_1 - \frac{x}{l}(d_1 - d_2) = 0.1 - \frac{x}{1} \times 0.06 = 0.1 - 0.06x$$

该断面的雷诺数为临界雷诺数2300，即：

$$Re_x = \frac{4Q}{\pi d \nu} = \frac{4 \times 0.1 \times 10^{-3}}{3.14 \times (0.1 - 0.06x) \times 1.0 \times 10^{-6}} = 2300$$

$$x = \frac{0.1}{0.06} - \frac{4 \times 0.1 \times 10^{-3}}{2300 \times 3.14 \times 1.0 \times 10^{-6} \times 0.06} = 0.74\text{m} = 74(\text{cm})$$

第三节 圆管中的层流运动

层流是工程实践中的一种常见流动型态，如石油输送、化工管道、液压传动、润滑等场景，流体的流动型态往往是层流。

一、均匀流基本方程

管道中，做均匀流动的流体只产生沿程水头损失。在不可压缩恒定管道流动中，取一段管段作为控制体，如图5.10所示。已知管道半径为 r，与铅直方向夹角为 α，所取管长为 l。

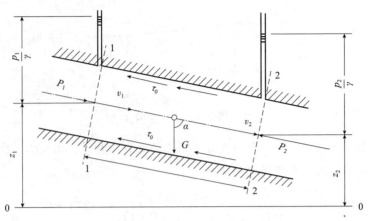

图 5.10 均匀流示意图

以控制体内包含的流体作为研究对象，沿流动方向，该系统在 1 – 1、2 – 2 断面上压力、壁面剪切力和重力作用下保持平衡，即：

$$p_1 A - p_2 A + \rho g A l \cos\alpha - \tau_0 \chi l = 0 \tag{5.7}$$

式中　τ_0——壁面剪切应力；

　　　χ——湿周。

由图中条件可知：$l\cos\alpha = z_1 - z_2$

代入式(5.7)可得：

$$\left(z_1 + \frac{p_1}{\rho g}\right) - \left(z_2 + \frac{p_2}{\rho g}\right) = \frac{\tau_0 \chi l}{\rho g A} \tag{5.8}$$

建立 1 – 1 和 2 – 2 间的伯努利方程：

$$z_1 + \frac{p_1}{\rho g} + \frac{\alpha_1 v_1^2}{2g} = z_2 + \frac{p_2}{\rho g} + \frac{\alpha_2 v_2^2}{2g} + h_w$$

在均匀流中，$A_1 = A_2$，则 $v_1 = v_2$

流动中只有沿程水头损失，即 $h_w = h_f$。

代入伯努利方程并化简，可得：

$$h_f = \left(z_1 + \frac{p_1}{\rho g}\right) - \left(z_2 + \frac{p_2}{\rho g}\right) \tag{5.9}$$

将式(5.9)代入式(5.8)，可得：

$$h_f = \frac{\tau_0 \chi l}{\rho g A}$$

$$\tau_0 = \rho g \frac{A}{\chi} \frac{h_f}{l} = \rho g R \frac{h_f}{l} \tag{5.10}$$

式中　τ_0——管道壁面处所受到的切应力，N/m^2；

$R = \dfrac{A}{\chi}$——水力半径，m。

该式称为均匀流基本方程，表征了均匀流中管道所受切应力与沿程水头损失之间的关系。该方程在无压流动中同样适用。

二、层流的速度分布

如图 5.11 所示，在一个管径为 r_0 的长直圆管中，流体在做不可压缩恒定均匀流动。

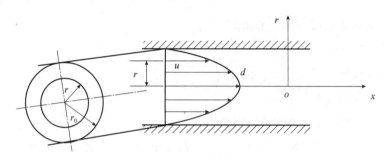

图 5.11　圆管层流速度分布

取管长为 l 的一段圆柱状流体作为研究对象。由于流动为均匀流，管道任意过流断面上的速度分布都是相同的，且管内流体的速度呈中心对称分布，以圆管轴线为 x 轴建立柱坐标系。

层流的各流层质点互不掺混，就像无数薄壁圆筒套在一起滑动。因此，以 x 轴为中心的每一个圆柱流体都可以看作均匀流，其所受切应力可用式(5.10)计算，即：

$$\tau = \rho g R \frac{h_f}{l} \tag{5.11}$$

同时，各流层间的切应力服从牛顿内摩擦定律，即：

$$\tau = \mu \frac{du}{dr} \tag{5.12}$$

对于同一个流体，式(5.11)和式(5.12)计算的切应力应该是相同的，将两式联立并化简可得：

$$du = -\frac{\rho g h_f}{2\mu l} r dr$$

在过流断面上对其进行积分可得：

$$u = -\frac{\rho g h_f}{4\mu l}r^2 + C \qquad (5.13)$$

根据流体的边界无滑移条件，在管道壁面处，流体的速度为零，即：

$$r = r_0, \quad u_0 = 0$$

代入式(5.13)，可得：

$$C = \frac{\rho g h_f}{4\mu l}r_0^2$$

由此可得圆管均匀层流的速度分布为：

$$u = \frac{\rho g h_f}{4\mu l}(r_0^2 - r^2) \qquad (5.14)$$

式中　r——该点到圆管轴线的距离，m；

　　　r_0——圆管半径，m；

　　　μ——流体的动力黏度，Pa·s；

　　　l——圆管的长度，m；

　　　h_f——该段管长上的沿程水头损失，m。

可以看出，圆管中层流断面流速以管轴为中心的旋转抛物面分布。圆管轴线上速度最大：

$$u_{max} = \frac{\rho g h_f}{4\mu l}r_0^2 \qquad (5.15)$$

三、圆管层流的水力特征

(一)流量

在管道过流断面上任取一半径为 r、宽为 dr 的微小圆环形面积，如图 5.12 所示。则通过该微小环形断面的微元流量为：

$$dQ = 2\pi u r dr$$

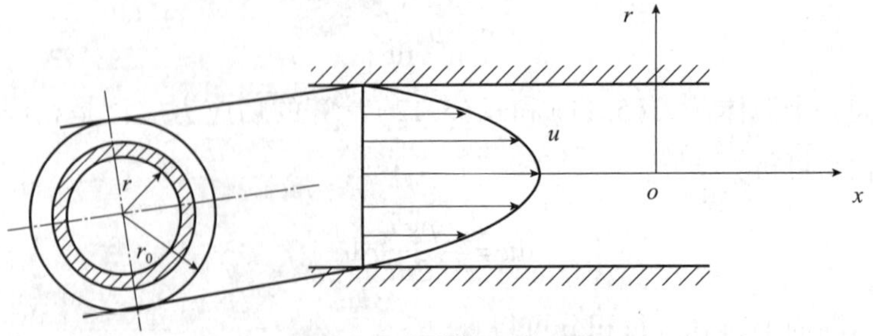

图 5.12　圆管层流运动

则过流断面上的总流量为：

$$Q = \int_0^{r_0} 2\pi u r \mathrm{d}r$$

将式(5.14)代入上式，可得圆管内总流量为：

$$Q = \int_0^{r_0} \frac{\rho g h_\mathrm{f}}{4\mu l}(r_0^2 - r^2)2\pi r \mathrm{d}r = \frac{\rho g h_\mathrm{f}}{8\mu l}\pi r_0^4 \tag{5.16}$$

(二)过流断面平均流速

根据过流断面平均速度的定义式(4.10)，可得圆管均匀层流断面的平均速度：

$$v = \frac{Q}{A} = \frac{\dfrac{\rho g h_\mathrm{f}}{8\mu l}\pi r_0^4}{\pi r_0^2} = \frac{\rho g h_\mathrm{f}}{8\mu l}\pi r_0^2 = \frac{1}{2}u_{\max} \tag{5.17}$$

由此可见，当圆管内为层流时，过流断面的平均速度为最大速度的一半。

(三)动能和动量修正系数

获得圆管层流的速度分布规律后，就可以计算伯努利方程和动量方程中的修正系数。

根据式(4.26)，总流伯努利方程的动能修正系数为：

$$\alpha = \frac{\displaystyle\int \frac{u^2}{2g}\rho g \mathrm{d}Q}{\displaystyle\int \frac{v^2}{2g}\rho g \mathrm{d}Q}$$

将式(5.15)和式(5.17)代入上式可得：

$$\alpha = 2$$

根据式(4.33)，动量方程中的动量修正系数为：

$$\alpha' = \frac{\displaystyle\int_Q u \mathrm{d}Q}{vQ}$$

将式(5.15)和式(5.17)代入上式可得：

$$\alpha' \approx 1.33$$

(四)圆管层流的沿程阻力系数

由层流过流断面的平均速度表达式(5.17)可知：

$$v = \frac{\rho g h_\mathrm{f}}{8\mu l}\pi r_0^2$$

$$h_f = \frac{8\mu l v}{\rho g \pi r_0^2}$$

将其转换为达西公式(5.1):

$$h_f = \frac{64\mu}{\rho v d} \frac{l}{d} \frac{v^2}{2g}$$

对比式(5.1)可得:

$$\lambda = \frac{64\mu}{\rho v d} = \frac{64}{\frac{vd}{\nu}} = \frac{64}{Re} \qquad (5.18)$$

即圆管层流中,沿程阻力系数 λ 为 $\dfrac{64}{Re}$。

由此可见,在圆管层流中,沿程阻力系数的大小只与雷诺数有关,而与边界条件无关。这是由于层流时,黏性摩擦力起着主要的作用,而管壁粗糙在这时无任何影响,实验也证实了这一点。

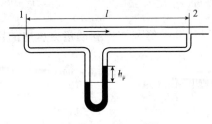

图5.13 例5.3图

例题5.3:如图5.13所示,应用细管式黏度计测定油的黏度。已知细管直径为6mm,测量段长度为2m,实测油的流量为77mL/s,水银差压计的读数为300mm,油的密度为900kg/m³,管内油的流态为层流。试求油的运动黏度 ν 和动力黏度 μ。

解:建立 1-2 断面的伯努利方程:

$$z_1 + \frac{p_1}{\rho g} + \frac{\alpha_1 v_1^2}{2g} = z_2 + \frac{p_2}{\rho g} + \frac{\alpha_2 v_2^2}{2g} + h_w$$

由于黏度计管径不变,则 $v_1 = v_2 = \dfrac{Q}{A} = 2.72(\text{m/s})$

1、2 两断面的压差为:

$$\frac{p_1}{\rho g} - \frac{p_2}{\rho g} = \left(\frac{\rho_{\text{Hg}}}{\rho_{\text{油}}} - 1\right)h_p + (z_2 - z_1) = 4.23 + (z_2 - z_1)$$

黏度计管道没有局部突变,只有沿程水头损失,即 $h_w = h_f$。

代入伯努利方程可得:

$$h_f = \lambda \frac{l}{d} \frac{v_2^2}{2g} = 4.23(\text{m})$$

根据题意,$l = 2\text{m}$,$d = 0.006\text{m}$,代入可得:

$$\lambda = \frac{4.23 \times 2 \times 9.81 \times 0.006}{2 \times 2.72^2} = 0.034$$

黏度计中流体流态为层流，则 $\lambda = \dfrac{64}{Re}$

$$Re = \frac{64}{\lambda} = \frac{64}{0.034} \approx 1882$$

该油料的运动黏度为：

$$\nu = \frac{vd}{Re} = \frac{2.72 \times 0.006}{1882} = 8.67 \times 10^{-6}(\text{m}^2/\text{s})$$

其动力黏度为：

$$\mu = \nu\rho = 7.80 \times 10^{-3}(\text{Pa} \cdot \text{s})$$

第四节　圆管中的紊流运动

在工程实践中，常见的流动多为紊流。如输水管道中水的流速约为 1m/s，水的运动黏度约为 1×10^{-6} m²/s，若管径为 100mm，则其雷诺数为 1×10^5，远大于临界值 2300，因此流动属于紊流型态。

本节将简要介绍紊流的基本特征、研究方法、流速分布以及沿程阻力系数计算等内容。

一、紊流脉动的时均化法

在紊流中，流体的流动变量随时间变化。例如，瞬时速度矢量与平均速度矢量无论是大小还是方向都不相同。图 5.14 所示为管道内紊流时质点运动速度示意图。由图 5.14 可见，无论在轴向还是径向，质点速度的平均值看起来都是恒定的，但是围绕平均值存在一些微小的无规则脉动。

在研究紊流时，可采用时均值法对质点的速度进行表述。时均值法是指将流体质点的脉动速度分解为平均

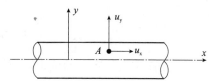

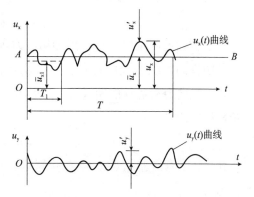

图 5.14　圆管紊流轴向速度

速度和脉动速度两部分，其和即任意时刻的质点速度，用公式表示为：

$$u = \overline{u} + u'$$ (5.19)

式中 u——流体质点的瞬时速度，m/s；

　　$\overline{u}$——流体质点一段时间内的平均速度，称为时均速度，$\overline{u} = \dfrac{1}{T} \int_0^T u \, \mathrm{d}t$，

　　　　m/s；

　　u'——流体质点的脉动速度，m/s。

时均值法也可用于描述其他流体运动要素，如 $p = \overline{p} + p'$。用这种方法可以将紊流运动看作一个时间平均流动和一个脉动流动的叠加而分别加以分析和研究。

从严格意义上看，紊流是非恒定流。但根据紊流运动要素的时均值是否随时间变化，将紊流分为恒定流与非恒定流。对于时均值不随时间变化的流动，可适用由恒定流导出的流体动力学基本方程。在本书的紊流分析计算中，紊流的运动要求均指其时均值，表述时省略时均值上的横线。

二、紊流切应力

在层流中，流体质点分层流动，切应力由黏性力产生，称为黏性切应力，可用牛顿内摩擦定律计算。在紊流中，由于黏性切应力仍然存在，用时均值法的计算式为：

$$\tau_1 = \mu \frac{\mathrm{d}\overline{u}_x}{\mathrm{d}y}$$

此外，流体质点的脉动速度也会使不同流层质点之间发生动量交换，从而产生附加的切应力，称为附加切应力，其计算式为：

$$\tau_2 = -\rho \overline{u'_x u'_y}$$

由于脉动速度难以计算，附加切应力多以普朗特混合长度理论为基础进行计算。按照普朗特混合长度理论，流体质点在脉动过程中第一次与其他质点相撞时，在 y 方向上所运动的距离为 l。对于固体壁面，质点在近壁处的混合长度 l 与其距壁面的距离 y 成正比，即：

$$l = ky$$ (5.20)

式中，k 为经验常数。经实验测定，对于光滑管壁 $k = 0.40$，对于光滑平壁 $k = 0.417$。

附加切应力的计算式变为：

$$\tau_2 = \rho l^2 \mid \frac{\mathrm{d}\overline{u}}{\mathrm{d}y} \mid \frac{\mathrm{d}\overline{u}}{dy}$$

式中　y——流体质点到壁面的距离；

　　　l——普朗特混合长度，绝对值符号的引入是因为修正切应力的方向。

在紊流状态下，流体的总切应力为黏性切应力与附加切应力之和，可以表示为：

$$\tau = \tau_1 + \tau_2 = \mu \frac{\mathrm{d}\overline{u}_x}{\mathrm{d}y} + \rho l^2 \mid \frac{\mathrm{d}\overline{u}}{\mathrm{d}y} \mid \frac{\mathrm{d}\overline{u}}{dy} \tag{5.21}$$

式中两部分切应力的大小随流动情况而有所不同。在雷诺数较小、流动脉动较弱时，黏性切应力起主导作用。随着雷诺数的增加，脉动程度加剧，附加切应力的影响逐渐增大，最终成为主要的切应力成分。当雷诺数很大时，与附加切应力相比，黏性切应力的影响甚小，可以忽略不计。

三、黏性底层

在研究流体运动时，流体与壁面相接处，通常采用无滑移边界条件处理（见第二章第二节），即与壁面相接的流体速度与壁面速度相同，如在管道流动中，壁面处的流速为零。因此，不管管道内部的平均流速有多大，壁面处的流体状态都不可能表现为紊流。沿管径方向，流体的速度是逐渐增加的，因此必然存在某一厚度区域，其中流体呈现出层流特征。由于

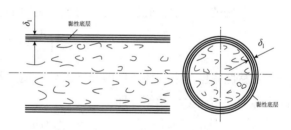

图 5.15　黏性底层示意图

层流运动中的主导切应力为黏性切应力，因此这个流层也称为黏性底层，如图 5.15 所示，黏性底层之外的流体称为紊流核心区。

黏性底层的厚度可以通过层流速度分布式和牛顿内摩擦定律计算，并可通过实验进行修正获得：

$$\delta = \frac{32.8d}{Re\sqrt{\lambda}} \tag{5.22}$$

式中　Re——管道内流体的雷诺数；

　　　λ——管道沿程阻力系数；

　　　d——管道直径，m。

从式(5.22)中可以看出，当管径固定时，黏性底层的厚度会随着雷诺数的增加而减薄。

四、紊流的速度分布

紊流过流断面上的速度分布是紊流研究的主要内容之一，也是推导紊流阻力系数的理论基础。

在黏性底层中，流动属于层流状态，附加切应力为零，流体受到的切应力仅为黏性切应力，即：

$$\tau = \mu \frac{d\overline{u}_x}{dy} \tag{5.23}$$

由于黏性底层很薄，τ 可近似用壁面上的切应力 τ_0 表示，对式(5.23)积分可得：

$$\overline{u}_x = \frac{\tau_0}{\mu}y$$

式中　y——流体质点到管道壁面的距离。

在黏性底层中，速度近似呈线性分布。

在紊流核心区中，流体的切应力主要是附加切应力，即：

$$\tau = \rho l^2 \left(\frac{d\overline{u}_x}{dy}\right)^2$$

在黏性底层与紊流核心区的交界面处，通过黏性底层和紊流核心区两种方法计算得到的切应力应相等，即：

$$\tau_0 = \rho l^2 \left(\frac{d\overline{u}_x}{dy}\right)^2 \tag{5.24}$$

将式(5.20)代入式(5.24)并积分，可得紊流核心区的速度分布：

$$\overline{u}_x = \sqrt{\frac{\tau_0}{\rho}}\frac{1}{k}\ln y + C \tag{5.25}$$

可见，在紊流核心区中，质点的速度呈对数型分布。

将式(5.25)代入式(4.26)和式(4.33)可得紊流的动能修正系数 $\alpha \approx 1$，动量修正系数 $\alpha' \approx 1$。

五、紊流沿程阻力系数

实验研究表明，紊流的沿程阻力系数不仅与流体的运动参数有关，还与壁面凸出高度(即粗糙度)的大小、形状及分布规律等因素有关。但目前尚无测定或确定工业管道壁面粗糙度的科学方法。实验方法也多是通过人工粗糙管进行的，但研究所得规律可推广至工业管道。

(一)尼古拉兹实验

尼古拉兹对不同管径、不同砂粒径的管道进行了大量的实验，其实验装置如图 5.16 所示。

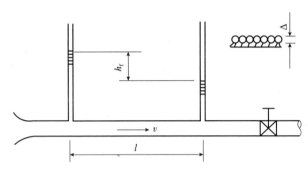

图 5.16 尼古拉兹实验装置示意图

实验中，测出圆管中的平均流速 v、管段 l 的水头损失 h_f 和流体温度，并以此推算出雷诺数 Re 和沿程阻力系数。然后，以 $\lg(Re)$ 为横坐标、$\lg(100\lambda)$ 为纵坐标，将各种相对粗糙度情况下的实验结果描绘成图，如图 5.17 所示，即尼古拉兹实验曲线图。

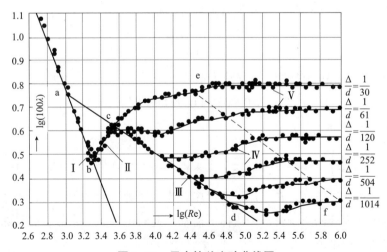

图 5.17 尼古拉兹实验曲线图

从图中可以看出，整个流动区间的曲线可分成五个区域：

1. 层流区

如图中的直线 I 部分。当 $Re \leqslant 2300$ 时，所有实验点的沿程阻力系数都落在这条直线上。这说明在层流流动时，沿程阻力系数(λ)与管壁相对粗糙度($\frac{\Delta}{d}$，下同)无关，而只与雷诺数有关，此时的沿程阻力系数为：

$$\lambda = \frac{64}{Re}$$

这与圆管层流的理论分析结果相同。

2. 层流到紊流的过渡区

当 $2300 < Re \leqslant 4000$ 时，不同相对粗糙度的实验点开始离开偏离线 I，并集中在一条很短的曲线上。这个区域实际上就是由层流向紊流(或相反)的转变过程。该区范围很小，实用意义不大，在工程计算中涉及此区域，通常按紊流水力光滑区处理。

3. 紊流水力光滑区

当 $4000 < Re \leqslant 26.98 \left(\dfrac{d}{\Delta}\right)^{\frac{8}{7}}$ 或 $\delta > 6\Delta$ 时，属于紊流水力光滑区，如图中线 II 部分所示。各种不同实验点都落在这条线上，但不同相对粗糙度的管道，实验点离开此线的雷诺数不同。这是由于黏性底层厚度较大($\delta > 6\Delta$)，掩盖了粗糙突出高度 Δ 的影响。

当 $4000 < Re < 10^5$ 时，沿程阻力系数可用布拉修斯公式计算：

$$\lambda = \frac{0.3164}{Re^{0.25}}$$

当 $10^5 < Re < 3 \times 10^6$ 时，沿程阻力系数可用尼古拉兹公式计算：

$$\lambda = 0.0032 + 0.221 Re^{-0.237}$$

4. 紊流过渡区

当 $26.98 \left(\dfrac{d}{\Delta}\right)^{\frac{8}{7}} < Re \leqslant 4160 \left(\dfrac{d}{2\Delta}\right)^{0.85}$ 或 $0.3\Delta < \delta < 6\Delta$ 时，实验点落在线 II 和 ef 之间，称为紊流过渡区。在紊流过渡区中，当雷诺数持续增大，黏性底层逐渐变薄，相对粗糙度开始影响管道内流体的流动。此时沿程阻力系数受到雷诺数和相对粗糙度的共同影响。

在此区间中，沿程阻力系数的计算可以使用洛巴耶夫公式和柯列布鲁克公式。

洛巴耶夫公式：

$$\lambda = \frac{1.42}{\left[\lg\left(Re\frac{d}{\Delta}\right)\right]^2}$$

柯列布鲁克公式：

$$\frac{1}{\sqrt{\lambda}} = -2\lg\left(\frac{\Delta}{3.7d} + \frac{2.51}{Re\sqrt{\lambda}}\right)$$

5. 紊流水力粗糙区

当 $Re > 4160\left(\frac{d}{2\Delta}\right)^{0.85}$ 或 $\delta < 0.3\Delta$ 时，实验点落在 ef 线的右边部分。在这一区域，随着雷诺数的继续增大，实验点所连成的线为一水平直线。这是由于黏性底层的厚度已经变得非常薄，管壁粗糙度对流动阻力的作用已经远超黏性的影响。因此，沿程阻力系数与雷诺数无关，只与相对粗糙度有关，这个区域被称为紊流水力粗糙区。

在此区间内，沿程阻力系数采用柯列布鲁克公式（忽略掉雷诺数项）计算：

$$\frac{1}{\sqrt{\lambda}} = -2\lg\left(\frac{\Delta}{3.7d}\right)$$

通常认为柯列布鲁克公式是适用于整个紊流区的综合计算公式。

尼古拉兹实验的重要意义在于它揭示了流体在流动过程中的能量损失规律，并给出了沿程阻力系数 λ 随 $\frac{\Delta}{d}$ 和 Re 的变化曲线。

注意：由于天然粗糙（即实际材料的壁面粗糙）非常复杂，迄今尚无科学的方法进行测定。尼古拉兹在实验中使用人工粗糙管进行研究，以此来衡量管道的粗糙程度。因此在工业上，将管道的 Δ 值称为当量粗糙度，习惯上仍称为粗糙度。

常见工业管道的粗糙度见表 5.2。

表 5.2　常见工业管道当量粗糙度

序号	壁面种类	Δ/mm
1	清洁铜管、玻璃管	0.0015～0.001
2	新的无缝钢管	0.04～0.17
3	旧钢管、涂柏油钢管	0.12～0.21
4	普通新铸铁管	0.25～0.42
5	旧的生锈钢管	0.60～0.62
6	白铁皮管	0.15

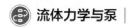
续表

序号	壁面种类	Δ/mm
7	污秽的金属管	0.75 ~ 0.97
8	清洁的镀锌管	0.25
9	无抹面的混凝土管	1.0 ~ 2.0
10	有抹面的混凝土管	0.5 ~ 0.6
11	橡胶软管	0.01 ~ 0.03
12	铝管	0.0015
13	塑料管	0.001
14	木材管	0.25 ~ 1.25

（二）工业管道沿程阻力系数

1. 莫迪图

柯列布鲁克对各种形式的工业管道进行了大量实验，发现同一组管道都有相同的曲线。但由于柯列布鲁克公式求解比较困难，莫迪基于柯列布鲁克公式绘制了工业管道阻力系数的曲线图，如图 5.18 所示。

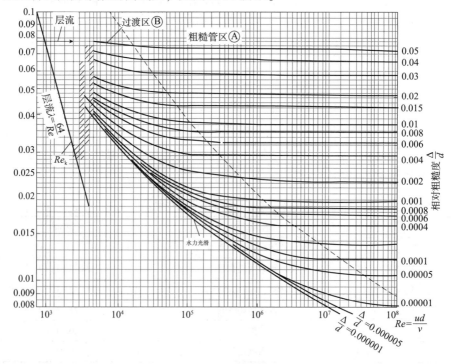

图 5.18 莫迪图

在实际计算中，根据 $\dfrac{\Delta}{d}$ 可从图中选择对应的曲线，然后根据 Re 查出纵坐标 λ，整个过程无须判断流动处于哪个区间，使用非常方便。

2. 经验公式

由于柯列布鲁克公式是隐式公式，需要采用迭代法求解，过程非常复杂。因此，科学家们努力寻求较为简便的显式计算公式。基本思路是依照柯列布鲁克公式，即当 $\dfrac{\Delta}{d} \to 0$ 时，适用于光滑管公式；当 $\dfrac{2.51}{Re\sqrt{\lambda}} \to 0$ 时，适用于粗糙管公式，并据此进行变换得到不同的计算式。

常用的公式有：

富兰凯尔公式：

$$\frac{1}{\sqrt{\lambda}} = -2\lg\left(\frac{\Delta}{3.7d} + \frac{6.81}{Re^{0.9}}\right) \tag{5.26}$$

依萨也夫公式：

$$\frac{1}{\sqrt{\lambda}} = -1.8\lg\left[\left(\frac{\Delta}{3.7d}\right)^{1.11} + \frac{6.81}{Re}\right] \tag{5.27}$$

苏联阿里特苏里公式：

$$\lambda = 0.11\left(\frac{\Delta}{d} + \frac{68}{Re}\right)^{0.25} \tag{5.28}$$

以上公式都是在柯列布鲁克公式的基础上简化而来，与柯列布鲁克公式的误差较小。

例题 5.4：有一直径为 200mm 的原油输油管道，长 4km，若其输油流量为 $2.8 \times 10^{-2}\,\mathrm{m^3/s}$，试求冬夏两季输油管道的沿程水头损失。(已知石油的运动黏度在冬季最低温度时为 $1.01\,\mathrm{cm^2/s}$，夏季最高温度时为 $0.36\,\mathrm{cm^2/s}$，管道粗糙度为 $\Delta = 0.12\,\mathrm{mm}$)

解：石油在管道中的流动速度为：

$$v = \frac{Q}{A} = \frac{2.8 \times 10^{-2}}{0.25 \times \pi \times 0.2^2} = 0.89\,(\mathrm{m/s})$$

(1)冬季时：

$$Re = \frac{vd}{\nu} = \frac{0.89 \times 0.2}{1.01 \times 10^{-4}} = 1762.38 < 2300$$

流态为层流，则：

$$\lambda = \frac{64}{Re} = \frac{64}{1762.38} = 0.036$$

冬季的沿程水头损失为：

$$h_{f1} = \lambda \frac{l}{d} \frac{v^2}{2g} = 0.036 \times \frac{4000}{0.2} \times \frac{0.89^2}{2 \times 9.81} = 29.07 \, (\text{m})$$

（2）夏季时：

$$Re = \frac{vd}{\nu} = \frac{0.89 \times 0.2}{0.36 \times 10^{-4}} = 4944.44 > 2300$$

流态为紊流，则：

$$\lambda = 0.11 \left(\frac{\Delta}{d} + \frac{68}{Re} \right)^{0.25} = 0.11 \times \left(\frac{0.12}{200} + \frac{68}{4944.44} \right)^{0.25} \approx 0.038$$

$$h_{f2} = \lambda \frac{l}{d} \frac{v^2}{2g} = 0.038 \times \frac{4000}{0.2} \times \frac{0.89^2}{2 \times 9.81} = 30.68 \, (\text{m})$$

第五节　局部水头损失

局部水头损失取决于流道壁面突变所产生的急变流，如流道突然扩大或缩小、三通连接处的汇流或分流、弯头处的流动转向等，壁面边界条件的急剧变化会引起流动的分离，从而形成高速度梯度的强剪切层。在强剪切层中会不断产生旋涡，并不断地拉伸变形、失稳断裂、分裂成小旋涡等，最终在流体黏性的作用下将动能完全耗散。由于这个能量耗散过程在很短的距离内就会完成，所以可以将局部水头损失看作发生局部流道突变处的损失。

由于流动局部水头损失与复杂的旋涡形成、发展过程有关，而且流道边壁形状各异、种类繁多，目前尚难以通过机理分析来定量地确定局部损失的规律。主要通过实验来确定各种流道变化条件下局部水头损失的大小。

局部水头损失的计算公式为：

$$h_j = \zeta \frac{v^2}{2g} \tag{5.29}$$

式中　ζ——局部阻力系数，与局部突变的结构形式有关；

v——管道内流体过流断面的平均速度，m/s。

一、常见结构的局部阻力系数

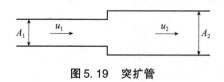

图5.19　突扩管

（一）突扩管

突扩管如图5.19所示，对于突然扩大的情况，根据动量定律和伯努利方程，可推导得局部水头损失：

$$h_j = \left(1 - \frac{A_1}{A_2}\right)^2 \frac{v_1^2}{2g} \qquad 或 \qquad h_j = \left(\frac{A_2}{A_1} - 1\right)^2 \frac{v_2^2}{2g} \tag{5.30}$$

式中　A_1——扩大前的断面积；

　　　A_2——扩大后的断面积。

当 $A_2 \gg A_1$ 时，例如流体从管道流入油罐、水池等大容器，$\frac{A_1}{A_2} \approx 0$，局部阻力系数 $\zeta = 1$。

（二）突缩管

突缩管（见图5.20）局部阻力系数通过实验获得，计算式为：

$$\zeta = 0.5\left(1 - \frac{A_2}{A_1}\right) \tag{5.31}$$

式中　A_1——缩小前的断面积；

　　　A_2——缩小后的断面积。

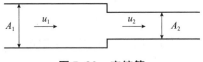

图5.20　突缩管

（三）渐扩管

如图5.21 所示，渐扩管断面逐渐扩大或缩小，在管道配件中也称为异径接头。其局部水头损失计算方法如下：

$$h_j = \zeta\left(\frac{v_1^2}{2g} - \frac{v_2^2}{2g}\right) \tag{5.32}$$

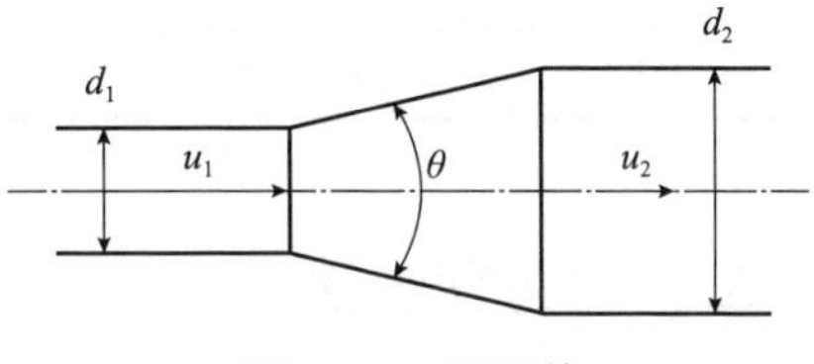

图5.21　渐扩管

式中的局部阻力系数从表5.3中选取。

表5.3　断面逐渐扩大之 ζ 值

θ	2°	5°	10°	12°	15°	20°	25°	30°	40°	50°	60°
ζ	0.03	0.04	0.08	0.10	0.16	0.31	0.4	0.49	0.60	0.67	0.72

（四）渐缩管

渐缩管如图5.22 所示，其局部水头损失按式(5.33)计算：

$$h_{\mathrm{j}} = \frac{\lambda}{8\sin\left(\dfrac{\theta}{2}\right)}\left(1 - \frac{d_2^4}{d_1^4}\right)\frac{v_2^2}{2g} \tag{5.33}$$

式中，λ 为沿程阻力系数，按平均直径计算。

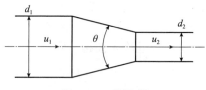

图 5.22 渐缩管

其他各种管路配件的局部阻力系数见附录 Ⅱ。注意表中所列的值是当紊流沿程阻力系数 $\lambda_0 = 0.022$ 时实验得到的。当紊流 λ 值等于其他数值时，ζ 应按下式计算：

$$\zeta = \frac{\lambda}{0.022}\zeta_0$$

层流时，局部阻力系数应按下式换算：

$$\zeta = \psi\zeta_0$$

式中，ψ 为修止系数，随 Re 而变，从表 5.4 中选取。

表 5.4 层流局部阻力之修正系数 ζ

Re	2300	2200	2000	1800	1600	1400	1200	1000	800	600	400	200
ψ	2.30	2.48	2.84	2.90	2.95	3.01	3.12	3.22	3.37	3.53	3.81	4.20

二、当量管长法

通过对比局部水头损失的计算式 $h_{\mathrm{j}} = \zeta\dfrac{v^2}{2g}$ 和沿程水头损失计算式 $h_{\mathrm{f}} = \lambda\dfrac{l}{d}\dfrac{v^2}{2g}$ 可以看出，局部阻力系数 ζ 相当于 $\lambda\dfrac{l}{d}$。如果把局部水头损失看作长度为 l_{e} 的管道所产生的沿程水头损失，则：

$$h_{\mathrm{j}} = \zeta\frac{v^2}{2g} = \lambda\frac{l_{\mathrm{e}}}{d}\frac{v^2}{2g}$$

即：

$$\zeta = \lambda\frac{l_{\mathrm{e}}}{d} \tag{5.34}$$

式中，l_e 为局部阻力的当量长度。

由此，整个管道的水头损失可表示为：

$$h_w = h_f + \Sigma h_j = \lambda \frac{l}{d}\frac{v^2}{2g} + \Sigma \zeta \frac{v^2}{2g} = \lambda \frac{l + \Sigma l_e}{d}\frac{v^2}{2g} \tag{5.35}$$

令 $L = l + \Sigma l_e$，可得：

$$h_f = \lambda \frac{L}{d}\frac{v^2}{2g}$$

式中，L 为管道摩阻损失的计算长度，简称计算长度，包括管道实际长度和管道中各种局部阻力当量长度的代数和。

使用这种方法来计算整个管道的水头损失是较为方便的。附录Ⅱ中也列出了各种管道配件的 $\frac{l_e}{d}$ 值。

例题 5.5：有一段长 300m、直径 100mm 的输油管道，管道的沿程阻力系数为 0.037。管道上装有 2 个闸阀（$DN100$）、8 个 90°冲制弯头（$R = 1.5d$），无其他过流部件。在优化管路设计时，拆除了其中的 6 个 90°冲制弯头，管道总长度不变，作用于管段两端的总水头也维持不变。试求管道中的流量能增加多少。

解：查附录Ⅱ可得，各过流部件的局部阻力系数分别为：

$$\zeta_{阀} = 0.19$$

$$\zeta_{弯} = 0.60$$

优化前的总水头损失为：

$$
\begin{aligned}
h_w &= \lambda \frac{l}{d}\frac{v_1^2}{2g} + (2\zeta_{阀} + 8\zeta_{弯})\frac{v_1^2}{2g} \\
&= \left(0.037 \times \frac{300}{0.1} + 2 \times 0.19 + 8 \times 0.60\right)\frac{v_1^2}{2g} \\
&= 116.18 \frac{v_1^2}{2g}
\end{aligned}
$$

优化后，由于管长不变、总水头不变，因此水头损失也不变，优化后的水头损失为：

$$
\begin{aligned}
h_w &= \lambda \frac{l}{d}\frac{v_2^2}{2g} + (2\zeta_{阀} + 2\zeta_{弯})\frac{v_2^2}{2g} \\
&= \left(0.037 \times \frac{300}{0.1} + 2 \times 0.19 + 2 \times 0.60\right)\frac{v_2^2}{2g} \\
&= 112.58 \frac{v_2^2}{2g}
\end{aligned}
$$

联立求解可得：

$$\frac{v_2}{v_1} = \sqrt{\frac{116.18}{112.58}} = 1.01586$$

$$\frac{Q_2}{Q_1} = \frac{v_2}{v_1} = 1.01586$$

流量增加量为：

$$\frac{Q_2 - Q_1}{Q_1} = 0.01586 \approx 1.59\%$$

习题

1. 管道中流体运动的损失可分为哪几类？各有什么特点？

2. 沿程水头损失是如何产生的？

3. 局部水头损失是如何产生的？

4. 雷诺实验为什么在水箱中设置溢水管？

5. 圆管流动中，层流的速度分布规律是什么？最大速度的点在什么位置？过流断面平均速度和最大速度是什么关系？

6. 为什么会产生黏性底层？

7. 紊流的切应力与层流有什么不同？

8. 在尼古拉斯实验中，紊流的沿程阻力系数可以分为哪几个区？各有什么特点？

9. 用直径100mm的管道输送相对密度0.85的柴油，在油温20℃时，其运动黏度为6.7cSt，如果已知油料流动型态为层流，试问最大平均流速与最大输油量。

10. 用管道输送相对密度为0.9，黏度为0.045Pa·s的原油，维持平均速度不超过1m/s，若保持在层流的状态下输送，则管径最大不能超过多少？

11. 使用一矩形水槽输水时，测得水深30cm，槽宽50cm。若要使水槽中的水保持层流，最大的输水量为多少？（水的运动黏度为$1.0 \times 10^{-6} m^2/s$）

12. 液压油在30mm的管中流动，管内流动的平均速度为2m/s。试判断液压油在20℃和50℃时的流态。（已知$v_{20} = 90 \times 10^{-6} m^2/s$，$v_{50} = 18 \times 10^{-6} m^2/s$）

13. 已知输油管道的直径为250mm，管长为8000m，输送油料的相对密度为0.85，运动黏度为$3.5 \times 10^{-6} m^2/s$，其流量为1L/s。试求：（1）过流断面上最大的点流速；（2）管壁处的切应力。

14. 相对密度为 0.8 的石油以流量 50L/s 在直径为 150mm 的管道中流动，已知该石油的运动黏度为 10cSt。设地形平坦，不计出入口的高程差，试求每公里管线上的压降。若管线全程长 10km，且终点比起点高 20m，且终点压强为当地大气压，则起点的压强是多少？

15. 为测定沿程阻力系数，在一条直径 305mm、长 50km 的输油管道上进行现场实验。实验中输送的油品是相对密度为 0.82 的煤油，每昼夜输送量为 5500t，管线终点标高为 27m，起点标高为 52m，油泵表压强维持在 15at，终点压强为 2at。煤油的运动黏度为 10cSt，若管道当量粗糙度为 0.15mm，请根据实验计算沿程摩力系数，并与经验公式计算结果进行比较。

16. 为了测量沿程阻力系数，在一条直径 0.305m、长 200km 的输油管道上进行现场实验。输送的油品为相对密度 0.82 的煤油，每昼夜输送量为 5500t。管道终点的标高为 27m，起点的标高为 152m。起点压强维持在 4.9MPa，终点压强为 0.2MPa。煤油的运动黏度为 $2.5 \times 10^{-6} m^2/s$。试根据实验结果计算该管道的沿程阻力系数，并将实验结果与按经验公式所计算的结果进行对比。（设绝对粗糙度 $\Delta = 0.15mm$）。

17. 测定一蝶阀的局部阻力系数，装置如题 17 图所示。在蝶阀的上下游装设三个测压管，其间距分别为 $l_1 = 10m$，$l_2 = 20m$。若圆管直径 $d = 50mm$，实测 $h_1 = 150cm$，$h_2 = 130cm$，$h_3 = 40cm$，管内流动平均速度为 3m/s。试求蝶阀的局部阻力系数 ζ。

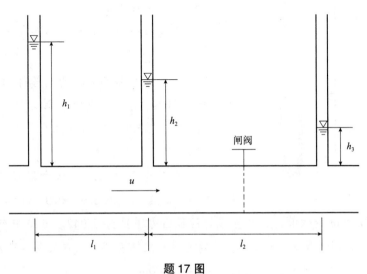

题 17 图

18. 内燃机的滑油吸油管如题 18 图所示，已知滑油流量为 0.5L/s，管道全长 1.5m，直径 40mm，油的运动黏度为 10cm²/s，重度为 8437N/m³，液面到出口的高度差为 1m，油箱内与大气相通。计算油管入口(直角入口)、蝶阀(局部阻力系数 0.85)及 90°弯头(局部阻力系数 0.25)的入口压强。

19. 一根直径从 15cm 突然扩大到 30cm 的水管，如题 19 图所示，如果管内流量为 0.22m³/s，求接在两管段上的水银测压计的读数。

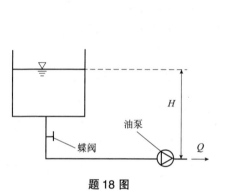

题 18 图

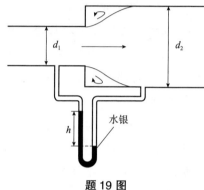

题 19 图

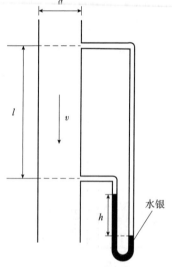

题 20 图

20. 如题 20 图所示，油以 1m/s 的速度在管中流动，油的相对密度为 0.92，管长为 3m，直径为 25mm，水银测压计测得读数为 90mm，试求：

(1)油在管中的流动状态；

(2)油的运动黏度；

(3)若保持相同的平均流速但流向相反，测压计的读数变化。

21. 使用直径为 50mm 的钢管输水，已知水的流量为 3L/s，水温为 20℃。试求：

(1)在管长 500m 时的沿程水头损失；

(2)管壁上的切应力 τ_v。

22. 相对密度为 1.2、动力黏度为 $1.73 \times 10^{-3}Pa \cdot s$ 的盐水，以 $6.95 \times 10^{-3}m^3/s$ 的流量流过内径为 0.08m 的铁管。已知管道的沿程阻力系数为 0.042。管路中有一个 90°弯头，其局部阻力系数 $\zeta = 0.13$。试确定此弯头的局部水头损失及其当量长度。

23. 如题 23 图所示，两水箱由一根长 100m、管径 0.1m 的钢管相连，管路上有一个全开的闸阀以及两个 $R/D = 4.0$ 的 90°弯头，水温为 10℃。当液面稳定时，流量为 $6.5 \times 10^{-3} \mathrm{m^3/s}$，求此时的液面差 H（设 $\Delta = 0.15\mathrm{mm}$）。

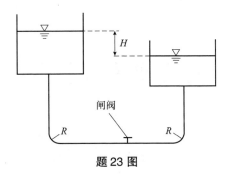

题 23 图

24. 由离心泵将地下油罐中的油品抽送至油库贮油罐中，流程如题 24 图所示。设从地下油罐至泵吸入口的管线长度为 20m，直径为 200mm，地下罐油面至泵中心的高度差为 4m，油品的相对密度为 0.75，运动黏度为 4cSt，试求：

(1) 若设计输送量为 108t/h，吸入管段的水头损失。

(2) 泵吸入口处的真空度。

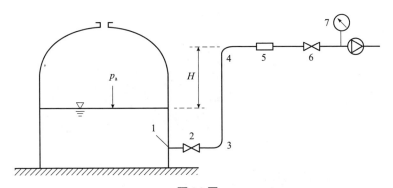

题 24 图

1—带单向阀的油罐进出口；2，6—闸阀；3，4—弯头（$R = 3d$）；
5—轻质油品过滤器；7—真空表

第六章 管道水力计算与管道水击

管道是一种用于输送气体、液体或含有固体颗粒流体的装置，通常由管道、管道连接件和阀门等连接而成，广泛应用于石油化工、机械设计、建筑施工、水利水电等工程领域。如中俄输油管道[见图 6.1(a)]、南水北调工程[见图 6.1(b)]、三峡水电站、民用输水工程以及各类油库、加油站等。

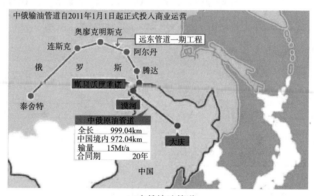

(a)中俄输油管道

(b)南水北调工程

图 6.1　管道工程实例

管道工程在工艺设计中，水力计算是关键环节之一。例如，在油库输油泵房的工艺设计中，就必须先进行水力计算，然后按照计算结果进行选泵操作（如图6.2所示）。

图6.2 油库输油泵房工艺设计选泵的流程步骤

本章将以典型的管道系统为例，介绍管道水力计算的原理和基本方法。

第一节 管道流动与水力计算

一、管道流动及其分类

管道流动是指液体或气体在管道中的流动过程。在管道流动中，流体与管道内壁的相互作用使流动呈现出不同的形态，产生不同的现象。理解管道流动过程及其水力计算对于许多工程和应用领域至关重要。

在流体流动过程中，根据流体边界的不同情况，可将流体的流动分为有压流动、无压流动和射流，如图6.3所示。

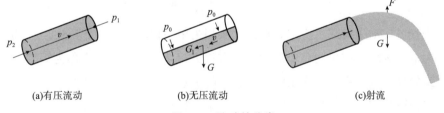

(a)有压流动　　　　　　(b)无压流动　　　　　　(c)射流

图6.3 流动的分类

有压流动是指流体的流动边界均为固体边界的流动，如图6.3(a)所示。由于固体边界的约束作用，管道内可承受高压，并使流体在压强作用下发生流动，流动方向为机械能高的位置流向机械能低的位置，如自来水管道、输油管道等。通过调节压强，可以改变流体流动的速度。

无压流动是指流动过程中始终存在气液分界面的流动，如图6.3(b)所示。由于气液分界面上部的气体相互连通，气体内部各点的压强近似相等，于是气液分界面处的压强处处相等，无法形成流动方向上的压差，流体在重力的作用下流动，流动方向为从高到低，如河流、污水管道等，流量主要受流道坡度的影响。

当流体由管道流出进入大气后，将做自由落体运动，如图6.3(c)所示。此时，流体没有固体边界，流体受重力和惯性力作用，两者大小相等、方向相反，即质量力合力为零，流体内压强处处相等，均为大气压强，这种流动称为射流。

需要注意的是，如果管道因结构原因局部存在气泡或气体积聚，流动仍算作有压流动。

二、管道的分类

流体在管道内流动时，会产生水头损失 h_w（见第五章第一节）。水头损失根据其产生原因可分为沿程水头损失 h_f 和局部水头损失 h_j。在实际工程应用中，为了便于计算，按照管道流动特征和水头损失的特点对管道流动进行分类和简化。

1. 长管、短管、管嘴和孔口

当管道流动中局部水头损失在总水头损失中占比较小时（小于5%），则忽略局部水头损失和速度水头（速度水头可看作局部阻力系数为1的局部突变），将管道称为长管。此时，伯努利方程可简化为式(6.1)，长距离输油管道、油库中从泵站到储油罐的管道等都可按长管计算。

$$z_1 + \frac{p_1}{\rho g} = z_2 + \frac{p_2}{\rho g} + h_f \tag{6.1}$$

当管道流动中局部水头损失在总水头损失中占比较大时（大于5%），局部水头损失不能忽略，应采用完整的伯努利方程进行计算，这种管道称为短管。油库中泵站的泵吸入管系统、水泵的吸入管、虹吸管等，均按短管计算。

当管道长度很短，甚至为零时，流动中沿程水头损失可以忽略不计，仅考虑局部水头损失，且其流动过程与管道内流动有很大差异，因此将其称为孔口或管嘴，如管道破裂产生的泄流、容器壁面开口出流、闸口出流、消防水枪喷嘴、各类喷射器喷嘴等。

2. 简单管道和复杂管道

按照管道的布置形式，管道系统又可分为简单管道和复杂管道。

简单管道：单线等直径的管道。

复杂管道：由两根以上或两种以上不同管径（或不同粗糙度）组合而成的管道。根据管道连接特点，复杂管道又分为串联管道［见图6.4(a)］、并联管道［见

图 6.4(b)]、分支管道[见图 6.4(c)]及网状管道[见图 6.4(d)]。

(a)串联管道　　　　(b)并联管道　　　　(c)分支管道　　　　(d)网状管道

图 6.4　复杂管道

3. 自流管道和泵输管道

依照流体输送的动力来源，管道又可分为自流管道和泵输管道。

自流管道：依靠流体自身重力作用驱动的管道流动。

泵输管道：依靠泵作为动力源驱动流体运动的管道流动。

三、管道水力计算的主要内容

在管道工程中，涉及的水力计算主要有以下两类。

(一)管道输送能力计算

在工程计算中，常常会根据实际可测量参数对水力计算公式进行一定的简化。

首先是根据实际情况，建立伯努利方程：

$$z_1 + \frac{p_1}{\rho g} + \frac{\alpha_1 v_1^2}{2g} = z_2 + \frac{p_2}{\rho g} + \frac{\alpha_2 v_2^2}{2g} + h_w$$

定义：
$$H_0 = \left(z_1 + \frac{p_1}{\rho g} + \frac{\alpha_1 v_1^2}{2g} \right) - \left(z_2 + \frac{p_2}{\rho g} + \frac{\alpha_2 v_2^2}{2g} \right) \tag{6.2}$$

H_0 称为作用能头，表示管道流动过程中能用于驱动流体流动的净能量。此时，$H_0 = h_w$，表示在流动过程中，作用能头全部用于驱动流体运动，其大小等于流动中水头损失的量。

在工程实践中，由于过流断面的平均速度 v 为非直接测量量，是通过测量流量然后算出的量。因此在水力计算中用流量 Q 代替过流断面平均速度 v 进行运算，管道参数也使用直径 d 而非半径 r。

于是，伯努利方程可简化为：

$$H_0 = h_w = h_f + h_j = \lambda \frac{l}{d} \frac{v^2}{2g} + \zeta \frac{v^2}{2g} = \frac{8}{g\pi^2 d^4} \left(\lambda \frac{l}{d} + \zeta \right) Q^2$$

由于实际管道长度较长，且存在各类弯头、阀门、分支等，难以一一统计计算。因此，在实际计算中，对于局部阻力系数部分，可通过将管道视作长管而忽

略,或使用当量管长法、按照经验数据折算成直管。使用管道计算长度 L 代替实际管长 l 进行水力计算,即:

$$H_0 = h_w = \frac{8}{g\pi^2 d^4}\lambda\frac{L}{d}Q^2$$

式中,g、π 均为常数,可直接代入化简,得:

$$H_0 = h_w = 0.08266\lambda\frac{L}{d^5}Q^2 \qquad (6.3)$$

然后结合连续性方程: $\qquad A_1 v_1 = A_2 v_2 = Q \qquad (6.4)$

层流沿程阻力计算式: $\qquad \lambda = \frac{64}{Re} \qquad (6.5)$

紊流沿程阻力计算式(阿里特苏里公式): $\lambda = 0.11\left(\frac{\Delta}{d} + \frac{68}{Re}\right)^{0.25} \qquad (6.6)$

雷诺数计算式: $\qquad Re = \frac{vd}{\nu} = \frac{4Q}{\pi d\nu} \qquad (6.7)$

即可完成管道水力计算。式(6.2)～式(6.7)为开展管道水力计算的基本公式。在实际计算中,可能还需要根据已知条件,按照流体力学知识进行补充。在管道水力计算过程中,主要涉及 6 个参数:流量 Q、管道长度 l、管道直径 d、水头损失 h_w(或 H_0)、运动黏度 ν、局部阻力系数 ζ 和管道的当量粗糙度 Λ。一般情况下,管长 l 根据地形、环境、设计要求等决定,运动黏度 ν 由输送的流体及环境温度决定,当量粗糙度 Δ 由管道材质和加工工艺决定,通常在水力计算前已经明确,可看作已知条件。

管道输送能力的计算主要有下列 3 种:

①给定 Q、L、d、ν 及 Δ,求 h_w 或 H_0;

②给定 h_w 或 H_0、L、d、ν 及 Δ,求 Q;

③给定 Q、L、h_w 或 H_0、ν 及 Δ,求 d。

(二)压强校核计算

因为管道布置常受地形、建筑物和设备性能(如泵)的限制,管道中有些部位压强可能大于大气压强,另一些地方也可能小于大气压强而出现真空。管道中压强过大时可能引起管道或附件破裂、泄漏,而过大的真空度会影响管道和设备的正常工作,产生"气阻""汽蚀"现象。此外,在供水、消防管道中,还需要保证管道内有足够的压强,以满足生活设施设备用水和消防用水需求。这些情况都需要对管道内的压强进行校核,观察能否满足工作需要。

第二节　简单管道的水力计算

简单管道的流动特点是管内断面平均流速沿程不变，其铺设可以与水平面成任意角度。

一、输送能力计算

油库中常见的自流发油管道系统，可利用天然地形（如山地）或人工修筑具有自流输液位差，使液体可从高位储油罐自行流向低液位容器（如铁路油罐车）流动，如图6.5所示，可以简化为简单管道。由于储油罐的横断面较大，自流时，液面高度变化很缓慢，可视为恒定流。管道出口处，如图中那样流入油罐车的液面下，称为淹没出流，直接流入大气的称为自由出流。

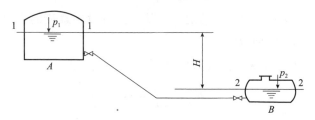

图6.5　自流简单管道

（一）求水头损失 h_w（或 H_0）

求水头损失即求作用能头 H_0。例如，要确定水塔高度，高架油罐的安装高度便属于这类问题的计算。此时，Q、d、ν 及 Δ 是给定的，利用式（6.3）直接解出。

例题6.1：如图6.5所示，某油库使用自流管道为油罐车输油。设计流量需求为150m³/h，液体的运动黏度为0.1cm²/s，管道通径为150mm，计算长度为400m，粗糙度为0.15mm，两容器液面上均为大气压强，试求要达到设计输油量所需的安装高度 H。

解：判断流态：

$$Re = \frac{4Q}{\pi d\nu} = \frac{4 \times 150 \div 3600}{3.14 \times 0.15 \times 0.1 \times 10^{-4}} = 35385.7$$

当流动为紊流时，采用阿里特苏里公式计算 λ：

$$\lambda = 0.11\left(\frac{\Delta}{d} + \frac{68}{Re}\right)^{0.25} = 0.11\left(\frac{0.15}{150} + \frac{68}{35385.7}\right)^{0.25} \approx 0.0256$$

由式(6.3)可得:

$$H_0 = 0.08266\lambda\frac{L}{d^5}Q^2 = 0.08266 \times 0.0256 \times \frac{400}{0.15^5} \times \left(\frac{150}{3600}\right)^2 = 19.35(\text{m})$$

由于两容器液面与大气相通,均为大气压强,即 $p_1 = p_2 = p_a$;两容器液面远大于管道断面面积,故液面速度非常小,可忽略不计,即 $v_1 = v_2 \approx 0$,代入式(6.1)可得:

$$H = z_1 - z_2 = 19.35(\text{m})$$

(二)求流量 Q

利用式(6.2)~式(6.7)求流量时,由于 Q、Re、流态及 λ 皆为未知,不能直接求出 Q。可用以下迭代方法进行求解。

1. 比较作用能头,确定流动型态

因为在 d、L 及 ν 已确定的情况下,从层流过渡到紊流的临界状态时,必定相应有一个临界作用能头 H_c。

若作用能头为临界状态,雷诺数为临界雷诺数,即:

$$Re_c = \frac{4Q}{\pi d\nu} = 2300$$

可得流量表达式: $Q = 575\pi d\nu$

沿程阻力系数可使用层流计算式: $\lambda = \frac{64}{Re_c}$

将 Q 和 λ 代入式(6.3)可得:

$$H_c = 7497.95\frac{\nu^2 L}{d^3} \tag{6.8}$$

代入已知条件即可得到 H_c 的值,然后进行判断:

当 $H_0 > H_c$ 时,管道内流体为紊流;当 $H_0 < H_c$ 时,管道内流体为层流。

2. 计算流量

若流态为层流,用层流公式直接求得 Q;若流态为紊流,可按下述步骤迭代计算。

①假设流体处于紊流粗糙区,雷诺数非常大,可忽略阿里特苏里公式中的 $\frac{68}{Re}$ 项,计算得 λ_0,计算出 Q_1 值。

②根据算得的 Q_1 值,计算雷诺数 Re_1,然后使用阿里特苏里公式计算出 λ_1

值，再次算出 Q_2 值。

③收敛判定。对比 Q_1 和 Q_2，若 $\left|\dfrac{Q_2 - Q_1}{Q_2}\right| < \sigma$，可认为 Q_2 为所求结果。式中 σ 为预设精度指标，通常取 0.01，也可根据 Q 值前两位或三位有效数字是否变化，快速判断 Q 值是否符合要求。若不满足收敛条件，重复进行第②、③步计算，直至结果收敛。

例题 6.2：如图 6.5 所示，若油罐中液面与油罐车液面高度差为 19m，管道计算长度为 500m，管径为 150mm，当量粗糙度为 0.15mm，油料的运动黏度为 $0.1\text{cm}^2/\text{s}$，两容器中液面均通大气，求自流发油流量。

解：（1）比较作用能头，确定流态。

根据已知条件，由式（6.8）得：

$$H_c = 7497.95 \frac{v^2 L}{d^3} = 7497.95 \times \frac{0.00001^2 \times 500}{0.15^3} = 0.11(\text{m})$$

两容器液面与大气相接，压强均为大气压；容器液面面积远大于管道过流断面面积，液面运动速度可忽略，由式（6.2）可知：

$$H_0 = H = 19(\text{m}) > H_c$$

故管道内流动型态为紊流。

（2）计算流量 Q。

①假设流体处于紊流粗糙区，忽略阿里特苏里公式中的雷诺数项，计算沿程阻力系数 λ_0：

$$\lambda_0 = 0.11 \left(\frac{\Delta}{d}\right)^{0.25} = 0.11 \times \left(\frac{0.15}{150}\right)^{0.25} \approx 0.020$$

代入式（6.3）可得：

$$Q_1 = \sqrt{\frac{H_0 d^5}{0.08266 \lambda L}} = \sqrt{\frac{19 \times 0.15^5}{0.08266 \times 0.20 \times 500}} \approx 0.0132(\text{m}^3/\text{s})$$

②由式（6.7）得：

$$Re_1 = \frac{4Q_1}{\pi d v} = \frac{4 \times 0.0132}{3.14 \times 0.15 \times 0.00001} = 11210.2$$

代入式（6.6）可得：

$$\lambda_1 = 0.11 \left(\frac{\Delta}{d} + \frac{68}{Re}\right)^{0.25} = 0.11 \left(\frac{0.15}{150} + \frac{68}{11210.2}\right)^{0.25} \approx 0.0319$$

代入式（6.3）可得：

$$Q_2 = \sqrt{\frac{19 \times 0.15^5}{0.08266 \times 0.0319 \times 500}} \approx 0.0331 (\text{m}^3/\text{s})$$

③收敛判定:

$$\left| \frac{Q_2 - Q_1}{Q_2} \right| = \left| \frac{0.0331 - 0.0132}{0.0331} \right| = 0.601208 > 0.01$$

④继续迭代,由式(6.4)得:

$$Re_2 = \frac{4 \times 0.0331}{3.14 \times 0.15 \times 0.00001} = 28110.4$$

代入式(6.6)可得:

$$\lambda_2 = 0.11 \left(\frac{0.15}{150} + \frac{68}{28110.4} \right)^{0.25} \approx 0.0266$$

代入式(6.3)可得:

$$Q_3 = \sqrt{\frac{19 \times 0.15^5}{0.08266 \times 0.0266 \times 500}} \approx 0.0362 (\text{m}^3/\text{s})$$

$$\left| \frac{Q_3 - Q_2}{Q_3} \right| = \left| \frac{0.0362 - 0.0331}{0.0362} \right| = 0.0856354 > 0.01$$

⑤继续迭代,由式(6.7)得:

$$Re_3 = \frac{4 \times 0.0362}{3.14 \times 0.15 \times 0.00001} = 30743.1$$

代入式(6.6)可得:

$$\lambda_3 = 0.11 \left(\frac{0.15}{150} + \frac{68}{30743.1} \right)^{0.25} \approx 0.0262$$

代入式(6.3)可得:

$$Q_4 = \sqrt{\frac{19 \times 0.15^5}{0.08266 \times 0.0262 \times 500}} \approx 0.0365 (\text{m}^3/\text{s})$$

$$\left| \frac{Q_4 - Q_3}{Q_4} \right| = \left| \frac{0.0365 - 0.0362}{0.0365} \right| = 0.00821918 < 0.01$$

$$Q_4 = 0.0365 (\text{m}^3/\text{s}) = 131.4 (\text{m}^3/\text{h})$$

即自流发油流量为131.4m³/h。

由该算例可以看出,对于黏度近似于水的流体,其临界作用能头 H_c 很小,工程实践中极少出现层流流态。因此,计算时可按紊流考虑,不必判断流态。

(三)求管径 d

因为 d 未知,因而 Δ/d 及 Re 未知,λ 不能求出,也无法直接求得 d。此时,

计算 d 的方法可按下述迭代方法进行。

1. 比较作用能头，确定流动型态

因为在 Q、ν 及 L 已知的情况下，由层流过渡到紊流的临界状态时，相应也存在一个临界作用能头 H_c。因此也可以使用临界作用能头的方法进行判定。

若作用能头为临界状态，雷诺数为临界雷诺数，即：

$$Re_c = \frac{4Q}{\pi d \nu} = 2300$$

可得管径表达式：$d = \dfrac{Q}{575\pi\nu}$

沿程阻力系数可使用层流计算式：$\lambda = \dfrac{64}{Re_c}$

将 d 和 λ 代入式(6.3)可得：

$$H_c = 0.08266\lambda \frac{L}{d^5}Q^2 = 4.413 \times 10^{13} \times \frac{\nu^5 L}{Q^3} \tag{6.9}$$

代入已知条件即可得到 H_c 的值，然后进行判断：

当 $H_0 > H_c$ 时，管道内流体为紊流；当 $H_0 < H_c$ 时，管道内流体为层流。

2. 计算管径 d

若流态为层流，用式(6.3)~式(6.5)及式(6.7)联立解方程组，即可得到管径 d。需要注意，所求的管径并非设计管径，还需要选择标准管，并进行校核。由于计算所得管径值往往并不是标准管径，不利于建设施工，因此需要以计算结果为依据，选择略大、最接近的标准管材作为施工材料。该标准管材的内径即最终管道直径。最后，还需要使用该管径数据，代入式(6.3)~式(6.5)及式(6.7)计算流量，若流态仍为层流、计算流量大于设计需求流量，则选用该管径作为设计管径。

若流态为紊流，可按下述步骤迭代计算。

①假设流体处于紊流粗糙区，雷诺数非常大，可忽略阿里特苏里公式中的 $\dfrac{68}{Re}$ 项，得到：

$$\lambda = 0.11\left(\frac{\Delta}{d}\right)^{0.25}$$

联立式(6.3)，$H_0 = 0.08266\lambda \dfrac{L}{d^5}Q^2$，可得：

$$d_0 = 0.408\left(\frac{\Delta^{0.25}LQ^2}{H_0}\right)^{\frac{1}{5.25}}$$

②根据算得的 d_0 值，计算雷诺数 Re_1，然后使用阿里特苏里公式计算出 λ_1 值，使用式(6.3)算出 d_i 值。

③收敛判定。对比 d_0 和 d_1，若 $\left|\dfrac{d_1 - d_0}{d_1}\right| < \sigma$，可认为 d_2 为所求结果。式中 σ 为预设精度指标，通常取 0.01，也可根据 d 值前两位或三位有效数字是否变化，快速判断 d 值是否符合要求。若不符合，重复进行第②、③步计算，直到结果收敛。

④根据所得 d_n 值，选取略大、最接近的标准管材作为施工材料，然后选该标准管道直径作为设计管径。

例题 6.3：如图 6.5 所示，某油库输油管道整修改造，油罐内储存油品的运动黏度为 $0.1\text{cm}^2/\text{s}$。若油罐中液面与油罐车液面高度差最低为 19m，要求自流输油速度提升到 $150\text{m}^3/\text{h}$，管道的计算长度为 1500m，输油管道采用无缝钢管，当量粗糙度为 0.15mm，输油管道的管径应取多大？

解：(1)计算临界作用能头，确定流动型态。

根据式(6.9)计算临界作用能头：

$$H_c = 4.413 \times 10^{13} \times \frac{\nu^5 L}{Q^3} = 4.413 \times 10^{13} \times \left(\frac{0.1}{10000}\right)^5 \times 1500 \times \left(\frac{150}{3600}\right)^{-3}$$

$$= 9.15 \times 10^{-5}(\text{m})$$

$$H_0 = 19 > H_c$$

因此，管内流态为紊流。

(2)计算管径。

①假设流态为阻力平方区，初选管径：

$$d_0 = 0.408\left(\frac{\Delta^{0.25} L Q^2}{H^0}\right)^{\frac{1}{5.25}} = 0.408 \times \left(\frac{0.00015^{0.25} \times 1500 \times \frac{150}{3600}^2}{19}\right)^{\frac{1}{5.25}} = 0.18(\text{m})$$

②迭代计算

$$Re_1 = \frac{4Q}{\pi d \nu} = 29488.1$$

$$\lambda_1 = 0.11\left(\frac{\Delta}{d} + \frac{68}{Re}\right)^{0.25} = 0.11\left(\frac{0.15}{180} + \frac{68}{29488.1}\right)^{0.25} \approx 0.026$$

由式(6.3)可得：

$$d_1 = \sqrt[5]{0.08266\lambda \frac{L}{H_0} Q^2} = \sqrt[5]{0.08266 \times 0.0260377 \times \frac{1500}{19}\left(\frac{150}{3600}\right)^2} \approx 0.20(\text{m})$$

$$\left|\frac{d_1 - d_0}{d_1}\right| = \left|\frac{0.20 - 0.18}{0.20}\right| = 0.1 > 0.01$$

需要继续迭代：

$$Re_2 = \frac{4Q}{\pi d\nu} = 26539.3$$

$$\lambda_1 = 0.11\left(\frac{0.15}{200} + \frac{68}{26539.3}\right)^{0.25} \approx 0.026$$

$$d_2 = \sqrt[5]{0.08266\lambda\frac{L}{H_0}Q^2} = \sqrt[5]{0.08266 \times 0.026 \times \frac{1500}{19}\left(\frac{150}{3600}\right)^2} \approx 0.20(\mathrm{m})$$

$$\left|\frac{d_1 - d_0}{d_1}\right| = \left|\frac{0.20 - 0.20}{0.20}\right| = 0 < 0.01$$

计算所得管道内径为 200mm。查阅热轧无缝钢管规格型号，选定型号为 219mm×8mm(外径×壁厚)作为设计管道，确定管道内径为 203mm。由于这里未做压强校核，因此内径大于 200mm 即可。但实际设计中，还应根据管道内最大、最小压强进行管道强度设计，最终确定壁厚数据，然后进行管道选型。

二、管道中的压强校核

由于伯努利方程中各项表示的是各断面上的能量，而其单位又均为 m，因此可以将其用几何图形的方式直观地表示出来。图 6.6 所示为管流能头线及测压管头线的绘制结果。图 6.6(a)表示考虑局部损失和速度头的情况。图 6.6(a)中在 1、2 及 3 断面上均发生局部损失，在发生局部损失处，压强变化比较复杂，因此，在该处的测压管水头线用虚线表示。但在实际绘制时，由于压强变化规律难以确定，允许不考虑其变化过程，直接画成与直管段斜率相同的直线。

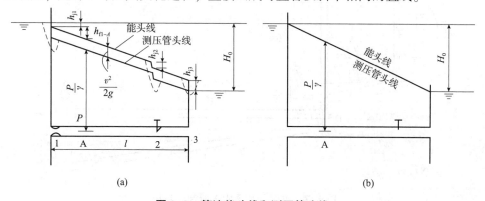

(a)   (b)

图 6.6　管流能头线和测压管头线

对于局部损失，实际上也应发生在一定的管道长度上，但在绘制时通常认为是在断面上发生的，并将它画成垂直线段。对于长管道，由于不考虑局部损失和速度头的影响，所以能头线和测压管头线相重合，如图 6.6(b)所示。

前已述及，如果要计算管道任一断面 A 上的压强水头，则只需测量从管道中心点 A 到测压管水头线的垂直距离[见图 6.6(a)]；如果不考虑速度头的影响，则测量管道中心到能头线的垂直距离[见图 6.6(b)]。如果测压管水头线在管轴下方，那么低于管轴的垂直距离表示为负压，即真空度。在进行压强校核时，主要寻求管道中的最大压强(表压强)及最大真空度的位置。因为过大的最大压强可能使管道破裂，而过大的真空度则表明绝对压强显著降低。若该处的绝对压强小于该液体在输送温度下的饱和蒸汽压，液体就会发生强烈的汽化(沸腾)，从而破坏管道的正常输送。因此，在管道设计和安装时，应当保证在任何条件下管道都能正常工作。

图 6.7 展示了油库油罐车虹吸管(鹤管)A – D 及泵吸入管 D – E 卸油管系统。虹吸管是管道中有一段管段高出吸入容器中的自由液面。工作时，要先将管道灌满液体，然后利用位差或泵抽吸，管道才能开始工作。由图可以看出，最大真空度可能出现在 B、C 及泵吸入口 E 断面处，尤其是当接近卸尽油品时，其真空度会达到最大。

例题 6.4：在图 6.7 中，已知卸油的流量为 $50 \mathrm{m}^3/\mathrm{h}$，管道中 $h_s = 4.2 \mathrm{m}$，虹吸管道直径为 100mm，当量粗糙度为 0.15mm，输油油料的密度为 $730 \mathrm{kg/m}^3$，运动黏度为 $0.01 \mathrm{cm}^2/\mathrm{s}$，油温 39℃ 时饱和蒸汽压为 $7 \mathrm{mH_2O}$。设当地大气压为 $9.2 \mathrm{mH_2O}$，校核卸油过程中是否会发生汽阻(沸腾)现象？

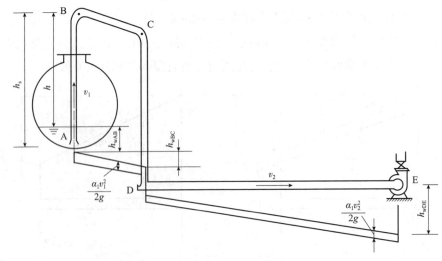

图 6.7　虹吸管和泵吸入管卸油系统

解：发生汽阻的条件是 $p_B < p_蒸$，其中 p_B 是 B 断面的绝对压强，$p_蒸$ 是油品的饱和蒸汽压。

以油罐液面为基准面，建立油罐液面和弯头 B 间的伯努利方程：

$$z_1 + \frac{p_1}{\rho g} + \frac{\alpha_1 v_1^2}{2g} = z_B + \frac{p_B}{\rho g} + \frac{\alpha_B v_B^2}{2g} + h_{wB}$$

油罐液面为大容器液面，忽略其速度水头，化简可得：

$$\frac{p_a}{\rho g} = h + \frac{p_B}{\rho g} + \frac{\alpha_B v_B^2}{2g} + h_{wB}$$

式中，$v_B = \dfrac{4Q}{\pi d^2} = \dfrac{4 \times 50/3600}{3.14 \times 0.1^2} = 1.77\,(\mathrm{m/s})$

$$Re = \frac{vd}{\nu} = \frac{1.77 \times 0.1}{0.01 \times 10^{-4}} = 177000$$

$$\lambda = 0.11\left(\frac{\Delta}{d} + \frac{68}{Re}\right)^{0.25} = 0.11 \times \left(\frac{0.15}{100} + \frac{68}{177000}\right)^{0.25} \approx 0.023$$

$$L = h_s + l_{e\lambda} + l_{e弯} = 4.2 + 23 \times 0.1 + 28 \times 0.1 = 9.3\,(\mathrm{m})$$

$$h_{wB} = 0.08266\lambda\frac{L}{d^5}Q^2 = 0.08266 \times 0.023 \times \frac{9.3}{0.1^5}\left(\frac{50}{3600}\right)^2 = 0.34\,(\mathrm{m})$$

代入伯努利方程可得：

$$\frac{p_B}{\rho g} = -h - \frac{\alpha_B v_B^2}{2g} - h_{wB} + \frac{p_a}{\rho g}$$

当接近卸尽油品时，$h = h_s$

$$\frac{p_B}{\rho g} = -h_s - \frac{\alpha_B v_B^2}{2g} - h_{wB} + \frac{p_a}{\rho g}$$

$$= -4.2 - \frac{1.77^2}{2 \times 9.81} - 0.34 + \frac{1000 \times 9.81 \times 9.2}{730 \times 9.81}$$

$$= 7.90\,(\mathrm{m\ 油柱})\,(0.73) = 5.77\,(\mathrm{mH_2O}) < 7\,(\mathrm{mH_2O})$$

因此，卸油过程中会发生气阻现象。

虹吸管是另一类涉及水力计算和压强校核的水力装置。虹吸管是利用液体重力和大气压力使液体越过较高的障碍达到较低目的地的最简单的装置，图 6.8 为生活中利用虹吸管输送液体的例子。其出口可以是自由出流，也可以是淹没出流。

(a)利用虹吸管灌溉

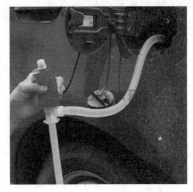

(b)利用虹吸管抽取汽车油箱中的油

图6.8　生活中利用虹吸管抽吸液体的例子

　　虹吸管的工作原理如图6.9所示：首先将管内空气排出，使管内形成一定的真空度，由于虹吸管进口处液体的压强大于大气压强，在管内外形成了压强差，从而使液体由压强大的地方流向压强小的地方。确保在虹吸管中形成一定的真空度和一定的上下游液位差，液体就可以不断地从上游经虹吸管流向下游。

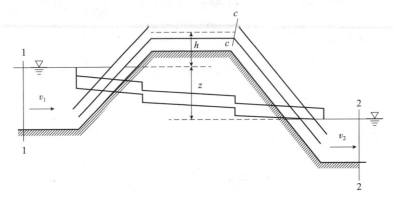

图6.9　虹吸管的工作原理

虹吸管水力计算的主要任务是确定虹吸管的流量及其顶部安装高度。

流量的确定按简单管道水力计算类型一给定的方法或公式确定。

安装高度的确定可按式(6.10)计算：

$$h_s = \frac{p_a - p_2}{\rho g} - \left(\alpha_c + \lambda\,\frac{l}{d} + \sum\zeta\right)\frac{v^2}{2g} \tag{6.10}$$

为保证虹吸管正常工作，虹吸管中的真空度受液体输送温度下的饱和蒸汽压限制，工程中常常限制虹吸管中的真空度不得超过允许值(一般为 $6\sim7\,\mathrm{mH_2O}$,

称为允许吸上真空高度)。受允许吸上真空高度值的限制,虹吸管的实际安装高度显然不能太大。

例题 6.5：某油库组织官兵将河水用虹吸管补充至库区的消防水池,如图 6.10 所示,左侧为河水,右侧为消防水池。已知虹吸管直径为 350mm,堤内外水位差为 3m,管出口淹没在水面以下,虹吸管沿程阻力系数为 0.04。虹吸管 AB 段的长为 15m,总的局部阻力系数为 6；BC 段长

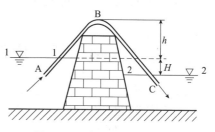

图 6.10　消防虹吸管示意图

20m,总的局部阻力系数为 1.3；虹吸管顶部的安装高度为 4m。

试确定：(1) 该虹吸管的输水量 Q；

　　　　(2) 管顶部的压强,校核是否会出现空泡,设饱和蒸汽压为 -90.7kPa。

解：(1) 列左右两自由液面 1-2 的伯努利方程：

$$z_1 + \frac{p_1}{\rho g} + \frac{\alpha_1 v_1^2}{2g} = z_2 + \frac{p_2}{\rho g} + \frac{\alpha_2 v_2^2}{2g} + h_w$$

已知 $z_1 = 3$m, $z_2 = 0$, $p_1 = p_2 = p_a = 0$, $v_1 = v_2 = 0$

代入伯努利方程并化简,可得：

$$h_w = \lambda \frac{l}{d} \frac{v^2}{2g} + \sum \zeta \frac{v^2}{2g}$$

$$= 0.04 \times \frac{35}{0.35} \times \frac{v^2}{2 \times 9.81} + (6 + 1.3) \times \frac{v^2}{2 \times 9.81} = 3 \, (\text{m})$$

解得：$v = \sqrt{\dfrac{3 \times 2 \times 9.81}{0.04 \times \dfrac{35}{0.35} + 7.3}} = 2.28 \, (\text{m})$

$$Q = \frac{1}{4} \pi d^2 v = 0.25 \times 3.14 \times 0.35^2 \times 2.28 \approx 0.22 \text{m}^3/\text{s} = 792 \, (\text{m}^3/\text{h})$$

(2) 列河水液面至虹吸管顶部 B 点的伯努利方程：

$$z_1 + \frac{p_1}{\rho g} + \frac{\alpha_1 v_1^2}{2g} = z_B + \frac{p_B}{\rho g} + \frac{\alpha_B v_B^2}{2g} + h_{wB}$$

已知 $z_1 = 0$, $z_2 = 4$m, $p_1 = p_a = 0$, $v_1 = 0$, $v_B = 2.28$m/s,

$$h_{wB} = \lambda \frac{l}{d} \frac{v^2}{2g} + \zeta \frac{v^2}{2g} = 0.04 \times \frac{15}{0.35} \times \frac{2.28^2}{2 \times 9.81} + 6 \times \frac{2.28^2}{2 \times 9.81} = 2.04 \, (\text{m})$$

代入伯努利方程并化简可得：

$$p_B = \left(-4 - \frac{2.28^2}{2 \times 9.81} - 2.04 \right) \times 1000 \times 9.81 = -61.85(\text{kPa}) > -90.7(\text{kPa})$$

因此，该虹吸管不会出现空泡。

第三节　复杂管道的水力计算

一、串联管道

由两种或两种以上不同直径或不同粗糙度的管段依次连接而成的管道称为串联管道。工程上为了节省管材及工艺需要而采用串联管道，例如输水干线、沿途有分流的输油输气干线以及油库泵站中的吸入与排出管道等，均多采用串联管道。图6.11所示为串联管道情况，图6.11(a)表示流量沿程不变，而图6.11(b)则表示沿途有流量分流的情况。

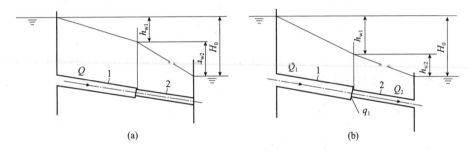

图6.11　串联管道

串联管道计算任务也是输送能力的计算，其计算原理仍然依据伯努利方程及连续性方程。下面分析它的计算特点及步骤。

首先，从图6.11可以看出，无论各管段流量相同或不同，整个管道的作用能头全部消耗于克服各管段的水头损失。也就是说，作用能头 H_0 等于各管段水头损失的总和，即：

$$H_0 = h_{w1} + h_{w2}$$

其次，通过串联管道的流量应满足连续性原理：

当无分流时，$Q_1 = Q_2$；

当有分流时，$Q_2 = Q_1 - q_1$；

写成一般形式的方程组，即：

$$\begin{cases} H_0 = \sum_{i=1}^{n} h_{wi} = h_{w1} + h_{w2} + \cdots + h_{wn} \\ Q_{i+1} = Q_i - q_i \end{cases} \tag{6.11}$$

式中　q_i——流入第 $i+1$ 管段前分出的流量；

　　　Q_i——第 i 管段的流量。

若 $q_i = 0$，则：

$$Q_{i+1} = Q_i \tag{6.12}$$

对于如图 6.12 所示由两段不同直径、流量相同的串联管道，由式（6.11）得：

$$H_0 = h_{w1} + h_{w2}$$

$$= 0.08266\lambda_1 \frac{l_1}{d_1^5}Q^2 + 0.08266\lambda_2 \frac{l_2}{d_2^5}Q^2 \tag{6.13}$$

式（6.13）可用来求解输送能力三个问题的计算。

（1）已知 Q、d_1、l_1、d_2、l_2、Δ 及 v，求 $H_0(h_w)$。

因为流量 Q 已知，Re_1、Re_2 及相应的 λ_1 及 λ_2 均可计算，$H_0(h_w)$ 可直接求得。

（2）已知 H_0、d_1、l_1、d_2、l_2、Δ 及 v，求 Q。

因为 Q 未知，所以式中 λ_1 及 λ_2 也是未知的，故需用试算法。试算时，可根据 Δ/d_1 及 Δ/d_2 值按阻力的平方去计算 λ_1^0 及 λ_2^0 的初值，然后代入式（6.13），由试算出 Q_0，然后用 Q_0 算出 Re_1^0 及 Re_2^0，进而求得 λ_1^1 及 λ_2^1，再将其代入式（6.13），就可求得 Q_1 值。校验其收敛性，$\left| \dfrac{Q_1 - Q_0}{Q_1} \right| < \sigma$ 时，结束迭代，Q_1 为所求流量；若不满足，则使用该流量继续求解 Re 和 λ，继续迭代求解，直至达到收敛条件。对两节以上的串联管路也可用同样的方法。

例题 6.6：如图 6.11（a）所示为串联的管道，若已知 $d_1 = 250\mathrm{mm}$，$d_2 = 150\mathrm{mm}$，$l_1 = 600\mathrm{m}$，$l_2 = 500\mathrm{m}$，$\Delta_1 = \Delta_2 = 0.4\mathrm{mm}$，$H_0 = 8\mathrm{m}$，输送流体的黏度为 $0.01\mathrm{cm^2/s}$。试求串联管道内的总流量 Q？

解：计算各管段的沿程阻力系数：

$$\lambda_1^0 = 0.11\left(\frac{\Delta}{d}\right)^{0.25} = 0.11\left(\frac{0.4}{250}\right)^{0.25} = 0.022$$

$$\lambda_2^0 = 0.11\left(\frac{\Delta}{d}\right)^{0.25} = 0.11\left(\frac{0.4}{150}\right)^{0.25} = 0.0250$$

由式（6.13）得：

$$Q_0 = \sqrt{\frac{H_0}{0.08266\left(\lambda_1^0 \dfrac{l_1}{d_1^5} + \lambda_2^0 \dfrac{l_2}{d_2^5}\right)}}$$

$$= \sqrt{\frac{8}{0.08266 \times \left(0.022 \times \dfrac{600}{0.25^5} + 0.025 \times \dfrac{500}{0.15^5}\right)}} = 0.00233\,(\mathrm{m^3/s})$$

$$Re_1^1 = \frac{4Q_0}{\pi d_1 \nu} = \frac{4 \times 0.00233}{3.14 \times 0.25 \times 0.01 \times 10^{-4}} = 11872.6$$

$$Re_2^1 = \frac{4Q_0}{\pi d_2 \nu} = \frac{4 \times 0.00233}{3.14 \times 0.15 \times 0.01 \times 10^{-4}} = 19787.7$$

$$\lambda_1^1 = 0.11\left(\frac{\Delta_1}{d_1} + \frac{68}{Re_1^1}\right)^{0.25} = 0.11 \times \left(\frac{0.4}{250} + \frac{68}{11872.6}\right)^{0.25} = 0.0322$$

$$\lambda_2^1 = 0.11\left(\frac{\Delta_2}{d_2} + \frac{68}{Re_2^1}\right)^{0.25} = 0.11 \times \left(\frac{0.4}{150} + \frac{68}{19787.7}\right)^{0.25} = 0.0307$$

$$Q_1 = \sqrt{\frac{H_0}{0.08266\left(\lambda_1^1 \dfrac{l_1}{d_1^5} + \lambda_2^1 \dfrac{l_2}{d_2^5}\right)}}$$

$$= \sqrt{\frac{8}{0.08266 \times \left(0.0322 \times \dfrac{600}{0.25^5} + 0.0307 \times \dfrac{500}{0.15^5}\right)}} = 0.00209\,(\mathrm{m^3/s})$$

判断收敛性：

$$\left|\frac{Q_1 - Q_0}{Q_1}\right| = \left|\frac{0.00209 - 0.00233}{0.00209}\right| = 0.114833 > 0.01$$

需要继续迭代：

$$Re_1^2 = \frac{4Q_1}{\pi d_1 \nu} = \frac{4 \times 0.00209}{3.14 \times 0.25 \times 0.01 \times 10^{-4}} = 10649.7$$

$$Re_2^2 = \frac{4Q_1}{\pi d_2 \nu} = \frac{4 \times 0.00209}{3.14 \times 0.15 \times 0.01 \times 10^{-4}} = 17749.5$$

$$\lambda_1^2 = 0.11\left(\frac{\Delta_1}{d_1} + \frac{68}{Re_1^2}\right)^{0.25} = 0.11 \times \left(\frac{0.4}{250} + \frac{68}{10649.7}\right)^{0.25} = 0.0329$$

$$\lambda_2^2 = 0.11\left(\frac{\Delta_2}{d_2} + \frac{68}{Re_2^2}\right)^{0.25} = 0.11 \times \left(\frac{0.4}{150} + \frac{68}{17749.5}\right)^{0.25} = 0.0312$$

$$Q_2 = \sqrt{\frac{H_0}{0.08266\left(\lambda_1^2 \dfrac{l_1}{d_1^5} + \lambda_2^2 \dfrac{l_2}{d_2^5}\right)}}$$

$$= \sqrt{\frac{8}{0.08266 \times \left(0.0329 \times \dfrac{600}{0.25^5} + 0.0312 \times \dfrac{500}{0.15^5}\right)}}$$

$$= 0.00207\,(\mathrm{m^3/s})$$

判断收敛性:

$$\left| \frac{Q_2 - Q_1}{Q_2} \right| = \left| \frac{0.00207 - 0.00209}{0.00207} \right| = 0.00966184 < 0.01$$

管道内流量为:

$$Q = Q_2 = 0.00207(\text{m}^3/\text{s}) = 7.452(\text{m}^3/\text{h})$$

串联管道的流量也可以用等效管道法来求解。当两个管道输送相同的流体,流量、水头损失相同时,可以将一个管道的单位长度等效为另一个管道的长度。

由式(6.3)得:

$$h_{w1} = 0.08266\lambda_1 \frac{l_1}{d_1^5} Q_1^2$$

$$h_{w2} = 0.08266\lambda_2 \frac{l_2}{d_2^5} Q_2^2$$

由于两管道流量和水头损失相等,则:

$$l_2 = l_1 \frac{\lambda_1}{\lambda_2} \left(\frac{d_2}{d_1} \right)^5 \tag{6.14}$$

式中,l_2 表示第二根管道等效第一根管道的长度,称为等效长度。由此,由两条或两条以上组成的串联管道可以简化成一条等效管系,这种管系对于相同的总能头应具有相同的流量。

(3)已知 H_0、Q、l_1、l_2、Δ_1、Δ_2 及 ν,求 d_1 及 d_2。

因为 d_1、d_2 未知,所以 λ_1 及 λ_2 未知,因而也需要采用试算法进行计算,这试算是十分复杂的。工程上选择管径通常是基于所谓"经济流速",然后校核是否满足流量要求。在确定管道的直径时,存在一个流速,在该流速下管道具有最好的经济效益,既不浪费管材增加成本,也不会使水头损失过大,该流速被称为经济流速。如不符合条件,则只需调整某一段管道的直径即可,此时可以按简单管路的管径确定方法进行计算。

$$d = \sqrt{\frac{4Q}{\pi v_b}} \tag{6.15}$$

式中,v_b 为经济流速,m/s。

一些管内流体的常用经济平均流速见表6.1。

表6.1　管内流体常用经济平均流速

工作流体	管路种类及条件	流速/(m/s)	管材
水及与水黏度相似的液体	$p = 1 \sim 3\text{bar}$(表压)	0.5～2	钢
	$p \leqslant 10\text{bar}$(表压)	0.5～3	钢
	$p \leqslant 80\text{bar}$(表压)	2～3	钢
	$p \leqslant 200 \sim 300\text{bar}$(表压)	2～3.5	钢
	热网循环水、冷却水	0.5～1.0	钢
水及与水黏度相似的液体的泵吸入管及排出管	往复泵吸入管	0.5～1.5	钢
	往复泵排出管	1～2	钢
	离心泵吸入管(常温)	1.5～2	钢
	离心泵吸入管(70～110℃)	0.5～1.5	钢
	离心泵排出管	1.5～3	钢
	高压离心泵排出管	3～3.5	钢
	齿轮泵吸入管	≤1	钢
	齿轮泵排出管	1～2	钢
黏油及黏度大的液体	黏油及与其相似液体	0.5～2	钢
	黏度50cP：DN25	0.5～0.9	钢
	DN50	0.7～1.0	钢
	DN100	1.0～1.6	钢
	黏度100cP：DN25	0.3～0.6	钢
	DN50	0.5～0.7	钢
	DN100	0.7～1.0	钢
	DN200	1.2～1.6	钢
	黏度1000cP：DN25	0.1～0.2	钢
	DN50	0.16～0.25	钢
	DN100	0.25～0.35	钢
	DN200	0.35～0.55	钢
气体	通风机吸入管	10～15	钢
	通风机排出管	15～20	钢
	压缩机吸入管	10～20	钢
	压缩机排出管		钢
	$p < 10\text{bar}$	8～10	钢
	p 取 10～100bar	10～20	钢
	往复式真空泵吸入管	13～16	钢
	往复式真空泵排出管	25～30	钢
	油封式真空泵吸入管	10～13	钢

二、并联管道

在图 6.12 所示的管道系统中，结点 B 与 C 之间连接两条或两条以上的管段，这种 BC 之间的管道系统称为并联管道。整个管道系统可视为由管段 AB、并联管段 BC 及管段 CD 串联而成。

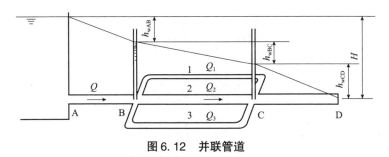

图 6.12　并联管道

在串联管路中，各管段的水头损失相加，而在并联管段 BC 中，无论哪一条管道，它们的水头损失都彼此相等。如果在 B 及 C 点上各接一测压管，测压管中液面的高度差即并联管段 BC 的水头损失。如果各管的水头损失不相等，那么在 C 点上的测压管将显示三个不同的液面高度，这是不可能的。

在图 6.12 所示的条件下，并联管段 BC 的水力计算特点为

$$\begin{cases} h_{w1} = h_{w2} = h_{w3} = h_{wBC} = \left(z_B + \dfrac{p_B}{\rho g}\right) - \left(z_C + \dfrac{p_C}{\rho g}\right) \\ Q_{BC} = Q_1 + Q_2 + Q_3 \end{cases} \tag{6.16}$$

式中，z_B、p_B 及 z_C、p_C 分别为 B 点及 C 点上的位置高程及压强，式中已忽略掉了速度水头(按长管计算)。

一般情况下，并联各管的长度、直径及粗糙度均不同，各管的流量也不相同。它们为了满足水头损失相等的条件，自身必须进行流量调整和分配，直至使这管段的水头损失相等为止。

并联管道计算涉及两个典型问题：①已知 BC 间的水头损失，求通过管系的总流量 Q；②已知总流量 Q，求并联各管的流量和水头损失。管道的直径、长度、粗糙度及流体的性质假定是已知的。

实际上，对于第一个问题，其解法与简单管道求流量问题的解法是一样的，将求得的各管的流量相加，即总流量。第二个问题比较复杂，因为不论哪一条管道，既不知道水头损失，也不知道其流量。求解的步骤建议如下：

①假定通过管1的流量 Q_1'（根据 d_1、l_1 与其他管道的直径、长度进行比较，按照给定的 Q 适当假定该值）；

②利用假定流量 Q_1' 算出 h_{w1}'；

③利用 h_{w1}' 求出 Q_2'、Q_3'；

④在共同水头损失下，假定 Q 沿各管的流量分配与 Q_1'、Q_2' 及 Q_3' 按相同的比例分配，则

$$\begin{cases} Q_1 = \dfrac{Q_1'}{Q_1' + Q_2' + Q_3'} Q \\[3mm] Q_2 = \dfrac{Q_2'}{Q_1' + Q_2' + Q_3'} Q \\[3mm] Q_3 = \dfrac{Q_3'}{Q_1' + Q_2' + Q_3'} Q \end{cases} \tag{6.17}$$

⑤使用 Q_1、Q_2、Q_3 计算 h_{w1}、h_{w2}、h_{w3} 来校核这些流量是否正确。

这个方法也适用于任何数量的并联管道。通过适当选择得以估算通过管道系统总流量的百分数的流量 Q_1'，式(6.17)得出的数值误差仅在百分之几以内，在阻力系数精确度范围内是相当准确的。

例题 6.7：在图 6.14 中，设 $l_1 = 1000\mathrm{m}$，$d_1 = 207\mathrm{mm}$，$l_2 = 900\mathrm{m}$，$d_2 = 309\mathrm{mm}$，$l_3 = 1000\mathrm{m}$，$d_3 = 259\mathrm{mm}$，$\Delta_1 = \Delta_2 = \Delta_3 = 0.2\mathrm{mm}$，$\rho = 860\mathrm{kg/m^3}$，$\nu = 2.8 \times 10^{-6}\mathrm{m^2/s}$，$p_B = 1.962 \times 10^5\mathrm{Pa}$，$z_B = 80\mathrm{m}$，$z_C = 75\mathrm{m}$，$Q = 0.15\mathrm{m^3/s}$。试确定通过各管道的流量及 C 点的压强（按长管计算）。

解 ①求各管道的流量

设通过管1的流量 $Q_1' = 0.04\mathrm{m^3/s}$

则 $Re_1' = \dfrac{4Q_1'}{\pi d \nu} = \dfrac{4 \times 0.04}{3.14 \times 0.207 \times 2.8 \times 10^{-6}} = 87914.8$

$$\lambda_1' = 0.11 \left(\frac{\Delta_1}{d_1} + \frac{68}{Re_1'} \right)^{0.25} = 0.11 \left(\frac{0.2}{207} + \frac{68}{87914.8} \right)^{0.25} = 0.0225$$

故：$h_{w1} = 0.08266\lambda \dfrac{l_1}{d_1^5} Q_1'^2 = 0.08266 \times 0.0225 \times \dfrac{1000}{0.207^5} \times 0.04^2 = 7.830$

由(式6.16)得：

$$h_{w1}' = h_{w2}' = h_{w3}' = 7.83(\mathrm{m})$$

对于管2、管3，使用迭代法可得：

$$Q_2' = 0.1227(\mathrm{m^3/s})$$

$$Q_3' = 0.0728(\text{m}^3/\text{s})$$

在假定条件下的总流量为：

$$Q' = Q_1' + Q_2' + Q_3' = 0.04 + 0.1227 + 0.0728 = 0.2355(\text{m}^3/\text{s})$$

由式(6.17)可得：

$$\begin{cases} Q_1 = \dfrac{Q_1'}{Q_1' + Q_2' + Q_3'}Q = \dfrac{0.04}{0.2335} \times 0.15 = 0.0257(\text{m}^3/\text{s}) \\[3mm] Q_2 = \dfrac{0.1227}{0.2335} \times 0.15 = 0.0788 \\[3mm] Q_3 = \dfrac{0.0728}{0.2335} \times 0.15 = 0.0468 \end{cases}$$

校核水头损失 h_{w1}、h_{w2} 及 h_{w3} 是否相等，即：

管1：$Re_1 = 56107$，$\lambda_1 = 0.0237$，$h_{w1} = 3.35(\text{m})$

管2：$Re_2 = 15080$，$\lambda_2 = 0.0207$，$h_{w2} = 3.34(\text{m})$

管3：$Re_3 = 81465$，$\lambda_3 = 0.0220$，$h_{w3} = 3.36(\text{m})$

从计算得出的结果来看，三个管的水头损失最大误差只有0.02m，所以上述计算得出的各管流量应该非常精确了。

并联管段BC之间的水头损失为：

$$h_{wBC} = \frac{1}{3}(h_{w1} + h_{w2} + h_{w3}) = 3.35(\text{m})$$

②求C点的压强

$$z_B + \frac{p_B}{\rho g} = z_C + \frac{p_C}{\rho g} + h_{wBC}$$

$$\begin{aligned} p_C &= \rho g\left(\frac{p_B}{\rho g} + z_B - z_C - h_{wBC}\right) \\[2mm] &= 860 \times 9.81 \times \left(\frac{1.962 \times 10^5}{860 \times 9.81} + 80 - 75 - 3.35\right) \\[2mm] &= 2.1 \times 10^5(\text{Pa}) \end{aligned}$$

第四节　管道特性曲线

从前面几节中可以看到，用方程解析法进行复杂管道计算比较困难，通常要涉及试算、验算等繁杂步骤。本节介绍的图解分析法，对解决复杂管道计算问题是比较方便的，且精确度也比较高。它的基本原理是将方程解析法转化为几何求解。

一、管道特性曲线

对于某一安装好的管道，其长度、直径及其配件的种类和数量都是固定的。当欲输送某种液体时，其密度 ρ、黏度 ν 也是已知的。此时，若要在管道中通过一定流量 Q，就需要在上游断面提供一定的能量 H（总能头）。若将通过该管道的不同流量 Q 和所需提供的相应总能头 H 之间的关系，在平面直角坐标中用曲线表示，这条曲线即为该管道的特性曲线。根据这个定义，管道特性曲线的基本方程为：

$$H = z_1 + \frac{p_1}{\rho g} + \frac{\alpha_1 v_1^2}{2g} = z_2 + \frac{p_2}{\rho g} + \frac{\alpha_2 v_2^2}{2g} + h_w \tag{6.18}$$

通常情况下，速度头 $\frac{\alpha v^2}{2g}$ 在总能头中所占比例很小，可以忽略不计，所以式（6.18）方程简化为绘制管道特性曲线的基本方程：

$$H = z_2 + \frac{p_2}{\rho g} + h_w \tag{6.19}$$

式中，$z_2 + \frac{p_2}{\rho g}$ 为下游出口过流断面的测压管头。

二、管道特性曲线的绘制及用途

(一)简单管道特性曲线

1. 自流管道

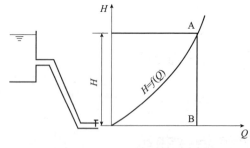

图 6.13　自流简单管道特性曲线

图 6.13 所示为一条自流管道，其出口直接流入大气，若以出口为基准面，即坐标原点取位于管道出口，此时有：

$$z_2 = 0,\ p_2 = p_a = 0$$

则式（6.19）化简为：

$$H = h_w = 0.08266\lambda \frac{l}{d^5} Q^2$$

在确定的管道中，λ、l、d 均为定值，则；

$$H = f(Q) = SQ^2 \tag{6.20}$$

式中，$S = 0.08266\lambda \dfrac{l}{d^5}$ 为水阻，表示单位流量时，管道流动所需的能头。相应地，单位管长上的水阻称为比阻，用 S_0 表示：$S_0 = \dfrac{0.08266\lambda}{d^5}$。

根据式(6.20)，可以得出流量与能头的一一对应关系。以横坐标表示流量 Q，纵坐标表示 H，将算得的 Q、H 值在坐标系中取点并连线形成光滑曲线，即管道特性曲线。

理论上，由层流转变为紊流时应有转折点，但在实际绘制时通常不予考虑，而是绘成光滑曲线。绘制时，由于输送流量不会很小，可以从很大的流量开始，选取 3~5 个流量点即可，但不得少于 3 个点。若已知上游能头 H，欲求流量，可以通过纵坐标轴上的 H 值作水平线与曲线交于点 A，再过 A 点作垂线与横坐标轴交于点 B，B 点的横坐标读数即所求的流量 Q。反之，已知流量 Q 可求 H。

2. 泵输管道

图 6.14 所示为某一泵输管道。利用泵将容器 A 中的液体输送到容器 B 中，两容器液面高度差为 h_0。此时，管道流动所需的能头均来自泵的扬程 H_m，按照管道特性曲线定义：

$$H_m = z_2 - z_1 + \frac{p_2}{\rho g} - \frac{p_1}{\rho g} + \frac{\alpha_2 v_2^2}{2g} - \frac{\alpha_1 v_1^2}{2g} + h_w \qquad (6.21)$$

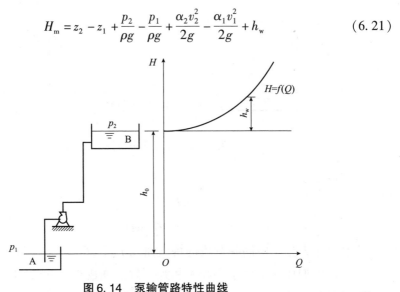

图 6.14　泵输管路特性曲线

通常，管道出入口过流断面与大气连通，压强等于大气压强，即 $p_1 = p_2 = p_a = 0$；速度头 $\dfrac{\alpha v^2}{2g}$ 在总能头中所占比例很小，可以忽略不计，$\dfrac{\alpha_2 v_2^2}{2g} - \dfrac{\alpha_1 v_1^2}{2g} = 0$。

出入口的液面高度差为 h_0，即 $z_2 - z_1 = h_0$。根据这些条件，式（6.21）可化简为：

$$H_m = h_0 + h_w = h_0 + SQ^2 \qquad (6.22)$$

式中，h_0 表示出口液面高度减去入口液面高度的差，可正可负。若下游容器 B 的液面低于上游容器 A 时，则 h_0 为负值，绘图时应将其按负值绘入坐标图。

（二）串联管道特性曲线

根据串联管道计算特点及管道特性曲线定义，串联管道系统的特性曲线方程为：

$$\begin{cases} H = h_{w1} + h_{w2} + \cdots + h_{wn} \\ Q = Q_1 = Q_2 = \cdots = Q_n \end{cases} \qquad (6.23)$$

由该式可以看出，串联管道特性曲线的绘制方法是在相同的流量下将各管段的水头损失相加、取点，然后将各点连成光滑曲线，即该管道系统的特性曲线。图 6.15 为由两段不同直径和长度串联而成的管道系统。

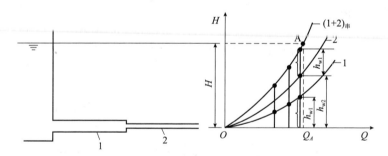

图 6.15　串联管道特性曲线

其特性方程为：

$$\begin{cases} H = h_{w1} + h_{w2} \\ Q = Q_1 = Q_2 \end{cases}$$

绘制时，先分别绘制各管段的特性曲线 1 及 2（见图 6.15），然后在相同的流量下，将它们所对应的水头损失相加、取点连成光滑曲线 $(1+2)_{串}$，即该管道系统的特性曲线。若欲求其流量，根据已知的作用能头 H，过 H 作水平线与曲线 $(1+2)_{串}$ 交于点 A，则 A 点的横坐标 Q_A 为所求的流量。反之，已知流量可求 H。

(三)并联管道特性曲线

并联管道计算的特点是各并联管水头损失相等而流量相加,所以其特性曲线方程为:

$$\begin{cases} H = h_{w1} = h_{w2} = \cdots = h_{wn} \\ Q = Q_1 + Q_2 + \cdots + Q_n \end{cases} \tag{6.24}$$

式(6.24)表明,并联管道的特性曲线的绘制方法是将相同水头损失 h_w 下它们所对应的流量相加、取点连成光滑曲线,即该并联管道系统的特性曲线。

图 6.16 所示为两条并联管道系统的特性曲线。曲线 1 及 2 分别表示第一、第二管段的特性曲线,曲线 $(1+2)_并$ 表示该两条管段特性曲线并联后得到的该管道系统的特性曲线。

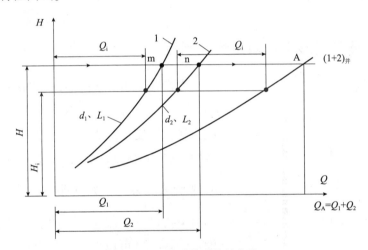

图 6.16　并联管道特性曲线

若已知该管道的作用能头 H,在纵坐标轴过 H 点作水平线与曲线 1 交于点 m,与曲线 2 交于点 n,与曲线 $(1+2)_并$ 交于点 A,则对应点 m 的 Q_1 表示通过管道 1 的流量,对应点 n 的 Q_2 表示通过管道 2 的流量, Q_A 表示总流量。

由此可见,用图解分析法进行并联管道计算是比较方便的。

第五节　孔口与管嘴出流

工程技术中经常遇到流体经过孔口和各种管嘴的出流问题,例如,离心泵叶轮的平衡孔、各种喷射器等属于孔口出流;而水枪、消防龙头、水力冲土机、水力冲刷机和冲击式水轮机等设备则广泛应用管嘴，可见其应用十分广泛。

有时，孔口只用来排泄一定的流量，在这种情况下，射流的性质与孔口的形状无关，无论孔口具有怎样的形状(圆、矩形、三角形等)，孔口的尺寸都应设计得足以放出所需的流量。而在其他一些场合，液体射流的性质和形状成为决定射流质量的重要因素。例如，消防水枪的射流或冲土水枪的射流，不仅应当具有足够的流量，而且在其大部分射程内应保持有力而紧密的性质，这种要求并不是任何管嘴都能满足的。但是，如内燃机里的喷油、洒水器、工厂和汽车修理厂等，则不需要有力而紧密的射流。由此可见，各种孔口、管嘴及其形状所应满足的要求是不同的，因此，工程中所应用的孔口、管嘴具有多种多样的形状。

一、薄壁圆形小孔口的恒定出流

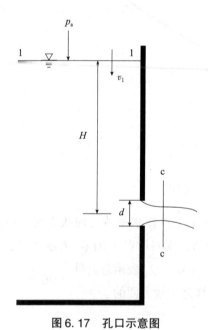

图 6.17　孔口示意图

在器壁上开一个具有锐缘的圆形小孔，当液体流经该孔口时，液体与孔口壁面仅为线接触，所发生阻力只有局部阻力而无沿程阻力，这样的孔口称为薄壁圆形孔口，如图 6.17 所示。另外，如果孔口的直径 $d < \dfrac{H}{10}$，称为小孔口，可认为孔口的上缘和下缘的深度差(压强差)可以忽略，整个孔口断面的流速是均匀分布。液体流经孔口时，根据流线不能突然转折的特点，在孔口外约 $\dfrac{d}{2}$ 处会形成一个最小的收缩断面 $c - c$，该处的流线几乎为平行直线，属于渐变流。设孔口断面积为 A，收缩断面积为 A_c，则：

$$\varepsilon = \frac{A_c}{A}$$

式中，ε 为收缩系数。

（一）自由出流

液体经孔口流入大气为自由出流，通过孔口形心取基准面，取 1 – 1 和 c – c 断面列能量方程，即：

$$z_1 + \frac{p_1}{\rho g} + \frac{\alpha_1 v_1^2}{2g} = z_c + \frac{p_c}{\rho g} + \frac{\alpha_c v_c^2}{2g} + h_w$$

已知条件 $z_1 = H$，$z_c = 0$，$p_c = p_a$，$h_f = 0$，代入化简可得：

$$H + \frac{p_1}{\rho g} + \frac{\alpha_1 v_1^2}{2g} = \frac{p_a}{\rho g} + \frac{\alpha_c v_c^2}{2g} + \zeta \frac{v_c^2}{2g}$$

$$H + \frac{p_1 - p_a}{\rho g} + \frac{\alpha_1 v_1^2}{2g} = (\alpha_c + \zeta) \frac{v_c^2}{2g}$$

令 $H + \dfrac{p_1 - p_a}{\rho g} + \dfrac{\alpha_1 v_1^2}{2g} = H_0$，称为孔口的作用能头。

代入整理得：

$$v_c = \frac{1}{\sqrt{\alpha_c + \zeta}} \sqrt{2gH_0} = \varphi \sqrt{2gH_0} \qquad (6.25)$$

式中 $\varphi = \dfrac{1}{\sqrt{\alpha_c + \zeta}}$——流速系数；

ζ——孔口局部阻力系数。

孔口的流量可表示为：

$$Q = v_c A_c = \varphi \varepsilon A \sqrt{2gH_0} = \mu \sqrt{2gH_0} \qquad (6.26)$$

式中，μ 为流量系数，$\mu = \varepsilon \varphi$。

如果是大容器液面，且液面与大气相同，则 $p_1 = p_a$，$\dfrac{\alpha_1 v_1^2}{2g} = 0$，此时：

$$Q = \mu \sqrt{2gH} \qquad (6.27)$$

式(6.26)及式(6.27)为孔口出流的基本计算公式。

实验研究表明：对于薄壁小孔口，恒定出流的收缩系数 $\varepsilon = 0.63 \sim 0.64$，流速系数 $\varphi = 0.97 \sim 0.98$，流量系数 $\mu = 0.60 \sim 0.62$。

这里需要注意：对于容器小孔口泄流，随着泄漏的增加，容器液面也在不断地下降，孔口的淹没深度 H 也在不断地减少，但孔口直径 d 不变，因此一旦 $d \geqslant \dfrac{H}{10}$ 时，该孔口就不再是小孔口，也就不能用小孔口的收缩系数、流速系数和流量系数进行计算了。

（二）淹没出流

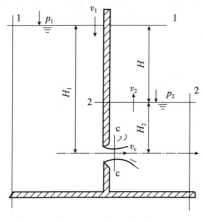

图 6.18　淹没出流

液体经孔口流入另一部分液体的液面上，称为淹没出流，如图 6.18 所示。此时，液体的流动情况与自由出流类似，所不同的是经过收缩断面后逐渐扩大。

取通过孔口形心的基准面，建立 1 - 1 和 2 - 2 断面的伯努利方程：

$$z_1 + \frac{p_1}{\rho g} + \frac{\alpha_1 v_1^2}{2g} = z_2 + \frac{p_2}{\rho g} + \frac{\alpha_2 v_2^2}{2g} + h_w$$

淹没出流中的水头损失可以看作由一个孔口收缩 ζ_c 和一个突然扩大 $\zeta_扩$ 的局部突变产生的，忽略其沿程水头损失，伯努利方程可以简化为：

$$H_1 + \frac{p_1}{\rho g} + \frac{\alpha_1 v_1^2}{2g} = H_2 + \frac{p_2}{\rho g} + \frac{\alpha_2 v_2^2}{2g} + \zeta_c \frac{v_c^2}{2g} + \zeta_扩 \frac{v_c^2}{2g}$$

$$H + \frac{p_1}{\rho g} - \frac{p_2}{\rho g} + \frac{\alpha_1 v_1^2}{2g} - \frac{\alpha_2 v_2^2}{2g} = (\zeta_c + \zeta_扩)\frac{v_c^2}{2g}$$

令 $H_0 = H + \dfrac{p_1}{\rho g} - \dfrac{p_2}{\rho g} + \dfrac{\alpha_1 v_1^2}{2g} - \dfrac{\alpha_2 v_2^2}{2g}$

方程可简化为：

$$v_c = \frac{1}{\sqrt{\zeta_c + \zeta_扩}}\sqrt{2gH_0} = \varphi\sqrt{2gH_0}$$

$$Q = v_c A_c = \varphi\varepsilon A\sqrt{2gH_0} = \mu\sqrt{2gH_0}$$

如果是大容器液面，且液面与大气相同，则：

$$p_1 = p_2 = p_a, \quad \frac{\alpha_1 v_1^2}{2g} = \frac{\alpha_2 v_2^2}{2g} = 0$$

$$\begin{cases} v_c = \varphi\sqrt{2gH} \\ Q = \mu\sqrt{2gH} \end{cases} \tag{6.28}$$

式中，H 为两容器中液面的高度差。

比较自由出流和淹没出流的公式可知：这两种情况下小孔出流的流量和流速计算式的形式完全一样，流速系数、流量系数也完全相同，但式中 H_0 或 H 的计算方法不一样。在淹没出流情况下，H 为两容器液面的高度差。同时，因为淹没出流孔口断面各点的水头均相同，所以淹没出流无"大""小"孔口之分。

(三)收缩系数、流速系数及流量系数

实际上，孔口在壁面的位置对其收缩有很大的影响，如图 6.19 所示。如果孔口离容器左右及底部壁面的距离 $l>3d$（d 为孔口直径），左右及底部壁面对收缩不发生影响，这种收缩称为充分收缩，如图 6.19 中孔口①，射流具有最小的收缩断面。而在孔口②的情况下，器壁对收缩发生了影响，这种收缩称为不充分收缩，其收缩断面比充分收缩时的大一些。在图 6.19 中孔口③，有的部分不收缩，这种收缩称为部分收缩。不完善收缩和部分收缩孔口的流量系数要大于充分收缩孔口的流量系数，一般由实验室测定或经验公式估算。

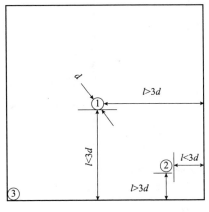

图 6.19　孔口位置对收缩的影响

二、管嘴的恒定出流

如果在容器壁上接一长为 $(3\sim4)d$ 的短管，就称为管嘴。按照管嘴与容器的连接方式及管嘴的形状，管嘴可分为圆柱形外管嘴[如图 6.20(a)]、圆柱形内管嘴[如图 6.20(b)]、圆锥形收缩管嘴[如图 6.20(c)]、圆锥形扩张管嘴[如图 6.20(d)]、流线型外管嘴[如图 6.20(e)]等，如图 6.20 所示，圆柱形外管嘴是最常见的一种管嘴形式。本章主要讲解圆柱形外管嘴的计算。

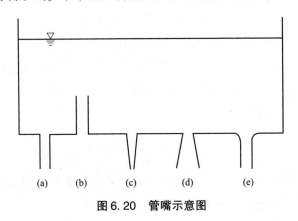

图 6.20　管嘴示意图

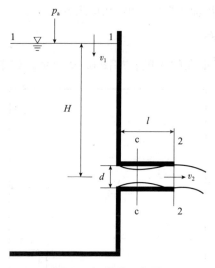

图 6.21　管嘴示意图

图 6.21 所示为圆柱形外管嘴，其进口为锐缘。当液体进入管嘴后，在进口附近形成如同孔口一样的收缩现象，随后逐渐扩大，最终充满管嘴流出。因此，在管嘴出口处，收缩系数 $\varepsilon = 1$。由图中的流动结构可知，液体流经管嘴时，除了和孔口一样有孔口的局部损失，还有突然扩大性质的局部损失和沿程损失，其中收缩与突扩的总效果等同于直角入口的局部损失。

在图 6.21 中，对 1 - 1 及 2 - 2 断面列伯努利方程：

$$z_1 + \frac{p_1}{\rho g} + \frac{\alpha_1 v_1^2}{2g} = z_2 + \frac{p_2}{\rho g} + \frac{\alpha_2 v_2^2}{2g} + h_{w1-2}$$

代入已知条件：$z_1 = H$，$z_2 = 0$，$p_1 = p_2 = p_a = 0$，$v_1 = 0$，化简可得：

$$H = \frac{\alpha_2 v_2^2}{2g} + h_w = \frac{\alpha_2 v_2^2}{2g} + \zeta_\lambda \frac{v_2^2}{2g} + \lambda \frac{l}{d} \frac{v_2^2}{2g}$$

$$v_2 = \frac{1}{\sqrt{\alpha_2 + \zeta_\lambda + \lambda \dfrac{l}{d}}} \sqrt{2gH} = \varphi \sqrt{2gH} \qquad (6.29)$$

式中：

$$\varphi = \frac{1}{\sqrt{\alpha_2 + \zeta_\lambda + \lambda \dfrac{l}{d}}} \qquad (6.30)$$

管嘴的流量：

$$Q = \varphi A \sqrt{2gH} = \mu A \sqrt{2gH} \qquad (6.31)$$

可见，对于管嘴，流速系数 φ 与流量系数 μ 相等。

在式(6.30)中，取 $\alpha_2 = 1$；由于管嘴的管长很短，可忽略沿程水头损失；对于圆柱形外管嘴，突然缩小的局部阻力系数 $\zeta_\lambda = 0.5$ [见式(5.34)]；由此可计算出管嘴的流速系数和流量系数：

$$\varphi = \mu = \frac{1}{\sqrt{1 + 0.5}} = 0.82$$

可见，外管嘴的流量系数要比孔口的大得多。在相同作用水头下，同样断面积的管嘴的泄流能力是孔口泄流能力的 1.32 倍。

圆柱形外管嘴相当于在孔口外面接一短管，总的流动阻力虽然增加了，但流量反而增加,原因在于收缩断面处真空的作用。

在图 6.21 中列 $c-c$ 及 $2-2$ 断面的伯努利方程:

$$z_{\mathrm{c}} + \frac{p_{\mathrm{c}}}{\rho g} + \frac{\alpha_{\mathrm{c}} v_{\mathrm{c}}^2}{2g} = z_2 + \frac{p_2}{\rho g} + \frac{\alpha_2 v_2^2}{2g} + h_{\mathrm{wc}-2}$$

代入已知条件: $z_1 = z_2 = 0$, $p_2 = p_{\mathrm{a}}$, $\alpha_{\mathrm{c}} = \alpha_2 = 1$, 化简可得:

$$\frac{p_{\mathrm{c}}}{\rho g} + \frac{v_{\mathrm{c}}^2}{2g} = \frac{p_{\mathrm{a}}}{\rho g} + \frac{v_2^2}{2g} + \zeta \frac{v_2^2}{2g}$$

$$\frac{p_{\mathrm{a}} - p_{\mathrm{c}}}{\rho g} = h_{\mathrm{v}} = \frac{v_{\mathrm{c}}^2}{2g} - \frac{v_2^2}{2g} - \zeta \frac{v_2^2}{2g} \tag{6.32}$$

式中, ζ 为收缩断面到管径的突扩管的局部阻力系数,由式(5.32)计算:

$$\zeta = \left(\frac{A}{\varepsilon A} - 1 \right)^2 = \left(\frac{1}{\varepsilon} - 1 \right)^2$$

根据连续性方程可得:

$$v_{\mathrm{c}} = \frac{A v_2}{A_{\mathrm{c}}} = \frac{v_2}{\varepsilon}$$

代入式(6.32)可得:

$$h_{\mathrm{v}} = \frac{v_{\mathrm{c}}^2}{2g} - \frac{v_2^2}{2g} - \zeta \frac{v_2^2}{2g} = \left(\frac{1}{\varepsilon^2} - 1 - \left(\frac{1}{\varepsilon} - 1 \right)^2 \right) \varphi^2 H \tag{6.33}$$

式中, h_{v} 为收缩断面的真空度。

代入小孔口收缩系数 $\varepsilon = 0.64$ 和管嘴流速系数 $\varphi = 0.82$, 可得:

$$h_{\mathrm{v}} \approx 0.75 H \tag{6.34}$$

可见,在收缩断面上的真空度不仅存在,且数值也不小。它起着将容器中的液体向外抽吸的作用,相当于加大了能头 H,因而流量增加了。

从上述看来,为了增大流量,似乎应使真空度越大越好,其实并非如此。如果真空度过大,即在 $c-c$ 断面处的绝对压强过低,当它等于或小于液体在出流温度下的饱和蒸汽压强(汽化压强) $p_{\text{蒸}}$ 的时候,液体将发生汽化,不断发生气泡,与未汽化的液体一起流出,与此同时,管嘴外部空气在大气压强作用下也将沿着管嘴内壁冲进管嘴内,使管嘴内的液流脱离了内壁面,不再满管流出,此时的出流就与孔口出流完全一样,如图 6.22 所示。

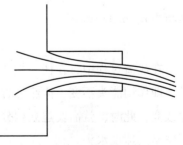

图 6.22 离壁出流现象

因此,保证管嘴正常出流的条件除了管

嘴应有适当的长度 $l = (3 \sim 4)d$，还应保证收缩断面 $c - c$ 处的绝对压强不得小于液体的汽化压强 $p_{蒸}$，即：

$$h_{v} = \frac{p_{a} - p_{蒸}}{\rho g} \tag{6.35}$$

所以，管嘴出流的作用能头 H 不能无限制地增大。由式(6.35)及式(6.34)，极限能头 $H_{极}$：

$$H_{极} = \frac{p_{a} - p_{蒸}}{0.75 \rho g}$$

经验表明，不应使管嘴在大于 $0.7H_{极}$ 的能头下工作。因此，得出保证管嘴出流正常工作条件是：

$$\begin{cases} [H] \leqslant 0.7H_{极} \\ l = (3 \sim 4)d \end{cases} \tag{6.36}$$

管嘴进口缘的形状对出流流量有很大的影响。将进口缘做成流线型，可以使流量系数提高到 0.95。

三、变水头泄流

油库利用自流进行收发油作业的情况是比较多的，当高架储罐无液体补充时，液面则在泄流过程中逐渐下降，即作用水头随时间降低，泄流流量也将随时间的延长而变小，形成非恒定流动。如果从高架储罐向低罐自流灌油，则高架储罐液面下降，低罐液面升高，罐间液面差随时间的延长而变小，也相当于作用水头变小，流量随之减少。这时，需要关注的就是泄流及排空作业时间问题。

下面就分析这种变水头不稳定流的泄流原理以及泄流时间的计算方法。

1. 立式圆柱形容器中液体排空时间的确定

图 6.23 所示为一断面不变的柱形容器(如立式油罐)，当水头不变时，其流量将由式(6.37)确定：

$$Q = \mu A \sqrt{2g(H + z)} \tag{6.37}$$

在泄流过程中，在任一微小的时间段 dt 内，液面下降的距离都可以忽略不计，即作用能头不变，泄流可看作恒定泄流。但长时间泄流后，作用能头必然发生改变，此时，就需要建立积分式描述泄流过程。由于储罐液面面积一般很大，可忽略其速度水头。

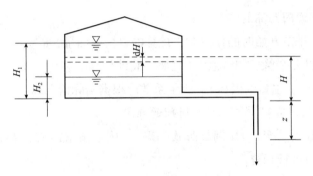

图 6.23　自流不稳定泄流

设在微小时段 dt 内，液面下降了 dH 的高度。令容器横断面面积为 Ω，则由于液面变化引起的体积变化应等于同时段内排出的液体体积，即：

$$-\Omega dH = Q dt \tag{6.38}$$

式中负号是由于随时间 t 增加。液面高度在不断地下降，H 逐渐变小，即 H 与时间成相反变化的缘故。将式(6.37)代入式(6.38)可得：

$$dt = \frac{-\Omega dH}{\mu A \sqrt{2g(H+z)}}$$

取积分限由 0 到 T 及由 H_1 到 H_2，积分可得：

$$\int_0^T dt = \int_{H_1}^{H_2} \frac{-\Omega d(H+z)}{\mu A \sqrt{2g(H+z)}} = \frac{-\Omega}{\mu A \sqrt{2g}} (2\sqrt{H+z}) \mid_{H_1}^{H_2} \tag{6.39}$$

即：

$$T = \frac{2\Omega}{\mu A \sqrt{2g}} (\sqrt{H_1+z} - \sqrt{H_2+z}) = \frac{2D^2}{\mu d^2 \sqrt{2g}} (\sqrt{H_1+z} - \sqrt{H_2+z})$$

式中　A——泄油管出口面积，m^2；

　　　D——油罐直径，m；

　　　d——输油管直径，m；

　　　H——油罐内油料液面高度，m。

当 $H_2 = 0$ 时，即油罐完全排空所需的时间：

$$T = \frac{2D^2}{\mu d^2 \sqrt{2g}} (\sqrt{H+z} - \sqrt{z}) \tag{6.40}$$

当 $z = 0$ 时，有：

$$T = \frac{2V}{Q_0} \tag{6.41}$$

式中　T——储罐自流泄油排空所需要的时间，s；

V——油罐内储油的体积，m^3；

Q_0——以排空开始时的作用能头计算的自流输油量，m^3。

如果有并排 n 个管子同时泄油(例如，装油桶和灌装汽车槽车时)，则 $A_{总}=nA$(a 为每个排油管出口的面积)。流量系数应根据实际情况确定。

2. 卧式圆柱形容器中液体排空时间的确定

如果容器断面是变化的(例如卧式油罐)，则必须求出 Ω 随罐内油高 h 的变化关系，然后再进行积分。

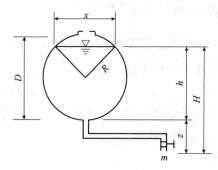

图6.24　变断面排空

如图 6.24 所示，油料储罐为横卧圆罐。设油罐直径为 D，长为 L，罐内油高为 h，罐底距泄油口高度为 z，油料液面宽度为 x，则：

$$\Omega = Lx$$

由图中三角关系可知：

$$x = 2\sqrt{R^2 - (h-R)^2} = 2\sqrt{h(D-h)}$$

初始泄流时的作用能头：

$$H = h + z$$

代入式(6.40)可得：

$$T = \int_h^0 \frac{-2L}{\mu A \sqrt{2g}}\left(\frac{h(D-h)}{z+h}\right)^{\frac{1}{2}}\mathrm{d}h = \frac{-2L}{\mu A\sqrt{2g}}\int_h^0 \left(\frac{h(D-h)}{z+h}\right)^{\frac{1}{2}}\mathrm{d}h \tag{6.42}$$

采用数值积分(如高斯积分)可求得结果。当 $h=D$ 时，即满罐排空所需要的时间为：

$$T = \frac{4}{3}\frac{LD\sqrt{D}}{\mu A\sqrt{2g}}\varphi \tag{6.43}$$

式中，$\varphi = f\left(\dfrac{z}{D}\right)$ 为随高度变化的一个函数，可由图6.25查得。

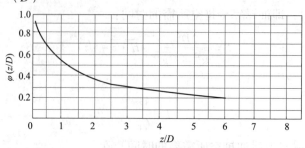

图6.25　函数 φ 的变化

由图 6.25 可以看出，在高度差 z 不大的情况下，与高度差 z = 0 相比较，自流泄油时间减短得较快；而随着高度差越大，泄油时间减短得越慢。这是因为高度差越大，排空管道长度越长，管道流动损失越大的缘故。

第六节　管道水击

一、水击现象

水击是指压力瞬变过程，是压力管道中不稳定流动所引起的一种特殊重要现象。当由于某种原因引起管道中流速突然变化时（例如，开关阀门过快、突然断电停泵等），都会引起管内压强突然变化，这种压力波动在管道中交替升降来回传播的现象称为水击。当急剧升降的压力波通过管道时，产生一种声音，犹如用锤子敲击管道时发出的噪声，因而水击又称水锤。水击压强的升降可以达到很高的数值，有时甚至引起管线的爆裂。在具有高压头的油库泵房和长距离输油管线的泵站设计中，必须进行水击压强计算，以决定压力管道中的最大压强与最低压强。因此，在工程实际中研究水击问题具有重要的实际意义。

(一)产生原因

(1)由于速度惯性引起动量变化，并进而产生一个冲量；

(2)由于液体和管壁弹性的影响会引起管子的变形。

(二)危害

管道一旦发生水击，其产生的压强为正常的几十甚至几百倍，且交替的频率很高，从而造成管道压力过高、过低、振动，可能对管道的安全稳定运行造成危害。常见的危害包括：

(1)管道系统的强烈振动，噪声；

(2)引起基础和设备破坏；

(3)阀门破坏、管件接头断开、管道变形爆裂；

(4)负水击时产生气穴、气阻、气蚀。

二、阀门突然关闭(瞬时关闭)时的水击压强

发生水击现象的物理原因主要是由于液体具有惯性和压缩性。从阀门突然关

闭情况入手，分析一下水击压强的增值。如图 6.26 所示，当液体以流速 v_0 在管中流动，其压强为 p_0，如突然完全关闭管道下游阀门，则阀门所在断面的流速突然降到零。按照动量定理，这一动量变化势必引起该处压强由 p_0 变为 $p_0 + \Delta p$，这一压强增值 Δp 可由动量定理确定。

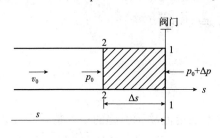

图 6.26　阀门突然关闭

设管段为直管段，其过流断面面积为 A，液体的密度为 p_0。当阀门突然关闭时，若将液体当作不可压缩的刚体，则全管道中的液流就会立刻同时停止。但实际上液体是可压缩的弹性体，因此，当阀门突然关闭后，首先停下来受到增压 Δp 的作用而被压缩的液体是紧接阀门处的一微小段 Δs，随后才是它上游一段又一段的液体依次停止下来，逐个受到增压作用而被压缩。这样，就形成一种弹性波（此时是压缩波）以一定速度向上游传播。设在 Δt 时段内阀门处 Δs 段液体发生了动量的改变，则在不计阻力和不考虑管壁弹性影响等的情况下，对该段液体可以用动量方程求出此时的水击压强。

对于紧靠阀门处距波峰面长为 Δs 的受压液体薄层：

当 $t = 0$ 时，$1 - 1$ 断面，速度为 $v \rightarrow 0$，压强为 $p_0 + \Delta p$；

当 $t = \Delta t$ 时，$2 - 2$ 断面，速度为 $v = v_0$，压强为 p_0。

列 $1 - 1$，$2 - 2$ 段面的动量方程，即：

$$p_0 A - (p_0 + \Delta p) A = \frac{\rho A \Delta s (0 - v_0)}{\Delta t} \tag{6.44}$$

式中，$\Delta s / \Delta t$ 为压力波（弹性波）的传播速度，以 c_0 表示，可定义为

$$c_0 = \lim_{\Delta t \to 0} \frac{\Delta s}{\Delta t} \tag{6.45}$$

由此可见，如果认为液体是不可压缩的刚体，则无论管长 s 多么长，整个管中的液流将在瞬间停下来，从而导致波速 c_0 趋于无穷大的错误结论。因此，在水击问题中，必须考虑液体的压缩性。而不考虑管壁弹性、只考虑液体的可压缩性的水击波波速，就是将液体视为弹性介质的弹性波传播速度，也就是声波在液体中的传播速度。由物理学可知，水中声波速度 $c_0 = 1435 \text{m/s}$。

由式 (6.44) 可得阀门突然关闭时的水击压强增值为：

$$\Delta p = \rho c_0 v_0 \quad \text{或} \quad \Delta h = \frac{c_0 v_0}{g} \tag{6.46}$$

例如，水流在钢管中的流速为 1m/s，则阀门突然关闭时所产生的水击压强增值按式(6.46)计算 Δh 可达 140m 左右，这是一个很大的数值。因此，水击问题对于管道设计是非常重要的。

三、水击波的传播速度

管道中水击波波速的确定除了要考虑液体的压缩性，还要考虑管壁弹性的影响，见图 6.27。

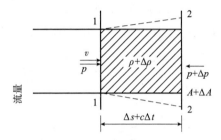

图 6.27　考虑管壁弹性的水击

实验和理论研究表明，管道中水击波的波速可用式(6.47)计算：

$$c = \frac{c_0}{\sqrt{1 + \dfrac{D}{\delta}\dfrac{K}{E}}} = \frac{\sqrt{\dfrac{K}{\rho}}}{\sqrt{1 + \dfrac{D}{\delta}\dfrac{K}{E}}} \tag{6.47}$$

式中　c_0——忽略管壁弹性得到的水击波速(声速)，m/s；

K——液体的弹性模量，Pa[见第二章式(2.14)]；

E——管壁材料的弹性系数，kN/m^2，钢管：$20.6 \times 10^7 kN/m^2$，铸铁管：$9.81 \times 10^6 kN/m^2$；

D——管道内径，m；

δ——管壁厚度，m；

ρ——液体密度，kg/m^3。

可以看出，水击波传播速度 c 与液体的体积弹性系数 K、管壁的弹性系数 E 以及管壁的相对厚度 D/δ 有关。如果只考虑液体的压缩而将管道视为刚体，即 $E \to \infty$，则 $c = \sqrt{K/\rho} = c_0$。可见，不考虑管壁弹性的水击波，就是声波在液体中的传播速度。各种不同材料管道的弹性系数 E 可查有关手册。当液体中混有气体(或气泡)时，由于混合液体中气体的可压缩性远大于液体，因此混合液体的弹性模量会大幅降低，从而使水击波的波速大为减小，可以从 1000m/s 降到 300 ~ 500m/s。

四、水击波的传播过程

水击波与任何波动一样，都有传播、反射和干扰等作用。下面来说明水击波的传播过程。

如图 6.28 所示，在容器中储存一定的液体，在泄流过程中液面高度不变。在管道中，液体以速度 v_0 沿管道流动，已知管长为 l，管道直径为 d，在管道出口处安装一个阀门。阀门突然关闭时就会引起管道水击现象。

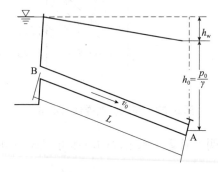

图 6.28 管道水击示意图

由于水击问题，主要是弹性力与惯性力起作用，水击压强水头比液体在管道中流动的水头损失 h_w 要大得多，因此，忽略水头损失并不会影响问题的本质。同时，为了使问题简明，在下面的讨论中将管道水平放置。

(一)阀门突然关闭后水击波传播过程

1. 增压波的产生和传播

如图 6.29(a) 所示，阀门在 $t = 0$ 时突然关闭，由于液体具有压缩性，管壁具有弹性，管道中的流速并不是各处同时变为零，而是在 Δt 时段内紧邻阀门断面 A 上游长度为 Δs 的液体首先停下来，流速由 v_0 变到 0。按动量定理，压强增值为 $\Delta p = \rho c v_0$ 或 $\Delta h = c v_0 / g$。如该段液体原来的水头为 h_0，则现在增加到 $h_0 + \Delta h$，因此液体被压缩、管壁也发生膨胀。在下一个 Δt 时段后，紧邻着它的上游一段液体也随之停下来，并和前一段液体一样，发生增压、液体压缩、管壁膨胀等现象。依此类推，第三层、第四层液体都以同样的方式重复出现这些现象，从而形成一个高压区和低压区分界面(称增压波峰面)，并以水击波速度，从阀门处开始向上游传播。当 $t = L/c$ 时，这一增压波峰面到达上游管道入口 B 处。此时，整个管道内的流速为零，增压为 Δp，密度为 $\rho + \Delta \rho$，管道面积膨胀到 $A + \Delta A$，如图 6.29(b) 所示。在时段 $0 \leqslant t \leqslant L/c$ 内，管中液流为增压减速过程。

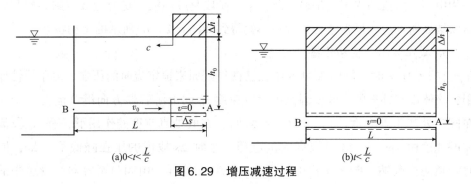

$$\text{(a)}0<t<\frac{L}{c} \qquad \text{(b)}t<\frac{L}{c}$$

图 6.29　增压减速过程

2. 增压波的反射

当 $t = L/c$ 时，增压波前峰到达管道入口断面 B 处，B 断面的左边容器边界压强为 $p = p_a + \rho g h_0$。在液面高度不变的情况下，p 也不变，而 B 断面右压强却为 $p + \Delta p$，于是在这种不均衡压强的作用下，又将使 B 断面处管中液体发生动量变化。当 $t = L/c + \Delta t$ 时，紧接 B 断面一段长为 Δs 的液体，将由静止转变为流动，并以 $-v_0$ 的速度流向容器，而压强由 $p + \Delta p$ 变回为 p，同时管道的膨胀消失，恢复为原状，如图 6.30(a) 所示。这时，产生的水击波是由容器边界反射回来的减压波，由容器 B 向阀门 A 处传播。这一反射波与原来的增加波相叠加，使管内压强恢复成原来的压强。但应注意，此时流速 v_0 的方向却与初始方向相反。当 $t = 2L/c$ 时，管道内液体的压强和体积都已恢复到初始状态，这一过程是减压增速过程，如图 6.30(b) 所示。至此，水击波经过的时间为 $2L/c$，该过程称为第一相，并以 t_r 表示，记为相或相长，即：

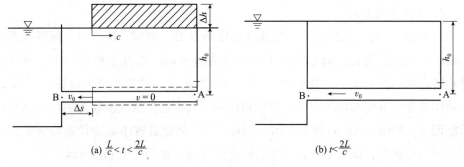

$$\text{(a) } \frac{L}{c}<t<\frac{2L}{c} \qquad \text{(b) } t<\frac{2L}{c}$$

图 6.30　减压减速过程

$$t_{\mathrm{r}} = \frac{2L}{c} \tag{6.48}$$

如将流体初始运动速度方向为正向,即由容器 B 指向阀门 A 为正向,则第一相中第一阶段的水击波是逆向波,第二阶段是顺向波,是逆行波传到容器与管道联结处所产生的反射波,二者叠加就得到如图 6.26(b)所示的运动状态。

3. 减压波的产生和传播

在 $t = 2L/c$ 时,阀门 A 处的压强已恢复到原来恒定流时的压强。由于惯性作用,液体没有补充的来源,因此仍然以速度 v_0 向上游容器方向继续流动,于是在阀门处产生真空度。当 $t = 2L/c + \Delta t$ 时,在阀处真空度的作用下,有 Δs 段流体的速度由 $-v_0$ 变为 0。根据动量定理,这时 Δs 段内的压强降低了 $-\Delta p$,同时管道向内收缩,断面面积由 A 变为 $A - \Delta A$,这样,由阀门至容器,管道中的液体将逐段停下来,形成一逆向减压波向上游传播。因此,在时段 $2L/c \leqslant t \leqslant 3L/c$ 时,全管流速由 $-v_0$ 变为 0,压强由 p_0 降为 $p_0 - \Delta p$,液体处在收缩状态,如图 6.31(a)所示。当 $t = 3L/c$ 时,减压波波峰到达管道入口,如图 6.31(b)所示。

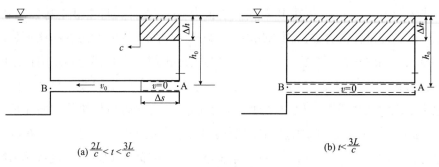

$$(a)\ \frac{2L}{c} < t < \frac{3L}{c} \qquad\qquad (b)\ t < \frac{3L}{c}$$

图 6.31　减压增速过程

4. 减压波的反射

当 $t = 3L/c$ 时,减压水击波峰面恰好传到 B 处。此时,B 断面左侧容器液位不变。压强保持为 p_0,而右侧管中的压强为 $p_0 - \Delta p$。在压差的作用下,液体由静止转向阀门方向流动,并产生一增速增压水击波。紧邻管道入口的第一层 Δs 段液体首先恢复到初始状态下的速度和压强,其余液体依次由容器顺行传播到阀门断面 A,如图 6.32(a)所示。当 $t = 4L/c$ 时,全管道液体运动状态均恢复到阀门关闭前的状态,即水击尚未发生的恒定流状态,如图 6.32(b)所示。

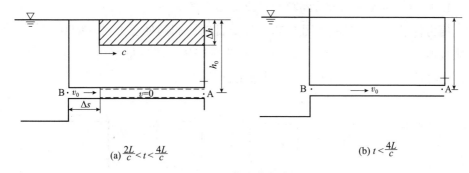

$$\text{(a)}\ \frac{2L}{c}<t<\frac{4L}{c} \qquad\qquad \text{(b)}\ t<\frac{4L}{c}$$

图 6.32　增压增速过程

　　综上所述，水击波传播过程经过 4 个阶段，为两个相等的时间间隔后，完成一个周期。此时，尽管管中流动全部恢复到初始状态，但由于阀门是关闭的，阀门处的这一边界条件将迫使液体重复上述 4 个过程，如此周而复始地传播下去。如果不是由于流动水头损失和管道变形会消耗一部分能量，这种情况会永远持续下去。

　　将水击波传播经历两个相等的时间定义为一个周期，记为：

$$T = 2t_r = \frac{4L}{c} \tag{6.49}$$

　　水击波传播过程 4 个阶段的物理特点见表 6.2。

表 6.2　水击过程的物理特点

过程	时段	速度变化	流速方向	压强变化	水击波传播方向	运动状态	液体状态
1	$0<t<\dfrac{L}{c}$	$v_0\to0$	水库→阀门	增高 Δp	阀门→水库	减速增压	压缩
2	$\dfrac{L}{c}<t<\dfrac{2L}{c}$	$0\to v_0$	阀门→水库	恢复原状	水库→阀门	减速减压	恢复原状
3	$\dfrac{2L}{c}<t<\dfrac{3L}{c}$	$-v_0\to0$	阀门→水库	降低 Δp	阀门→水库	增速减压	膨胀
4	$\dfrac{3L}{c}<t<\dfrac{4L}{c}$	$0\to v_0$	水库→阀门	恢复原状	水库→阀门	增速增压	恢复原状

（二）管壁各断面压强随时间变化情况

　　水击波的传播过程如上所述，其流速、压强等水力要素沿管道是随时变化的。因此，既要了解压强沿管道的变化，也要了解管道中任意一个断面的压强随时间变化的关系，从而找出管道中压力增值最大的断面，作为设计管道的依据。

1. 阀门突然关闭，紧靠阀门处压力变化过程

压力传播的循环过程如图 6.33 所示。此时，阀门处压力在 t 为 $[0, 2L/c]$ 时段表现增压，而在 t 为 $(2L/c, 4L/c)$ 时段表现降压。增压值相当于水击压强，此种压强将以 $T = 4L/c$ 为周期，呈现持续的循环。

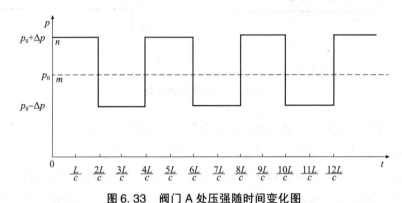

图 6.33　阀门 A 处压强随时间变化图

实际上，在水击波的传播过程中，表现有阻尼作用，振幅将逐渐衰减，最后归于消失，图 6.34 所示为用示波仪自动记录的胶皮管阀门断面处水击实验结果。

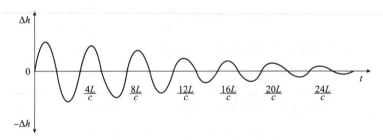

图 6.34　水击波的衰减

2. 阀门突然关闭，距阀门为 s 的断面处压强变化情况

此时与阀门处相比较，增减压都滞后了 s/c 的时间，同时恢复常压则超前 s/c 的时间，因此，增压和降压的距离变窄。如同在阀门处一样，计入阻尼后，同时将逐渐衰减。

实际上，阀门关闭不可能在瞬时完成，总要有一定的时间。此时，可将整个关阀过程看作一系列微小瞬时关闭的综合，这时的水击波不是单个的水击波，而是一系列发生在不同时刻的水击波传播和反射的过程，管道中任意断面在任意时刻的流动情况是一系列水击波在各自不同发展阶段的复杂的叠加结果。

（三）阀门逐渐关闭时的水击

在上面讨论中，认为阀门是瞬时关闭的，实际上阀门关闭总有一个时间过程。如果阀门的关闭时间为 T_s，当 T_s 小于一个相长时，即 $T_s < t_r$，则第一个增压水击波由阀门处向容器方向传播后再以减压顺向波的形式反射折回阀门以前，阀门已完全关闭，这种水击现象，称为直接水击。如果阀门关闭时间较长，即 $T_s > t_r$，顺向减压波反射回到阀门 A 断面时，阀门还没有完全关闭，这样反射回来的减压波遇到阀门继续关闭所产生的增压波，就会抵消一部分水击压强，而使阀门 A 处水击压强达不到直接水击那样大的增值，这种情况下的水击，称为间接水击。

1. 阀门瞬时部分关闭（直接水击）时水击压强的计算

阀门瞬时完全关闭产生直接水击的计算前面已经导出，若阀门瞬时部分关闭，则有：

$$\Delta p = \rho c (v_0 - v) \tag{6.50}$$

式中　v_0——阀门关闭前管道中的流速，m/s；

　　　v——阀门关闭后阀门 A 处的流速，m/s。

2. 阀门逐渐关闭（间接水击）时水击压强的计算

间接水击压强要比直接水击压强小，这种情况对管道是较为有利的。因此，在工程设计中，总是力图合理地选择参数和调节阀门启闭方式，以避免产生直接水击。

直接水击的计算已经导出，关于间接水击的水击压强计算比直接水击要复杂得多。一般可用经验公式或用其他数值方法求得。这里给出一个常用的经验公式，即：

$$\Delta p = \rho c v_0 \frac{t_r}{T_s} = \rho v_0 \frac{2L}{T_s} \tag{6.51}$$

式中　L——管道的长度，m；

　　　T_s——阀门完全关闭所需的时间，s。

由式（6.51）可知，阀门关闭过程时间越长，水击压强就越小。对于阀门突然或逐渐开启的情况，产生水击的性质也是类似的，只不过开始的水击波是增速的降压波，其传播、反射和叠加过程道理和前述相同，这种降压的水击称为负水击。

五、减少水击压强的措施

前面介绍了水击现象，从而了解了影响水击压强的各种因素。其中阀门的启

闭时间 T_s、管道长度 L 及管道中流速 v 等对水击压强有很大影响。由于水击可能造成很大的危害，因此，在实际工程中应尽可能避免发生直接水击，并设法减小水击压强。工程中常用的减小水击压强的方法有以下几种：

1. 减小管内流速

对于输油管道而言，若流速过大，不仅引起的水头损失大，而且引起的静电积聚也大。当发生水击时，还产生很大的水击压强。因此，当水击发生时，若其他条件相同，则流速小时，引起的流量变化小，水击压强也小。为了减小管中流速，在经济条件许可或无其他困难时，可适当采用管径较大的管道。

2. 延长阀门启闭时间

从水击波的传播过程可知，阀门关闭时间越长，阀门处的水击压强受到反射回来的减压波的机会就越多，使水击压强大大减小，因此，工程中常用延长阀门启阀时间的办法来减小水击压强，对于油库也很适用，控制阀门如图 6.35 所示。

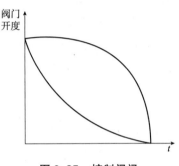

图 6.35　控制阀门

3. 在阀门(泵)前装空气罐

储气箱或空气包的基本作用是防止下游侧管线内出现负压和液柱分离现象。这种设备也称为水击抑制器，它属于气密性结构，在空气包内液体的上方覆盖着被压缩的空气层。当管道发生负压水击时，液体由空气包内排到管线中，同时空气包内空气体积膨胀，使其压力降低。由于空气包按照均匀减压的方式将液体注入管线系统，管线内的液体会缓慢地减速，以减小负水击的发展，避免发生过低的压强，从而避免液柱分离现象。这种设备也可以减缓高压水击的影响，此时返回到空气包的流道很窄，为的是产生大的水头损失，起到很强的阻尼作用，调压井、储气箱如图 6.36 所示。

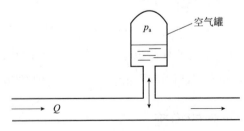

图 6.36　调压井和储气箱

4. 在管道中装减压安全阀

安全阀(双功能泄放阀、空气进气阀)的作用是当管道中的压强超过一定限度时自动卸压,以降低水击压强。

5. 装回流管线

在泵的排出和吸入管中装一回流管(旁通系统),当泵下游发生水击使泵出口处压强增加过大时,自动打开回流阀,高压液体经回流,流入泵吸入管低压管道中,使泵和管道中的压强降低,避免泵和管道的设备遭到破坏。

6. 增加泵的惯性

当由于突然断电引起泵停输而造成的水击,可适当增加泵的惯性来减缓水击的强度。

习题

1. 管道流动中水头损失有哪几类?

2. 在管道流动中,什么是长管,什么是短管?判断标准是什么?

3. 什么是薄壁小孔口,其水力特征是什么?

4. 在薄壁小孔口外加一段管嘴,流量会增加,为什么?

5. 管嘴的正常工作条件是什么?

6. 管道水击的传播过程是怎么样的?

7. 减少水击压强的措施有哪些?

8. 某消防系统用一个水泵向直径为 200mm,长度为 1000m 的消防水管输送水,用来灭火或冷却。当消防水流量为 60L/s 时,试求管道中的水头损失和泵输出的损失功率。设水的运动黏度为 $1 \times 10^{-6} m^2/s$,密度为 $1000 kg/m^3$,消防水管的粗糙度为 0.15mm,忽略管道中的局部水头损失。

9. 如题 9 图所示,采用直径为 350mm 的虹吸管将河水引入堤外的水池中储存,用于田地灌溉。已知河堤内外水位差为 3m,虹吸管的吸水管段长为 15m,压水管段长 20m,管道的沿

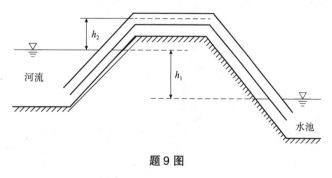

题 9 图

程阻力系数为 0.04，局部阻力系数：进口处 $\zeta_{进}=5.7$，弯管处 $\zeta_{弯}=0.6$，虹吸管顶的安装高度为 4m。若虹吸管顶处允许真空度 $[h_v]=7.5mH_2O$，试确定该虹吸管的输水量，并校核管顶的安装高度。

10. 某水利工程中，采用自流输水，管道采用的是铸铁管（粗糙度为 0.35mm），管道长度为 1000m，两地液面高度差 14m，流量需要 300L/s，求所需的管径。

11. 题 11 图所示为离心泵抽水装置。已知流量抽水量为 20L/s，水池与水箱的液面高度差为 18m，吸水管长度为 8m，排水管长度为 500m，管道内径均为 100mm，管路阻力系数：沿程 $\lambda=0.042$，吸水管入口处 $\zeta_\lambda=5.0$、弯道 $\zeta_{弯}=0.17$，水泵的安装高度为 5.45m，离心泵入口的允许真空度 $[h_v]=7mH_2O$。（不计排出管的局部水头损失）试计算：(1)校核离心泵泵入口处的真空度；(2)水泵的扬程。

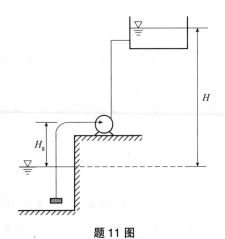

题 11 图

12. 某农业灌溉系统中，由水塔沿 3.5km（其中 $d_1=200mm$ 的长 2km；$d_2=150mm$ 的长 1.5km）的铸铁管向农田送水，如题 12 图所示。若水塔处地面的标高

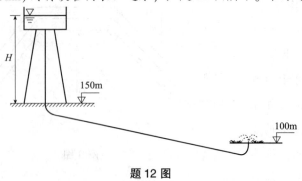

题 12 图

为 150m，地面至水塔液面的高度为 20m，农田标高为 100m，农田所需水头为 15m，求水塔能够向农田供应的水量(流量)。

13. 某炼油厂中，用油泵从储油罐向加工装置输送轻柴油，油泵的吸入管直径 $d_1 = 207mm$，计算长度 $L_1 = 150m$，排出管直径 $d_2 = 150mm$，计算长度 $L_2 = 1500m$，泵的流量是 $150m^3/h$，储油罐液面比吸入罐液面高 45m，液面均通大气，输送轻柴油的黏度为 5cSt，求所需的扬程。

14. 某输油管道由直径为 97.5mm、长 15000m 的镀锌钢管及直径为 96mm、长 2250m 的玻璃钢管串联而成，粗糙度均为 0.05mm。已知上游泵站泵排出口压头为 330m 油柱，下游泵站吸入口压头为 20m 油柱，下游泵站比上游泵站高 35m，输送油温为 10℃ 的车用汽油(运动黏度为 $0.65 \times 10^{-6} m^2/s$)，求输油管内的流量。

15. 自水池中引出一根具有三段不同直径的水管，如题 15 图所示。已知 $d = 50mm$，$D = 100mm$，$l = 200m$，$H = 20m$，局部阻力系数 $\xi_{进} = 0.5$，$\xi_{阀} = 3.0$，沿程阻力系数 $\lambda = 0.03$，求管道中的流量。

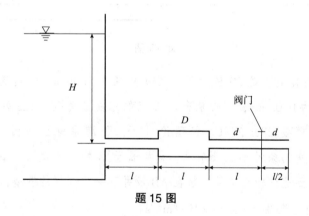

题 15 图

16. 一水平放置的供水管由两段长度均为 100m，管径由 $d_1 = 0.2m$ 和 $d_2 = 0.4m$ 的水管串联组成。输送水的运动黏度为 $1 \times 10^{-6} m^2/s$，两段管的粗糙度均为 0.05mm。小管中平均流速 $v_1 = 2m/s$。如果要求管道末端流入大气，求管段进口端的压强为多少？

17. 现有两根管道长度相等，均为 250m，其内径分别为 10cm 和 20cm，沿程阻力系数均为 0.04。试求当通过的总流量为 $0.08m^3/s$ 时，两管道串联和并联时的水头损失(忽略连接部件的局部损失)。

18. 某工业区的并联输水管道如题 18 图所示。已知管道的总流量 $Q = 0.08\text{m}^3/\text{s}$，钢管直径 $d_1 = 207\text{mm}$，$l_1 = 500\text{m}$，$\lambda_1 = 0.012$；$d_2 = 150\text{mm}$，$l_2 = 800\text{m}$，$\lambda_2 = 0.015$。求 Q_1、Q_2 及 A、B 间的水头损失(按长管计算)。

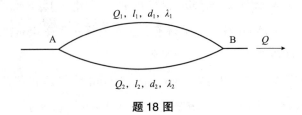

题 18 图

19. 某火力发电厂的输水管长 3km，直径为 150mm。若输水的作用能头为 58m，试求输水流量。若需要将输水量增加到 20t/h，可采用在管道中并联一段相同管道的方法，如题 19 图所示，试求并联管道的长度。(输水管道的粗糙度为 0.4mm)

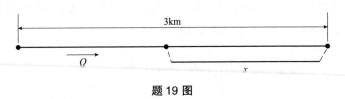

题 19 图

20. 某输油管道如题 20 图所示，已知直径为 100mm，输送流量为 36m³/h，管道的粗糙度为 0.05mm，离心泵出口 A 点的总能头为 330m 油柱，下游泵站吸入口的总能头需要 20m 油柱。经理论计算，下游泵站应布置在 B 处，$l_{AB} = 20000\text{m}$，但 B 处的条件不宜设泵站，需延长至 C 处，已知 C 处比 B 处高 28m，$l_{BC} = 600\text{m}$。若要达到输送条件，需在 AB 段并联一根同样的管道，试求并联段的合理长度。(输送汽油 $\nu = 0.65 \times 10^{-6}\text{m}^2/\text{s}$)。

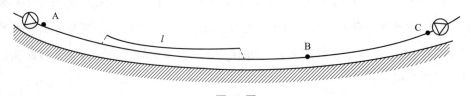

题 20 图

21. 如题 21 图所示，分叉管路自水库取水。已知：干管直径 $d_1 = 0.8\text{m}$，长度 $l_1 = 5\text{km}$，支管 2 的直径 $d_2 = 0.6\text{m}$，长度 $l_2 = 10\text{km}$，支管 3 的直径 $d_3 = 0.5\text{m}$，

长度 $l_3 = 15\text{km}$。管壁的粗糙度均为 0.03mm，各处高程如题 21 图所示。求两支管的流量。

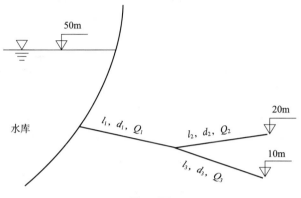

题21图

22. 有一储水罐，排水管受外力作用破断开，排水管内径约 20mm，已知管中心距储罐液面的高度差为 2m，试求：

①若从管道与罐的连接处断开(可看作孔口出流，设罐内液位不变)，求每小时的泄漏量。

②若断裂处还剩余约 75mm 的管道，试求流量。

23. 在混凝土坝中设置一泄水管如题 23 图所示。已知管长 $l = 4\text{m}$，管轴处的水头 $H = 6\text{m}$，现需通过流量 $Q = 10\text{m}^3/\text{s}$，若流量系数 $\mu = 0.82$，试确定所需管径 d，并求管中水流在进口收缩断面处的真空值。

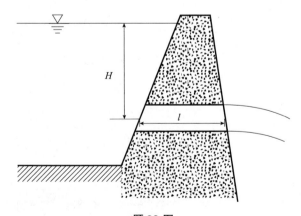

题23图

24. 有一输水钢管(弹性模量 $E = 2.06 \times 10^{11}\,\mathrm{Pa}$)，直径 $d = 100\mathrm{mm}$，壁厚 $\delta = 7\mathrm{mm}$，水流速度为 $1.5\mathrm{m/s}$，若出口阀门突然关闭，试求产生的水击波传播速度和水击压强。若将钢管改成铸铁管($E = 2.5 \times 10^{9}\,\mathrm{Pa}$)，其他条件均不变，求其水击压强。

下篇

泵

第七章 泵的概述及结构

第一节 泵的概述

一、泵的定义及用途

泵是将原动机的机械能转变为流体(主要为液体)的势能和动能,从而实现流体定向输运的一种流体机械。

泵属于通用流体机械,广泛应用于国民经济的各个领域。如农业方面的灌溉和排涝,采矿工业中坑道的排水,水力采煤中的液体的输送,冶金工业中各种流体的输送,石油工业中的输油和注水,化学工业中的流体介质输送,城市给排水,以及汽车、舰艇和航空航天的动力系统等,都离不开泵。泵在原子能发电、舰艇的喷水推进、火箭的燃料供给等方面也扮演着重要角色。泵不仅能输送常温下的各种流体,还能输送油料、酸液、碱液及液固混合物,以及高温液态金属和超低温下的液态气体。可以说,只要涉及流体特别是液体非自发流动的场合,都离不开泵的应用。

在石油与天然气工程领域泵对于油料的储存、运输和加注等作业发挥着重要作用。无论是依托固定设施进行油料的收发、长距离输送、油料加注还是在各类移动式油料储存、运输及加注装备中,泵都是其功能发挥的重要的组成部件之一。根据输送介质和工作条件的不同,作业时使用的泵类型也有所不同,主要有离心泵、滑片泵、潜油泵、齿轮泵、螺杆泵等。图 7.1 是某油库泵房工艺流程图,其中,管道离心泵主要用于油料的输送;滑片泵主要用于离心泵抽真空引油灌泵;潜油泵用于回收罐车底油。

总之,泵已深入国民经济的各个领域:农业、矿业、石油化工、轻重工业、交通运输、航空航天、军事能源等各行各业都有泵在运行。学习泵不仅是为了保证正确地操作、使用和维护泵,而且要在运行中发挥它的最大效能,安全、经济、合理地使用泵。

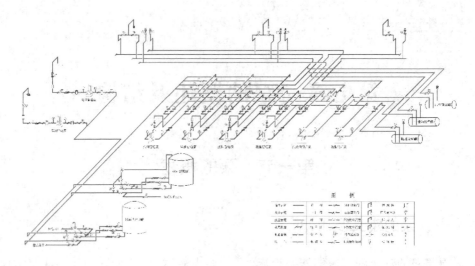

图 7.1　某油库泵房工艺流程图

二、泵的分类

泵的种类繁多，结构各异，一般按工作原理，大致可分为三大类：叶片式泵、容积式泵和其他类型泵，如图 7.2 所示。

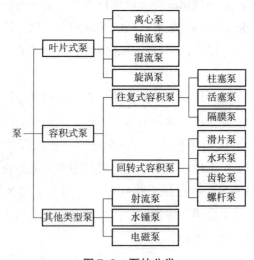

图 7.2　泵的分类

(一)叶片式泵

利用装有叶片的叶轮高速旋转，将机械能转化为液体的动能和压能而工作的泵称为叶片式泵。根据被抽送液体流出叶轮的方向，可以分为离心泵、轴流泵和混流泵三种类型。

由于叶片式泵效率较高、启动方便、性能可靠，而且流量、扬程适用范围较大，因此在工程实际中得到了广泛应用。

(二)容积式泵

容积式泵是靠运转时机械内部的工作容积不断发生变化来达到抽送流体的目的。当工作容积变大时，产生真空度，从而吸入流体；而当工作容积变小时，对流体产生挤压，增加流体的压能，从而排出流体。容积式泵按其结构的不同，又可以分为以下两种形式。

1. 往复式容积泵

这种泵借助活塞在缸内的往复运动使缸内容积发生变化，从而吸入和排出流体。如往复泵、活塞泵和隔膜泵等。

2. 回转式容积泵

回转式又称转子式。它是靠机壳内的转子或转动部件旋转时，转子与机壳之间的工作容积发生变化，从而吸入和排出流体。如滑片泵、水环泵、齿轮泵、螺杆泵等。

(三)其他类型泵

常见的其他类型泵包括射流泵、水锤泵、电磁泵等。射流泵是依靠一定压力的工作流体通过喷嘴高速喷出，带走被输送流体的泵；水锤泵是利用流动中的水被突然制动时所产生的能量，使其中一部分水压升到一定高度的一种泵；电磁泵是利用磁场和导电流体中电流的相互作用，使流体受电磁力作用而产生压力梯度，从而推动流体运动的一种装置。在实际应用中，它们大多用于泵送液态金属，因此也被称为液态金属电磁泵。这些特殊的泵在工程实际中常常发挥出色的效果。

各种泵的使用范围如图7.3所示。从图中可以看出，离心泵所占区域最大，流量在 $5 \sim 20000 m^3/h$，扬程在 $8 \sim 2800 m$。此图可作为选择泵时的参考。

泵按工作压力又可以分类如下：

$$\begin{cases} 低压泵：出口压力在 2MPa 以下 \\ 中压泵：出口压力在 2 \sim 6MPa \\ 高压泵：出口压力在 6MPa 以上 \end{cases}$$

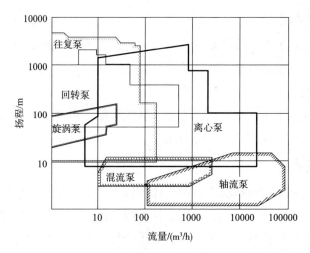

图 7.3 各种泵的使用范围

三、泵的发展史

(一)泵的起源

泵的起源来自人类生活和生产过程中对水的需求。泵的雏形最初是作为提水器具出现在历史上的。例如埃及的链泵(公元前 17 世纪),中国的桔槔(公元前 17 世纪)、辘轳(公元前 11 世纪)和水车(公元 1 世纪)。比较著名的还有公元前 3 世纪阿基米德发明的螺杆泵,它可以平稳连续地将水提升至几米高处,其原理仍为现代螺杆泵所利用。还有中国南北朝时期(公元 420—589 年)出现的方板链泵,用来灌溉取水,是泵类机械的一项重要发明。

(二)容积泵的出现

公元前 200 年左右,古希腊工匠克特西比乌斯发明的灭火泵是一种最早的容积式活塞泵,已具备典型活塞泵的主要元件,主要用来生产水柱以及从井口举起水。1675 年,英国机械师塞缪尔·莫兰(Samuel Morland)设计制造的柱塞泵被当时英国国内众多的工业、船舶应用,以及用于水井取水、池塘排水和灭火。1720 年,在伦敦城市的供水系统中开始使用柱塞泵。1732 年,英国人戈塞特(Gosset)和德维尔(Deville)发明了隔膜泵。

在蒸汽机出现之后,以活塞泵为代表的容积泵得到了迅速发展。1840—1850 年,美国沃辛顿发明了泵缸和蒸汽缸对置的、蒸汽直接作用的活塞泵,标志着现代活塞泵的形成。19 世纪是活塞泵发展的高潮时期,当时已用于水压机等多种机械中。然而，随着需水量的剧增，从 20 世纪 20 年代起，低速的、流量受很大限制的活塞泵逐渐被高速的离心泵和回转泵所代替。但在高压小流量领域，活塞泵、往复泵仍占有主要地位，尤其是隔膜泵、柱塞泵独具优点，应用日益增多。

回转泵的出现与工业上对液体输送的要求日益多样化有关，早在 1588 年，意大利人阿戈斯蒂诺·拉梅利（Agostino Ramelli）自费出版了《阿戈斯蒂诺·拉梅利上尉的各种精巧的机械装置》，其中就出现了容积式滑片泵的描述，以后陆续出现了其他各种回转泵，但直到 19 世纪回转泵仍存在泄漏大、磨损大和效率低等缺点。20 世纪初，人们解决了转子润滑和密封等问题，并采用高速电动机驱动，适合较高压力、中小流量和各种黏性液体的回转泵才得到迅速发展。容积式回转泵的类型和适宜输送的液体种类之多为其他各类泵所不及。

（三）离心泵的出现

利用离心力输水的想法最早出现在达·芬奇（1452—1519 年）所作的草图中。同一时期，1475 年，意大利工程师弗朗西斯科·迪·乔治·马丁尼（Francesco Di Giorgio Martini）在论文中提出了离心泵原始模型。1689 年，法国物理学家丹尼斯·帕潘发明了四直叶片的蜗壳离心泵。但更接近于现代离心泵的，则是 1818 年在美国出现的具有径向直叶片、半开式双吸叶轮和蜗壳的马萨诸塞泵。1851—1875 年带有导叶的多级离心泵相继被发明，使得发展高扬程离心泵成为可能。

尽管早在 1754 年，瑞士数学家欧拉就提出了水轮式水力机械的基本方程式，奠定了离心泵设计的理论基础，但直到 19 世纪末，高速电动机的发明使离心泵获得理想动力源之后，它的优越性才得以充分发挥。在英国的雷诺和德国的普夫莱德雷尔等许多学者的理论研究和实践的基础上，各类离心泵不断出现，如 1892 年，美国沃辛顿公司制造出用于世界上首条油品输送管道（从宾夕法尼亚州至纽约）的油泵；1918 年，美国拜伦·杰克逊公司制造出用于石油工业的热油泵；1960 年，美国拜伦·杰克逊公司制造了首台用于地下液化石油气存储设施中的潜水式电机泵。进入 21 世纪后，随着科学技术的突飞猛进，离心泵得到了迅速发展，效率大大提高，它的性能范围和使用领域也日益扩大，已成为现代应用最广、产量最大的泵。

泵发展史大事记

公元前 285—222 年，希腊人克特西比乌斯（Ctesibius）发明最原始的活塞泵，主要用来生产水柱以及从井口举起水。

公元 420—589 年，中国南北朝时期出现方板链泵。

1475 年，意大利工程师弗朗西斯科·迪·乔治·马丁尼（Francesco Di Giorgio Martini）在论文中提出了离心泵原始模型。

1588 年，意大利人阿戈斯蒂诺·拉梅利（Agostino Ramelli）出版了《阿戈斯蒂诺·拉梅利上尉的各种精巧的机械装置》，其中有关于链泵、水泵、滑片泵的描述。

1590—1600 年，齿轮泵被发明。

1635 年，德国学者 Daniel Schwenter 描述了齿轮泵。

1650 年，德国奥托·冯·格里克（Ottn ron Guericke）发明空气泵，不断改进后于 1654 年设计出真空泵。

1658 年，爱尔兰化学、物理学家罗伯特·波义耳（Robert Boyle）和英国博物学家、发明家罗伯特·胡克（Robert Hooke）进行空气泵实验。

1675 年，英国机械师塞缪尔·莫兰（Samuel Morland）爵士设计制造出柱塞泵，用于英国国内众多的工业、船舶应用，以及如水井取水、池塘排水和灭火。

1680 年，约旦出现简单的离心泵。

1685 年，法国物理学家丹尼斯帕潘（Denis Papin）进行空气压缩泵高压实验。

1689 年，丹尼斯·帕潘发明了直叶片的蜗壳离心泵，而弯曲叶片是由英国发明家 John Appold 于 1851 年发明的。

1720 年，在伦敦城市的供水系统中开始使用柱塞泵。

1732 年，英国人戈塞特（Gosset）和德维尔（Deville）发明隔膜泵。

1746 年，H. A. Wirtz 设计出使用阿基米德螺旋用于提升水的螺旋泵。

1755 年，瑞士人莱昂哈德·欧拉（Leonhard Euler）的著作 *General principles on the movement of fluids*（《流体运动的一般原理》）出版，提出理想流体基本方程和连续方程，奠定了离心泵设计的理论基础。

1768 年，威廉·科尔（William Cole）在船舶舱底中改进和引入链泵。

1772 年，瑞典学者伊曼纽·斯威登堡（Emmanuel Swedenborg）提出汞真空泵设计。

1818 年，美国出现具有径向直叶片、半开式双吸叶轮和蜗壳的马萨诸塞泵。

1849 年，美国人亨利·沃辛顿（Henry Worthington）发明蒸汽直接作用的蒸汽泵，是一种最简单的活塞泵。

1852 年，英国开尔文勋爵威廉·汤姆森（Lord Kelvin William Thomson）提出

了热泵的设想。

1857 年，英国查尔斯·亨利·穆雷(Charles Henry Murray)获得链泵专利。

1865 年，汞真空泵发明，用于解决碳丝灯泡的问题。

1868 年，Stork Pompen 公司在荷兰亨厄洛(Hengelo)成立，发明了混凝土蜗壳泵。

1870 年，英国人威廉·汤姆森提出了射流泵的设计。

1875 年，英国人雷诺兹(Reynolds)获得多级离心泵，主要是为了提高离心泵效率。

1890 年，美国麻省 Warren 公司制造第一台双螺杆泵。

1892 年，美国 Worthington 公司制造用于世界上首条油管(从宾夕法尼亚州至纽约)的油泵。

1900 年，哈里斯(Harris)制造出空气压力泵。

1901 年，美国拜伦·杰克逊(Byron Jackson)公司生产出深井垂直涡轮泵。

1902 年，美国宾夕法尼亚州阿伦敦的 Aldrich Pump 公司制造了世界上首台往复式正排量泵。

1904 年，美国拜伦·杰克逊公司生产出潜水式电机泵。

1909 年，德国盖德(W. Gaede)发明旋片泵。

1912 年，瑞士苏黎世安装了世界上首个水源热泵系统，以河水作为低位热源的热泵设备用于供暖。

1916 年，Aldrich 公司制造出电机驱动的往复式泵。

1918 年，美国拜伦·杰克逊公司制造出用于石油工业的热油泵。

1923 年，格罗格(F. W. Krogh)提出旋喷泵的结构原理，旋喷泵也称皮托泵。随后研制出了闭式皮托泵。Worthington 公司制造了世界上首台离心锅炉给水泵。

1924 年，美国 Durco 公司生产出专门设计用于化学加工的泵。

1927 年，美国 Aldrich 公司生产出变冲程多气缸往复式泵。

1931 年，瑞典 IMO 公司发明并制造三螺杆泵。

1932 年，法国工程师 Moineau 发明单螺杆泵(也叫莫诺泵)，并由德国 PCM 泵公司制成产品。

1934 年，鲍诺曼公司设计制造了外置轴承双螺杆泵。United 公司生产出用于回收石油的高压水和二氧化碳喷射泵。

1936 年，米顿罗公司发明马达驱动计量泵。

1937 年，美国英格索兰－德莱赛公司(IDP)设计制造径向分离、从后面拉动的流程泵。

1942 年，美国 Pacific 公司制造用于处理催化剂粉末的浆料泵。

1946 年，美国 HMD 公司发明磁力泵。

1948 年，美国拜伦·杰克逊公司生产出用于现代原子能发电的罐装泵原型。

1951 年，美国拜伦·杰克逊公司制造用于核潜艇美国鹦鹉螺号的主进给泵。

1953 年，美国拜伦·杰克逊公司制造鹦鹉螺号核潜艇的再循环泵。Durco 公司生产出后拉式化学流程泵，是 ANSI 标准的前身。

1958 年，联邦德国的贝克提出有实用价值的涡轮分子泵，以后相继出现了各种不同结构的分子泵。

1960 年，美国拜伦·杰克逊公司制造了于地下液化石油气存储设施中应用潜水式电机泵。

1961 年，美国拜伦·杰克逊公司制造了用于核电厂的轴密封的冷却液泵。

1963 年，美国 LMI 公司发明电磁驱动计量泵。

1965 年，美国 WILLIAMS 公司发明气动计量泵。

1969 年，美国英格索兰－德莱赛公司设计制造世界上最大的锅炉给水泵，功率为 52200kW。

19 世纪 70 年代，kobe 公司制造出商用旋喷泵。

1972 年，美国 Pacific 公司制造适用于原子能发电，已锻造外壳的核反应堆进给泵。

1976 年，美国英格索兰－德莱赛公司制造迄今为止世界上最大的直立排水泵，额定流量为 $180000m^3/h$。

1982 年，美国 Aldrich 公司制造出世界上最大的动力泵 2985kW，可通过 $800 \sim 1600km$ 长的管道抽吸研磨的浆料。Pacific 公司制造世界上最大的水喷射泵，功率为 17900kW。

1983 年，美国拜伦·杰克逊公司制造出用于美国最大的克林奇河增值核反应堆的液态钠泵。

1987 年，美国拜伦·杰克逊公司制造出安装在世界上最大的石油存储洞的 (1120kW)潜水式电机泵。

1990 年，美国拜伦·杰克逊公司制造出安装在氦抽取设施中的世界上最大的垂直低温泵。

1992 年，美国英格索兰 – 德莱赛公司设计制造出世界上最大的管道泵，功率为 27590kW，由空气涡轮发动机驱动。

四、泵的发展趋势

随着现代科学技术的不断发展，近年来，泵在各国都正向着系列化、标准化、专业化、大型化、高速化、高效率、低噪声及自动化等方向发展。

（一）系列化、标准化、专业化

自 1975 年以来，我国陆续生产了 ISO 国际标准系列泵。例如，IS、IZ 等单级单吸离心泵；结构、性能优于老型号的 S 型双吸离心泵系列；离心式潜水泵；适用于航空、冶金、化工、轻工、食品相关防腐、有毒、易燃、贵重液体的无泄漏节能磁力泵等。这些产品不仅满足了行业的需求，填补了型号、系列上的不足，而且相当一部分产品都是高效节能、更新换代和替代进口的新产品。

（二）大型化

我国目前生产最大的轴流泵单机容量可达 6000kW，混流泵可达 7000kW，离心泵可达 8000kW；大型高压锅炉给水泵的驱动功率已达 60000kW 左右。新型离心潜水泵流量已达 500L/s，相应扬程 110m，最大出水量 8m³/s。用于水力切割的高压泵压力已达到数千兆帕。这些都有再扩大的趋势。泵发展到大容量后，由于泵要求高压头，仍采用离心式。

（三）高转速

大型化必然导致高速化。早在 20 世纪 80 年代，国际水平的多级分段式离心泵转速达 7500r/min，现已增至 10000r/min，单级扬程也提高到 1000m 以上。我国目前生产的同类型泵转速可达 4600r/min 以上，高速泵产品转速 3000r/min，相应的扬程 2000m 以上。转速提高后减少了级数，减轻了重量，节省了材料，使运输、维修更为方便，带来了明显的经济效益。

（四）高效率

对于大容量的泵，提高效率具有十分重要的意义。目前世界各国都在研制高效率的水力模型。以输油泵为例，美国 Bingham 和 Ingsoland 生产的泵效率均在 85% ~ 90%，有的串联泵效率在 90% 以上，并且可调性好，即流量效率曲线中高效区较宽。我国在这方面也进行了大量的工作，产品的效率普遍提高。目前世界先进水平的泵类产品，在输量在最高效率点的 80% ~120% 范围变化时，效率差别在 0.3% 以下。

（五）低噪声

噪声是近代工业的一大公害，它不仅影响人们的工作和生活，而且会损伤人的听觉，并对神经、心脏和消化系统带来危害，所以降低和控制泵的工作噪声具有十分重大的社会意义。从 20 世纪中期开始重视泵的噪声污染至今，泵的低噪声运行已成为一种发展趋势。

（六）自动化

随着现代科学技术的发展，自动检测技术、自动控制技术和计算机已不仅应用于泵的设计、制造进程中，而且日益广泛地应用在泵的运行控制上，例如泵的自动启停；压力、流量、温度等参数的自动检测、显示和控制；主要参数的上下限报警以及自动保护等。目前，我国有的泵的实验装置已实现全程自动化。总之，自动化水平将随着机组大容量化和高速化而不断地发展和提高。

第二节 离心泵的结构

在生活和工业生产中，离心泵具有很高的技术要求和实用价值。离心泵主要有离心式水泵和离心式油泵两种类型。

一、离心式水泵基本结构

离心式水泵按泵的结构形式可分为单级单吸离心泵、单级双吸离心泵和分段式多级离心泵。

（一）单级单吸离心泵

单级单吸离心泵在各个领域中有广泛的应用，石油与天然气工程中常用它输送各种轻质油料和生活用水或作为消防用泵。这类泵流量在 $5.5 \sim 300 \text{m}^3/\text{h}$，扬程在 $8 \sim 150 \text{m}$ 范围内。

图 7.4、图 7.5 为典型的 IS 型单级单吸离心泵结构和外观图，泵轴的一端在托架内用轴承支承，另一端悬出，被称为悬臂端，叶轮装在悬臂端。这种结构型式的泵也被称为悬臂泵。泵轴穿过泵壳处采用填料密封或机械密封。叶轮上开有平衡孔，用以平衡轴向力。单级单吸离心泵结构简单、零部件少、工作可靠、易于制造和维修，因此被广泛使用。

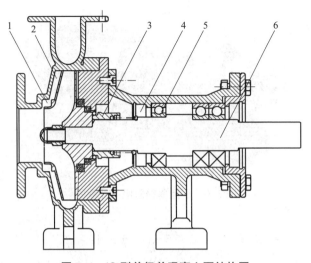

图7.4 IS型单级单吸离心泵结构图
1—密封环；2—叶轮；3—轴套；4—填料；5—填料压盖；6—轴

图7.5 IS型单级单吸离心泵外观图

（二）单级双吸离心泵

单级双吸离心泵采用双吸叶轮，相当于两个单级单吸叶轮背靠背地装在同一根轴上并联工作，图7.6、图7.7为S型单级双吸泵外观和结构图。单级双吸离心泵不仅流量大，而且轴向力得到了平衡，尤其是泵轴穿过泵壳的地方是吸入口，处于负压状态，理论上不会泄漏液体。此类泵一般采用半螺旋吸入式，泵体采用水平中开式结构，大泵采用滑动轴承，小泵则用滚动轴承。轴承装在泵的两侧，工作可靠，维修方便。单级双吸离心泵流量大，且轴向力得到平衡。国产单级双吸离心泵的流量一般为 $90 \sim 28600 m^3/h$、扬程为 $10 \sim 140 m$。

图 7.6 S 型单级双吸泵外观图

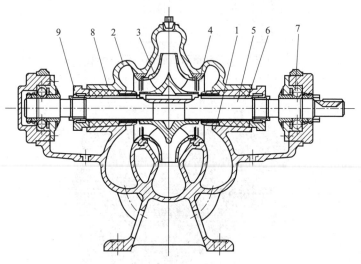

图 7.7 S 型单级双吸泵结构图

1—泵体；2—泵盖；3—叶轮；4—密封环；5—轴；
6—轴套；7—轴承；8—填料；9—填料压盖

(三) 分段式多级离心泵

分段式多级离心泵用途广泛，在石油与天然气工程中，当遇到高度差较大或输送距离较远的情况时，通常会采用该泵。分段式多级离心泵相当于将数个单级泵串联工作，故泵的扬程较高，图 7.8、图 7.9 为 DA 型分段式多级离心泵外观及结构图。每个中段既是前级叶轮的压出室，也是后级叶轮的吸入室。为了平衡轴向力，在末级叶轮后面装有平衡盘，平衡盘能自动地将转子维持在平衡位置上。国产中压分段式多级离心泵的流量为 $5 \sim 720 \text{m}^3/\text{h}$，扬程为 $100 \sim 650\text{m}$。

图 7.8　DA 型分段式多级离心泵外观图

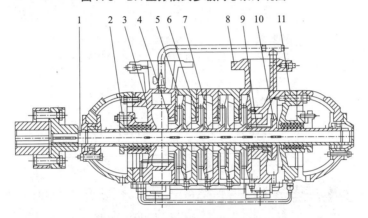

图 7.9　DA 型分段式多级离心泵结构图

1—轴；2—填料压盖；3—吸入段；4—密封环；5—中段；6—叶轮；7—导叶；
8—吐出段；9—平衡套（环）；10—平衡盘；11—填料函体

二、离心式油泵

离心式油泵是一种输油专用泵，最初作为石化炼制流程用泵，后来也被广泛应用于油料输送流程中。常用的是 Y 型离心式油泵。

Y 型离心式油泵根据所输送介质的温度分为油泵和热油泵。油泵用于输送 200℃以下的石油和石油产品；热油泵用于输送 400℃以下的石油及其产品。Y 型油泵的流量为 6.25~500m³/h，扬程为 60~603m。

常用油泵按结构型式可分为单级单吸离心式油泵、单级双吸离心式油泵、单吸双级离心式油泵、多级分段离心式油泵和管道式油泵。图 7.10 为 Y 型单级单吸油泵结构及外观图，图 7.11 为 Y 型多级离心油泵结构图。AY 型离心式油泵和 IY 型离心式油泵是 Y 型油泵的改进型，其典型结构和外观如图 7.12~图 7.14 所示。

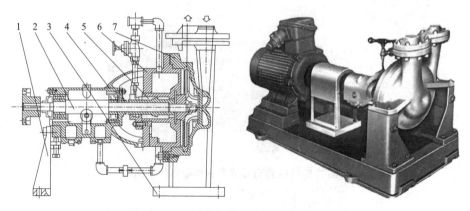

图 7.10　Y 型单级单吸油泵结构及外观图

1—托架支架；2—转子部件；3—泵支架；4—托架部件；5—机械密封部件；6—泵盖；7—泵体

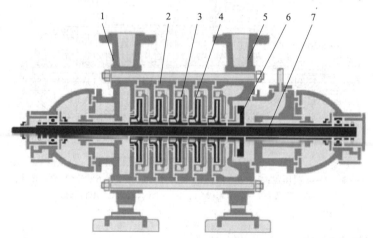

图 7.11　Y 型多级离心油泵结构图

1—吸入段；2—中段；3—导叶；4—叶轮；5—压出段；6—平衡盘；7—轴

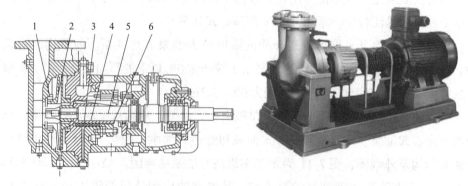

图 7.12　AY 型单级单吸油泵结构及外观图

1—密封环；2—叶轮；3—填料环；4—填料；5—轴；6—轴套

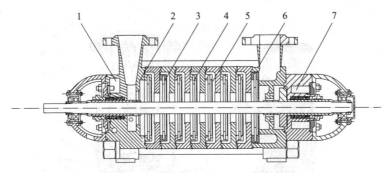

图7.13 AY型多级离心油泵结构图

1—吸入段；2—中段；3—叶轮；4—轴；5—导叶；6—压出段；7—平衡盘

图7.14 IY型单级单吸油泵外观图

随着油品输送工艺水平的提高，油库站越来越多地采用无泵房工艺流程，YG型管道式油泵因其占地面积小，工艺布置方便而被广泛采用。在YG型管道式油泵的基础上出现了全拆式DGY型管道式油泵，方便了维修。图7.15和图7.16分别是YG型管道油泵和DGY型管道油泵的结构及外观图。

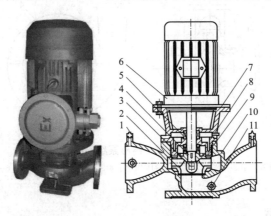

图7.15 YG型离心管道油泵结构及外观图

1—放气阀；2—叶轮；3—叶轮螺母；4—轴；5—机械密封；6—电机；
7—热水盖；8—冷却水接头；9—泵盖；10—泵体；11—放水螺塞

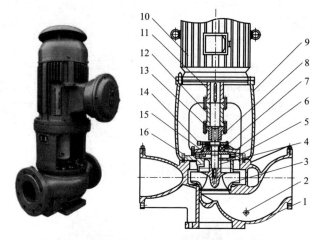

图 7.16　DGY 型离心管道油泵结构及外观图

1—泵体；2—放水塞；3—叶轮；4—机械密封；5—放气阀；6—机械密封；7—轴承；8—泵轴；
9—支架；10—电机；11—电机联轴器；12—中间联轴器；13—泵联轴器；14—油杯；
15—轴承压盖；16—泵盖

第三节　离心泵的主要零部件

　　离心泵的主要零部件有：叶轮、泵轴、吸入室、压出室、泵体、密封装置和轴向力平衡装置件等。其中，吸入室、叶轮、密封环和压出室是泵的主要过流部件，即液体流过的部分。图 7.17 所示为离心泵的基本结构。

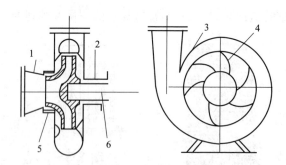

图 7.17　离心泵结构图

1—吸入室；2—密封装置；3—压出室；4—叶轮；5—密封环；6—泵轴

一、吸入室

　　吸入室泛指泵吸入口到叶轮进口前的一段流道(空间)。吸入室的作用是保证在叶轮进口前液流分布均匀，液流运动的速度方向符合要求，并尽可能地减小吸入室中的水力损失。按吸入室形状可分为：锥形吸入室、环形吸入室、半螺旋形吸入室及弯管形吸入室四种。如图 7.18 所示。

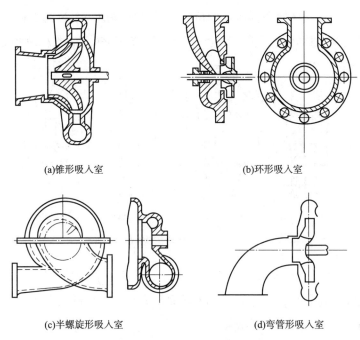

(a)锥形吸入室　　　　　　　　　　(b)环形吸入室

(c)半螺旋形吸入室　　　　　　　　(d)弯管形吸入室

图 7.18 · 泵吸入室类型

锥形吸入室水力性能好，结构简单，制造方便。液体在直锥形吸入室内流动，速度逐渐增加，因而速度分布更趋向均匀。锥形吸入室的锥度约为 7°~8°。这种形式的吸入室广泛应用于单级悬臂式离心泵上。环形吸入室各轴面的内断面形状和尺寸均相同。其优点是结构对称、简单、紧凑，轴向尺寸较小。缺点是存在冲击和旋涡，并且液流速度分布不均匀。环形吸入室主要用于分段式多级泵中。半螺旋形吸入室主要用于单级双吸式水泵、水平中开式多级泵、大型的分段式多级泵及某些单级悬臂泵上。半螺旋形吸入室可使液体流动产生旋转运动，绕泵轴转动，致使液体进入叶轮吸入口时速度分布更均匀，但因进口预旋会使泵的扬程略有降低，其降低值与流量是成正比的。弯管形吸入室是大型离心泵和大型轴流泵经常采用的形式，这种吸入室在叶轮前都有一段锥式收缩管，因此，它具有锥形吸入室的优点。

相比较而言，锥形吸入室使用最为普遍。

二、叶轮

叶轮是传递能量的主要部件，泵通过叶轮对流体做功，将机械能传给流体，使其能量增加，将流体输送到所需的位置去。叶轮是离心泵过流部件的核心。叶轮的结构型式有闭式叶轮、开式叶轮、半开式叶轮三种。如图 7.19 所示。

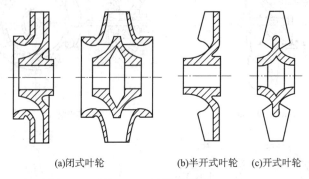

(a)闭式叶轮　　(b)半开式叶轮　　(c)开式叶轮

图 7.19　叶轮的类型

开式叶轮离心泵，叶轮的前后没有盖板，适宜输送污浊液体，如污水、泥浆等。

半开式叶轮离心泵，叶轮只有后盖板而没有靠吸入口的前盖板，适宜输送一定黏性容易沉淀或含有杂质的液体。

闭式叶轮离心泵，叶轮由前盖板、后盖板和叶轮组成，适宜输送无杂质的液体，如清水、轻油等。这种泵在工业上应用最为普遍，油料输转泵也都采用它。

三、密封环

密封环一般装在叶轮进口处或与叶轮进口相配合的泵壳上，俗称口环。密封环的作用是保持叶轮进口外缘与泵壳之间有一适宜间隙，既减少液体回流，又能承受摩擦，所以又称减漏环或承磨环，磨损后可更换，是泵部件中的易损件。

离心泵密封环的结构型式较多，图 7.20 中给出了几种常见的结构型式，常用离心泵以前三种为主，其他型式比较少见。

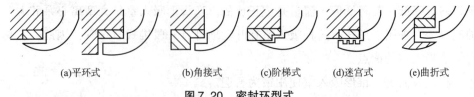

(a)平环式　　　(b)角接式　　(c)阶梯式　　(d)迷宫式　　(e)曲折式

图 7.20　密封环型式

平环式密封环的最大优点是制造简单，主要缺点是泄漏较多，且回流液体速度方向与液体进入叶轮的主流方向相反，在叶轮进口处形成旋涡，增加了泵的吸入阻力。角接式密封环不仅增加了液体回流阻力，减少了液体的回流量，而且回流液体的速度方向与液体进入叶轮的主流方向垂直。与平环式密封环相比，降低了旋涡强度，减少了吸入阻力的增加量。

平环式和角接式密封环适用于扬程较低的离心泵，油料输送中常用的离心泵的密封环型式都属于这两种。

阶梯式和迷宫式密封环的原理都是通过增大叶轮与口环之间缝隙流道的流动阻力达到减少泄漏之目的。

密封效果以曲折式密封环最好。它不仅使缝隙流道的流动阻力增大，而且使回流液体的速度方向与液体进入叶轮的主流方向一致，大大降低了入口旋涡强度和吸入阻力的增加量。但该型式结构比较复杂，制造、安装要求高，主要使用在某些高压泵上。

从密封环的工作情况可知，密封环与叶轮之间的间隙（径向间隙和轴向间隙）既不能过大，也不能过小。间隙过大，漏损增多，降低了泵的容积效率；间隙过小，叶轮与口环之间可能产生摩擦，降低了泵的机械效率，引起泵的振动。

四、压出室

离心泵压出室是蜗形体、离心式导叶和流道式导叶等的总称。压出室的作用是收集叶轮中流出的流体，并送往下级叶轮或管路系统。降低液体的流速，实现动能到压能的转化，并尽可能减小流体流往下一级叶轮或管路系统的损失，消除流体流出叶轮后的旋转运动，以及消除这种旋转运动带来的损失是压出室的主要功能。

常见的压出室结构形式有螺旋形压出室、环形压出室和径向式导叶等，如图7.21～图7.23所示。

图 7.21　螺旋形压出室

图 7.22　环形压出室

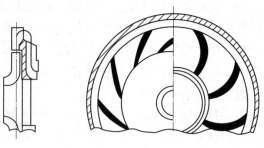

图 7.23　径向式导叶

第四节　轴向力及平衡装置

一、离心泵的轴向力

单吸离心泵在运行时，由于作用在叶轮两侧的压力不等，产生了一个指向泵吸入口并与轴平行的轴向推力，称为轴向力。轴向力往往可达数万牛顿，使整个转子压向吸入端，对泵的工作十分不利。产生轴向力的原因有两点：

（1）由于在叶轮吸液口处的前后盖板两侧所受的压力不同而引起的轴向力。

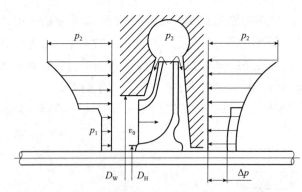

图 7.24　叶轮前后盖板上的压力分布

如图 7.24 所示，由叶轮流出的液体，有一部分回流到叶轮盖板的两侧。设叶轮出口液体压力为 p_2、叶轮入口压力为 p_1，进口密封环处叶轮直径为 D_w、轮毂直径为 D_h。由图 7.24 可见，如果不考虑泄漏，则前后泵腔内液体运动的情况是近似相等的，所以自密封环半径 r_w 到叶轮半径 r_2 的范围内，可以近似地认为压力相等，并等于 p_2，密封环以下部分左侧压力为 p_1，右侧压力为 p_2，$p_1 < p_2$，所以产生压力差 $\Delta p = p_2 - p_1$，这个压力差经积分后，就是作用在叶轮上的轴向力，用符号 F_1 表示。

叶轮左右两侧的液体压力实际上是沿半径方向呈抛物线规律变化的，设腔内液体旋转角速度等于叶轮旋转角速度 ω 之半，则压力与半径的关系可用下式表示：

$$\Delta p = p_2 - \frac{\rho\omega^2}{8}(r_w^2 - r^2) - p_1$$

将上式积分，得轴向力 F_1：

$$F_1 = \int_{r_h}^{r_w} 2\pi r \Delta p \, dr = \pi(r_w^2 - r_h^2)\left[p_2 - \frac{\rho\omega^2}{8}\left(r_2^2 - \frac{r_w^2 + r_h^2}{2}\right)\right]$$

式中　ρ——流体密度，kg/m^3；

$\quad\quad r_w$——叶轮密封环半径，m；

$\quad\quad r_h$——叶轮轮毂或轴套半径，m；

$\quad\quad p_2$——叶轮出口压力，N/m^2；

$\quad\quad \omega$——叶轮角速度，rad/s。

粗略计算时可采用下式：

$$F_1 = (p_2 - p_1)\frac{\pi}{4}(D_w^2 - D_h^2)$$

式中　p_1——叶轮进口压力，N/m^2；

$\quad\quad p_2$——叶轮出口压力，N/m^2；

$\quad\quad D_w$——叶轮密封环直径，m；

$\quad\quad D_h$——叶轮轮毂或轴套直径，m。

（2）液体由吸入口进入叶轮的过程中其流动方向由轴向转为径向，由于流动方向的改变，动量发生变化，导致流体对叶轮产生一个冲反力 F_2。

F_2 的方向与 F_1 方向相反。在泵正常工作时，冲反力 F_2 比轴向力 F_1 小得多，可以忽略不计。但在启动时，由于泵的正常压力尚未建立，冲反力 F_2 的作用较为明显。启动时，卧式泵转子后窜或立式泵转子上窜就是这个原因。由此可见，离心泵不宜频繁启动。冲反力可用下式计算：

$$F_2 = \rho Q v_0 = \rho v_0^2 \frac{\pi}{4}(D_0^2 - D_h^2)$$

式中，ρ 为流体密度，kg/m^3；Q 为通过叶轮的体积流量，m^3/s；v_0 为叶轮进口前流速，m/s；D_0 为叶轮进口边直径，m；D_h 为叶轮轮毂或轴套直径，m。

因此，作用在一个叶轮上的总轴向力为：

$$F = F_1 - F_2$$

对于多级泵，如果叶轮的吸液口在同一侧，则总轴向力为 iF，它的数值可以达到很大。在泵运转时，轴向力会使叶轮向吸液口一侧移动，造成振动、磨损以及轴承发热，因此，一般离心泵都有平衡轴向力的装置或措施。对于立式泵，计算轴向力时还须将转子的重量考虑进去。

二、轴向力的平衡措施

在叶轮的轴向力 F 中，F_1 总是比 F_2 大得多，因此在考虑轴向力平衡时，主要着眼于轴向力 F_1 的平衡。

(一)单级泵轴向力平衡措施

对于单级泵，常用的轴向力平衡措施有以下几种。

1. 采用叶轮平衡孔或平衡管平衡轴向力

对于单吸单级泵，可在叶轮后盖板上开一圈小孔，为叶轮平衡孔，如图7.25所示。这些小孔称作平衡孔，叶轮后盖板泵腔中的液体压力通过平衡孔引向吸入口，使叶轮背面压力与泵入口压力趋于相等。平衡孔总面积不应小于密封环间隙断面面积的5~6倍。采用这种方法来平衡轴向力时，泵的效率要降低一些，因为回流必然产生容积损失，且从平衡孔里流出的流束与叶轮进口处液流相碰，影响液流的均匀分布，因而增加了叶轮内的水力损失。

如果在泵体外用一根管子将后盖板泵腔与泵入口连通，也可以达到平衡轴向力的目的，这就是平衡管平衡法，如图7.26所示。平衡管过流断面面积不应小于密封环间隙断面面积的 5~6 倍。

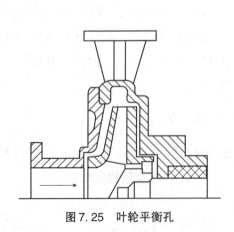

图 7.25　叶轮平衡孔

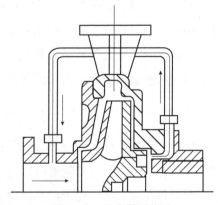

图 7.26　平衡管平衡法

采用叶轮平衡孔或平衡管平衡轴向力结构简单，但不能完全平衡掉轴向力，剩余的轴向力需由止推轴承来承担。

2. 采用双吸叶轮平衡轴向力

单级泵采用双吸叶轮，如图 7.27 所示，因为叶轮是对称的，所以叶轮两边的轴向力相互抵消，从理论上讲轴向力可以完全抵消。但应指出，设计和选用双吸泵往往不是为了解决轴向力的平衡问题，而是为了提高泵的工作流量。实际上，由于叶轮两边密封间隙的差异或叶轮相对于中心位置不对中，还存在一个不大的剩余轴向力，此轴向力需由轴承来承受。

3. 安装平衡叶片平衡轴向力

在泵的设计中，一种有效平衡轴向力的方法是在后盖板的外部设置几处筋条状的径向叶片（又称背叶片），即相当于在主叶轮的背面加一个与吸入方向相反的附加

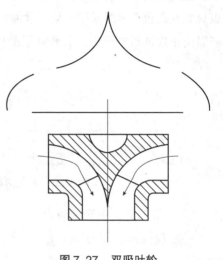

图 7.27 双吸叶轮

半开式叶轮；为了便于铸造，这些背叶片通常是径向的，但也有做成弯曲的。当叶轮转动时，筋条状的径向叶片使后盖板与泵体间的液体转动，在近轴处形成低压区，如果平衡叶片的尺寸（长度、高度）、叶片数量及与泵体间的间隙等设计得当，在工作转速下，平衡叶片在后盖板外侧所形成的液体推力与在设计工况下吸液口处液体对后盖板内侧及前盖板外侧的力之和相等，从而平衡轴向力。当偏离设计工况时，轴向力可能无法完全平衡。

采用安装平衡叶片的方法，主要是为了在后盖板外轴附近形成低压区，改善该区域填料密封的工作条件。但安装平衡叶片后会使泵工作时的功耗有所增加。

这种平衡轴向力的方式在泥浆泵、杂质泵和化工泵中都有应用，剩余的轴向力仍须由轴承来承受。

4. 采用推力轴承承受轴向力

从提高泵效率的观点来看，采用推力轴承来承受轴向力的方案是最佳的，因为在这种情况下可以免除由于采取平衡轴向力措施而附加的容积损失、水力损失和泵体尺寸增加。由于推力轴承能够承受的推力有限，此方法一般多见于小型单级泵。

（二）多级泵轴向力平衡措施

1. 叶轮对称布置平衡轴向力

叶轮对称布置是多级泵平衡轴向力的方法之一，如图7.28所示。此方法常用于级数为偶数的多级泵中。但在多级泵中采用这种方法会使泵的外形更为复杂，所以只宜在级数不多时采用。采用这种方法仍然不能完全平衡轴向力，剩余的轴向力还需由止推轴承来承受。水平中开式多级泵和立式多级泵常采用这种方法。

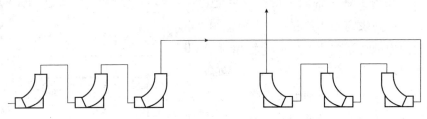

图7.28　叶轮对称布置平衡轴向力原理图

2. 采用平衡盘平衡轴向力

平衡盘机构的结构如图7.29所示，在分段式多级泵中常采用这种方法平衡轴向力。平衡盘装在末级叶轮后的平衡室中。其平衡原理如下：设末级叶轮出口液体压力为p_2、末级叶轮轮毂处的压力为p_3，液体流经泵体与轴套的径向间隙b_1后，因流动损失使压力降到p_4，设间隙b_1两端压力差为Δp_1，则：

$$\Delta p_1 = p_3 - p_4$$

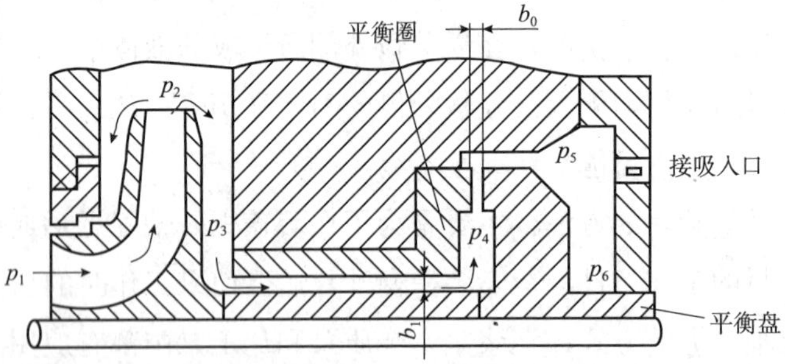

接吸入口

平衡圈

平衡盘

图7.29　平衡盘工作原理图

当液体流过轴向间隙b_0时，液体压力由p_4降到p_5，因平衡盘后的空腔（平衡室）与泵的吸入室连通，因此p_5稍大于泵进口处的压力。在平衡盘后的压力为p_6，则平衡盘两边的压力差为Δp_2：

$$\Delta p_2 = p_4 - p_6$$

而整个平衡装置的总压力差为Δp：

$$\Delta p = \Delta p_1 + \Delta p_2 = p_3 - p_6$$

因平衡盘两端有压力差 Δp，故液体对平衡盘施加一个作用力 P，此力称为平衡力，其大小应与轴向力 F 相等且方向相反。即当 $F - P = 0$ 时，轴向力得到完全平衡。

当工况改变导致轴向力 F 与平衡力 P 不能平衡时，转子就会左右窜动。若 $F > P$，转子向左边（吸入口方向）移动，轴向间隙 b_0 减小，流动损失增加，因而经间隙 b_0 的泄漏量减小，平衡盘前的压力 p_4 增加。而总压差 Δp 不变，因 Δp_1 减小，则平衡盘两侧的压差 Δp_2 增大，平衡力 P 随之增大，直到 $F = P$ 达到新的平衡。当 $F < P$ 时，转子向右移动，轴向间隙 b_0 增大，流动损失减小，因而经间隙 b_0 的泄漏量增加，平衡盘前压力 p_4 减小，因 Δp 不变，故 Δp_1 增大后 Δp_2 减小，平衡力 P 减小，直到 $F = P$ 达到新的平衡。由此可见，在泵的运行中，平衡盘能够随着轴向力 F 的变化自动地调节平衡力 P 的大小，以完全平衡轴向力 F。

必须指出，由于惯性的作用，在轴向力 F 与平衡力 P 相等时，转子不会立刻停止在平衡位置，而是继续向左或向右移动并逐渐衰减，直至在某一位置移动速度为零，此时已过平衡点又造成新的不平衡，随即又开始向另一个方向移动。由此可见转子是在某一平衡位置左右作轴向窜动，我们称此为转子的脉动现象。随着工况的改变，转子能够自动地移到新的平衡位置并作轴向窜动。因此，平衡盘的平衡状态是动态的。由于轴向间隙很小，如果转子窜动很大，当向左边移动时，则会使平衡盘与平衡圈产生严重磨损。因此有必要限制过大的轴向窜动，即要求在轴向间隙 b_0 改变不大的情况下，Δp_2 有较大的变化，使平衡盘上的平衡力 P 有较大的变化，这是平稳盘的灵敏度问题。

平稳盘的灵敏度用下式表示：

$$k = \frac{\Delta p_2}{\Delta p} = \frac{\Delta p_2}{\Delta p_1 + \Delta p_2}$$

k 值越小，平稳盘的灵敏度越高。由于总压力差 Δp 保持一定，要使 Δp_2 迅速变化，实际上要求 Δp_1 有较大的变化。只有当 Δp_1 很大时（要求较小的径向间隙 b_1 或较大的阻力，以造成平衡盘前较小的压力 p_4），即使通过间隙 b_0 的泄漏量变化不大，Δp_2 的变化也会很大。因此，Δp_1 较大时，平衡盘轴窜动就会小些，泵的工作可靠性也就越高。

采用平衡盘平衡轴向力时，一般不需要止推轴承。

3. 采用平衡鼓平衡轴向力

平衡鼓工作原理如图 7.30 所示，应用于分段式多级泵上。它是一个装在末级叶轮后面与叶轮同轴的圆柱体(鼓形轮盘),其外圆表面与泵体上的平衡圈之间有一个很小的径向间隙 b,叶轮出口液体压力为 p_2,平衡鼓后面用连通管与泵吸入口连通,因此,平衡鼓右侧的压力 p_1 接近吸入口压力,使平衡鼓两侧有压差 $\Delta p = p_3 - p_1$,故存在一个作用在平衡鼓上的与轴向力 F 大小相等、方向相反的平衡力 P 来平衡轴向力。平衡鼓的优点是不会发生轴向窜动,避免了与静止部件发生摩擦。但它不能适应变工况下轴向力的改变,一般平衡鼓平衡机构只能平衡轴向力 F 的 50% ~ 80%,剩余部分的轴向力由推力轴承来承受。

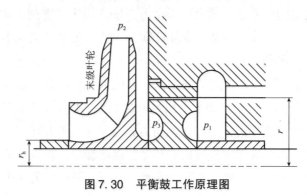

图 7.30　平衡鼓工作原理图

由于平衡鼓前后压力差比平衡盘机构中平衡套前后的压力差大,同时平衡鼓外径比平衡套外径尺寸大,因此其泄漏量要比平衡盘平衡机构的泄漏量大。

为了减少平衡鼓的泄漏,平衡鼓和衬套之间的间隙 b 应尽量小,通常为 0.2 ~ 0.3mm,最小不得小于 0.15mm。增加平衡鼓和衬套的长度能使泄漏减少,但会增加泵的轴向尺寸。因此,为了缩短平衡鼓的长度,有时将平衡鼓和衬套制成迷宫的形式,如图 7.31 所示,这样便可大大地减少泄漏。单独使用平衡鼓平衡轴向力的情况很少,通常采用平衡鼓与平衡盘组合装置来平衡轴向力。

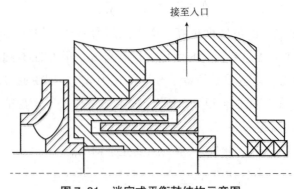

图 7.31　迷宫式平衡鼓结构示意图

4. 采用平衡鼓与平衡盘组合装置平衡轴向力

平衡鼓与平衡盘组合装置结构如图 7.32 所示。由平衡鼓承受 50% ~ 80% 左右的轴向力，这样就减小了平衡盘的负荷，可以采用较大的轴向间隙，从而避免了因转子窜动而引起的平衡盘摩擦。经验表明，这种结构平衡轴向力的效果比较好，所以目前大容量、高转速的分段式多级泵大多数采用这种组合装置结构。

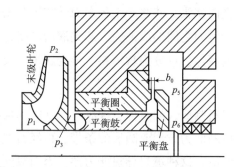

图 7.32　平衡鼓与平衡盘组合装置结构示意图

第五节　轴封装置

旋转轴和泵壳之间有一定的间隙，泵内的液体将通过此间隙泄漏到泵外（或空气通过此处进入泵内）。为了防止转轴与泵壳间的泄漏，须设置密封装置，即轴封装置。填料密封和机械密封是常见的两种轴封装置。

一、填料密封

填料密封因其结构简单、易于制造而被广泛用于泵的轴封。虽然近年来由于机械密封的发展和其独特优点正在逐步取代填料密封，但在低转速情况下，填料密封仍有使用价值。

填料密封是最早使用的一种密封形式，目前使用最多的是一种带水封坏的填料密封装置，如图 7.33 所示。加装水封环的目的在于：

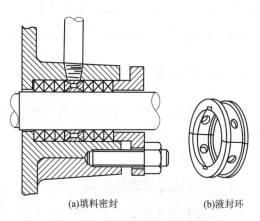

(a)填料密封　　　(b)液封环

图 7.33　填料密封装置结构图

（1）当泵内压力低于大气压时，从水封环注入大于大气压的水，防止空气进入泵内。

（2）当泵内压力高于大气压时，向填料与泵轴之间注入液体，起到冷却和润滑的作用。

填料密封的工作原理是：填料装入填料筒后，拧紧压盖螺栓，在压盖力作用下，填料轴向压缩，径向膨胀，使之产生径向力并与轴紧密接触。同时，填料中的润滑剂被挤出，在接触面之间形成油膜，起到润滑和密封的作用。

填料视其使用环境而异，可分为软填料、半金属填料及金属填料三类：

（一）软填料

软填料用非金属材料制成，如石棉、橡胶、棉纱等动植物纤维和聚四氟乙烯等合成树脂纤维编织成断面为方形或圆形的条带，再经石墨、润滑脂、树脂等浸渍而成，既润滑又防渗漏。这种填料导热能力差，因而只能适用于温度不高的液体输送泵。

（二）半金属填料

半金属填料用于中温液体的输送，由耐热的石棉等软纤维与铜、铅、铝等金属丝加石墨、树脂等编织或压制而成。

（三）金属填料

金属填料是将巴氏合金、铝或铜等金属丝浸渍石墨、矿物油等润滑剂压制而成，一般做成螺旋形状。这种材料的特点是导热性好。可用在液体温度小于150℃、圆周速度小于30m/s的情况下。当温度、圆周速度超过上述范围时，这种密封形式或者十分复杂，或者昂贵，已不适用。

二、机械密封

机械密封是一种径向密封形式，具有密封可靠、功耗小、维修周期长、使用寿命长等优点，适用于高温、低温、高压、高真空、各种转速及各种腐蚀性、有毒介质的密封。

（一）机械密封的构成及工作原理

机械密封是由垂直于主轴的两个光洁（表面粗糙度的轮廓算术平均偏差值小于 $0.1\mu m$）、精密平面，在弹性元件及密封液体压力作用下相互紧贴并做相对运动而构成的动密封装置。机械密封的基本构成及工作原理如图7.34所示。

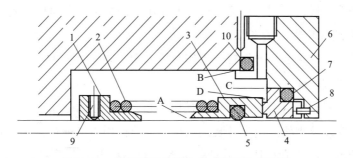

图 7.34 机械密封的基本构成及工作原理图

1—弹簧座；2—弹簧；3—动环；4—静环；5—动环密封圈；6—压盖；
7—静环密封圈；8—防转销；9—紧定螺钉；10—压盖密封圈

机械密封通常由动环、静环、压紧元件和静密封元件组成。动环和静环的端面组成一对摩擦副，动环端面依靠密封室中的液体压力和压紧元件的作用力与静环端面紧密贴合，形成一个径向的回转密封面，达到密封的目的。

压紧元件产生的压力可使泵在不运转状态下保持端面贴合，保证密封介质不外漏，并阻止杂质进入密封端面。当泵运转时，两环端面之间产生适当的比压并保持一层极薄的液体膜，阻止泵内液体外泄，起到密封作用。静密封元件实现动环与轴的间隙 A、泵体与压盖的间隙 B 及静环与压盖的间隙 C 的密封，同时对泵的振动和冲击起缓冲作用。缓冲在机械密封中是不可忽视的因素，因为转子会受到残余轴向力或其他外力作用而产生轴向窜动和径向振动，静密封元件对此起缓冲作用，保护了端面的良好接触。

机械密封实质上是将较易泄漏的轴向密封改为较难泄漏的静密封和径向端面密封。机械密封比填料密封的密封性能好，不易产生泄漏，轴或轴套不易磨损。机械密封功率损失较小，约为填料密封的 10%～15%。高温、高压、高速泵广泛采用机械密封。但机械密封结构复杂且价格较贵，要求有较高的加工、安装技术。

机械密封的材料需要有足够的刚度和强度，目前多采用碳化钨，石墨、陶瓷、铬钢、铬镍钢，硬质合金等材料制成动环和静环。

(二)机械密封的结构形式

由于输送介质的性质、洁净度及泵本身的转速、径向尺寸等机械性能和参数各不相同，要求采用不同形式的机械密封结构与之适应，才能获得良好的密封效果。机械密封结构形式很多，按其结构特点可分为以下几种：内装式与外装式、内流式与外流式、旋转式与静止式、平衡型与非平衡型、单端面与双端面、单弹簧与多弹簧等。根据不同的用途可选择使用不同结构形式的机械密封。

1. 内装式与外装式

内装式机械密封是指弹簧置于工作介质之内，若弹簧置于工作介质之外，则称为外装式机械密封。

在外装式机械密封中，大部分机械密封零件不与介质接触且暴露在设备外，便于观察、安装及维修。由于外装式结构的介质作用力与弹簧作用力相反，如果弹簧力余量不大，当介质压力波动较大时，容易引起密封失稳，出现密封面泄漏；如果弹簧力余量过大，又可能因密封端面比压过大而使密封端面早期磨损，导致机械密封摩擦面损伤。因此，外装式机械密封一般适用于输送有腐蚀性介质、介质易结晶而影响弹簧性能或介质黏稠使弹簧不能正常工作等场合。

内装式机械密封受力情况较好，泵启动时介质压力较低，无须太大的弹簧力即可对密封端面构成初始密封，此时端面比压较小，容易在动环和静环之间形成液膜，对密封端面起保护作用。当介质压力增大时，端面比压随介质压力增加而增大，增加了密封的可靠性。因此，对于无腐蚀性介质，应尽量采用内装式结构。油料输转或油料装备中的输油泵均采用内装式结构。

2. 内流式与外流式机械密封

介质沿径向从端面外周向内泄漏的机械密封称为内流式机械密封。反之，称为外流式机械密封。

对于内流式结构而言，由于介质在密封端面处的泄漏方向与端面液膜所受的离心力方向相反，阻碍了液体的泄漏，因而，内流式机械密封的泄漏量比外流式机械密封小，是多数离心泵密封的常用形式。对于含有固体颗粒的介质更应该采用内流式，这样可防止固体颗粒进入摩擦面。

3. 旋转式与静止式机械密封

旋转式机械密封是指弹簧随轴转动的机械密封，弹簧不随轴转动的机械密封称为静止式机械密封。

一般机械密封都采用旋转式机械密封形式，旋转式机械密封结构中弹簧装置及轴的结构简单，径向尺寸较小。但在高速情况下，旋转着的弹簧受到很大的离心力，就要有较高的动平衡要求，宜采用静止式，即弹簧静止不动，安装在静环后面，构成高速泵的静止式机械密封。

4. 平衡型与非平衡型机械密封

介绍平衡型与非平衡型机械密封前，先引入载荷系数 k 和平衡系数 β。载荷

系数 k 表示介质压力加到密封端面的程度，以介质压力的作用面积与密封端面面积之比表示，因此与密封结构有关。平衡系数 β 表示介质压力在密封端面上的卸荷程度。这两个系数是一个问题的两种表示方法。工程计算中习惯采用平衡系数来区分平衡形式。

当 $k \geq 1$ 时，全部介质压力都加在密封端面，此时平衡系数 $\beta \leq 0$，表示介质压力的作用一点也没有被平衡。这种结构型式称为非平衡型。

当 $0 < k < 1$ 时，轴上有台肩，动环的有效承压面积小于密封面积，介质压力的影响变小，此时平衡系数 $0 < \beta < 1$，表示介质压力的作用被平衡了一部分。这种结构型式被称为部分平衡型。

当 $k = 0$ 时，$D_2 = D_0$，此时平衡系数 $\beta = 1$，表示介质压力对密封面不起作用。这种结构形式称为完全平衡型。机构密封的平衡形式如图 7.35 所示。

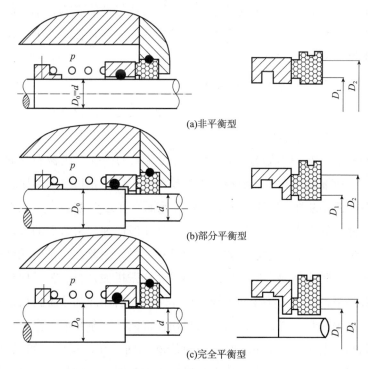

图 7.35 机械密封的平衡形式

上述结构型式可归纳如下：

非平衡型：$k \geq 1$，$\beta \leq 0$。

部分平衡型：$0 < k < 1$，$0 < \beta < 1$。

完全平衡型: $k=0$, $\beta=1$。

5. 单端面与双端面机械密封

单端面机械密封是指机械密封装置中只有一对摩擦副，前面所述的机械密封都是指单端面机械密封。双端面机械密封是指机械密封装置中有两对摩擦副。在双端面机械密封中，摩擦副背对背放置，在密封腔内注入密封液，防止输送介质外漏，并避免工作介质中的固体颗粒进入密封面，同时对密封端面起润滑作用。双端面机械密封适用于操作条件较苛刻的情况，如强腐蚀、高温、带悬浮颗粒、易挥发及气体介质等情况。

6. 单弹簧与多弹簧机械密封

密封装置中只有一个大弹簧的称为单弹簧机械密封，而多弹簧机械密封装置中采用多个小弹簧沿圆周均匀分布。单弹簧结构简单，安装方便，但弹簧比压分布不均，轴向尺寸大。液体中的结晶、腐蚀等对弹簧性能影响较小，适用于负荷轻、轴径不太大时使用。若轴径很大、要求较高，尤其是在高速下工作时，大都采用多弹簧机械密封。

(三)机械密封的使用注意事项

正确的操作对保证机械密封的正常运行和延长使用寿命具有重要意义。使用机械密封时应注意以下事项：

(1)机械密封是一种精密密封装置，密封端面的磨损对机械密封而言是致命损伤。因而，所输送的介质应清洁，无颗粒杂质，以防止密封面磨损。

(2)机械密封的动、静环端面是一对摩擦面，在运转中会产生大量热量。为了保证机械密封的正常工作，通常采用引进高压液体冲洗密封面的方法来带走摩擦产生的热量，并依靠所输送介质进行冷却和润滑。因此，在泵内无液体时严禁长时间空转，以防止因缺乏良好冷却和润滑而烧毁机械密封。为了保证机械密封的冷却，有些泵设置了旁路冷却系统，操作时应先启动冷却系统再启动泵，停机时先停泵再关闭冷却系统，确保机械密封在良好的冷却条件下工作。

(3)机械密封的动、静环端面是一对研磨端面，在使用中，如果没有泄漏，不宜拆装机械密封装置，确有必要拆装机械密封装置时，拆装后应重新研磨密封端面，以确保密封效果。

习题

1. 简述泵的定义。

2. 按工作原理，泵可以分为哪些类型？

3. 简述泵的发展趋势。

4. 离心泵的主要部件有哪些？

5. 叶轮的主要作用是什么？

6. 叶轮有哪些形式？主要适用于什么场合？

7. 液封环的作用是什么？

8. 离心泵轴向力是如何产生的？大小如何计算？

9. 单级泵平衡轴向力的措施有哪些？

10. 多级泵平衡轴向力的措施有哪些？

11. 平衡盘的工作原理是什么？

12. 填料密封是否压得越紧越好？为什么？

13. 机械密封的工作原理是什么？

14. 机械密封在使用中应注意哪些问题？

15. 离心式油泵和离心式水泵在结构构成上有哪些异同点？

第八章 离心泵基本理论及性能参数

第一节 离心泵基本理论

离心式、轴流式和混流式泵统称为叶片式泵，它们都是靠叶轮的旋转把能量传递给流体。离心泵是借离心力的作用使流体获得能量；轴流泵是借叶片给流体以升力使流体获得能量；而混流泵则是部分依靠离心力，另一部分借叶片的升力使流体获得能量。三者有许多共同之处。本教材以离心泵为代表叙述泵的基本理论。

一、离心泵的工作原理

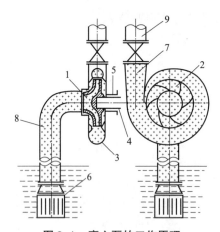

图 8.1 离心泵的工作原理
1—吸入室；2—叶轮；3—泵壳；
4—泵轴；5—轴承；6—过滤器；
7—压出室；8—吸入管；9—排出管

离心泵的工作原理如图 8.1 所示。泵工作之前先将泵内充满流体，当原动机带动叶轮高速旋转时，叶轮叶片推动流体转动，产生一个离心惯性力作用于随叶片做旋转运动的流体质点。流体质点在力的作用下自叶轮入口流向外圆周，此时在叶轮入口处产生低压区，外界流体在大气压力作用下流向叶轮入口，叶轮内流体不断流出，同时外界流体也不断地沿着吸入管道流进叶轮入口。流向叶轮外的流体离开叶轮后被收集于蜗壳或导叶内，部分动能转换成静压能后沿排出管路排出，形成了泵的连续工作。

以上定性地阐述了离心泵的工作原理，下面从定量的角度进一步分析流体通过叶轮后能量增加的大小及其影响因素。如图8.2所示，假设叶轮外缘是封闭的，流体沿流道没有流动，流体质点之间也没有相对运动。在叶轮流道内取一质点 M，其所在半径为 r、厚度为 dr、宽度为 b、所对应的圆心角为 $d\varphi$，则其质量为：

$$dm = \rho b r d\phi dr$$

式中，ρ 为流体质点的密度，kg/m^3。

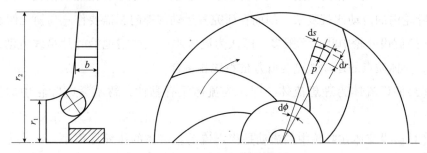

图8.2 离心泵机的定量分析图

当此质点以角速度 ω 旋转时，产生的离心惯性力 dF 的大小为：

$$dF = \omega^2 r dm = \rho b \omega^2 r^2 d\phi dr \qquad (8.1)$$

此离心惯性力被径向压力差所平衡，即：

$$dF = b r d\phi dp \qquad (8.2)$$

将式(8.2)代入式(8.1)并化简，可得：

$$dp = \frac{\rho b \omega^2 r^2 d\phi dr}{b r d\phi} = \rho \omega^2 r dr$$

对其积分，可得泵出、入口的压强差为：

$$\Delta p = \int_{r_1}^{r_2} dp = \int_{r_1}^{r_2} \rho \omega^2 r dr = \rho \omega^2 \int_{r_1}^{r_2} r dr = \frac{\rho \omega^2}{2}(r_2^2 - r_1^2)$$

$$\frac{\Delta p}{\rho g} = \frac{\omega^2}{2g}(r_2^2 - r_1^2) \qquad (8.3)$$

从式(8.3)可以看出：当叶轮中流体产生的压力差与叶轮旋转角速度的平方及叶轮进出口半径的平方差成正比。当叶轮尺寸一定，角速度越大，即转速越高时，压力差越大；当角速度一定，叶轮内径越小，外径越大，则产生的压力差越大；当其他条件不变时，压力差与流体的密度成正比，密度越大的流体产生的压力差就越大。由于液体在吸入管道中的流动阻力要比气体大得多，因而在离心泵中，若启动前泵内介质密度太小（如空气），产生的压力差就很小，在泵吸入口处无法形成足够大的真空度，也就无法将吸入池中的液体吸入泵内，离心泵无法连续工作。因此，在离心泵启动前必须使泵及吸入系统充满液体，工作中吸入系统也不能漏气，这是离心泵正常工作的必备条件。

二、流体在叶轮中的流动

了解流体在叶轮内的运动规律是认识离心泵工作原理和性能的前提。由于流体在叶轮内的流动比较复杂，因而在研究其运动规律时，需要作三项简化假设：

(1)假设叶轮中叶片无限多，即认为流体质点是严格地沿叶片型线流动，或者说，流体质点的运动轨迹与叶片的型线相重合。

(2)假设流体为理想流体，即认为流体没有黏性，暂不考虑叶轮中的流动损失。

(3)假设流体在叶轮中的流动是稳定流动且流体的压缩性很小，即认为叶轮内运动的流体是不可压缩的。

下面将在这三项假设前提下分析叶轮中流体流动的规律。

当离心泵工作时，流体质点一方面随叶轮作旋转运动，另一方面在流道中又从叶轮中心向外缘作径向移动，因此，流体在叶轮中的运动是复合运动。

当流体随叶轮作旋转运动时，流体质点一方面作圆周运动(也叫牵连运动)，如图8.3(a)所示，其运动速度称为圆周速度，用符号 $\vec{u}$ 表示。它的方向与流体质点所在点的圆周切线方向一致，其大小与流体质点所在点的半径 r 及转速 n 有关。另一方面，流体质点在叶轮流道内又从叶轮中心流向外缘，相对于旋转叶片做相对运动，如图8.3(b)所示，其运动速度称为相对速度，用符号 $\vec{w}$ 表示。它的方向与流体质点所在点的叶片切线方向一致，其大小与流量及流道几何尺寸有关。任何瞬间流体在叶轮内任何位置既作圆周运动，又做相对运动。我们把流体质点相对于机壳的运动，称为绝对运动，如图8.3(c)所示，其运动速度称为绝对速度，用符号 $\vec{v}$ 表示。根据速度合成定理有：

$$\vec{v} = \vec{u} + \vec{w} \tag{8.4}$$

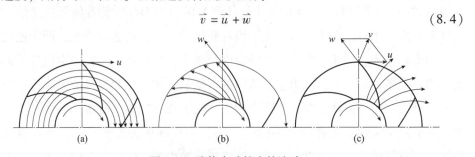

图8.3　流体在叶轮中的流动

三、叶轮内流体流动速度三角形

对于流体质点在叶轮流道内任意位置上的三个速度向量 $\vec{v}$、$\vec{u}$ 和 $\vec{w}$，我们可以作出由这三个速度向量组成的向量图，称其为速度三角形，如图 8.4(a) 所示。

为了便于进一步分析，把绝对速度 $\vec{v}$ 分解成两个分量：一个是与流量有关的径向分速度 v_r（又称轴面速度），它与叶轮直径方向一致，$v_r = v\sin\alpha$；另一个是与压头有关的圆周分速度 v_u，它与圆周相切，$v_u = v\cos\alpha$，如图 8.4(b) 所示。

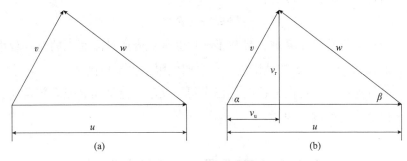

图 8.4　速度三角形

在速度三角形中，绝对速度 $\vec{v}$ 与圆周速度 $\vec{u}$ 间的夹角用 α 表示，称为叶片的工作角。相对速度 $\vec{w}$ 与圆周速度 $\vec{u}$ 反方向间的夹角用 β 表示，称为流动角。叶片上任意点的切线与该点所在圆周的切线间的夹角，称为叶片安装角，用符号 β_y 表示。当叶片无限多，流体质点沿叶片形线运动时，相对速度 w 的方向应与叶片安装角 β_y 的方向一致，此时流动角等于叶片安装角，即 $\beta = \beta_y$。实际 β_y 是根据经验数值选取的。

叶轮流道内任意点都可以作出该点速度三角形，在研究流体流动状态时，只需作出进口和出口速度三角形就可以了。本书用脚标"0"表示进入叶轮前的位置；用脚标"1"表示叶轮进口位置；用脚标"2"表示叶轮出口位置；用脚标"∞"表示无限多叶片。

速度三角形清楚地表达了流体质点在叶轮流道中的流动情况，是研究流体在叶轮内运动规律、能量转换和泵性能的基础。

当叶轮流道几何形状（安装角 β_y 已定）及尺寸确定后，如已知叶轮转速 n 和设计流量 Q_s，即可求得叶轮内任何半径 r 上某点的速度三角形。

这里，圆周速度 u 为：

$$u = \omega r = \frac{\pi D n}{60} \tag{8.5}$$

式中　D——所求位置处对应的直径，m；

　　　n——叶轮转速，r/min。

径向分速度 v_r 由连续性方程得：

$$v_r = \frac{Q_s}{A} = \frac{Q_T}{A\eta_v} \tag{8.6}$$

式中，Q_s 为设计流量；Q_T 为理论流量；η_v 为容积效率；A 为与 v_r 垂直的过流面积（有效面积），可以近似认为它是以半径 r 处的叶轮宽度 b 做母线，绕轴心旋转一周所形成的曲面，故有：

$$A = 2\pi r b\Psi \tag{8.7}$$

式中，Ψ 为叶片排挤系数，反映了叶片厚度对流道过流面积的遮挡程度。对于水泵，Ψ 在 0.75～0.95 的范围内，小泵取低限；大泵取高限。

既然圆周速度 u 和径向分速度 v_r 已求得，又已知流动角 β 或安装角 β_y，就可以按一定比例作出速度三角形。

第二节　离心泵的能量方程式

前一节指出，对于封闭的叶轮，当叶轮旋转时就能把能量传递给流体，从而使其静压升高。那么若叶轮外缘不封闭，有流体输出时，叶轮传递给流体多少能量呢？此能量与哪些因素有关呢？

一、能量方程式

能量方程式是在假设叶片无限多、流体为理想流体以及流动是稳定流的条件下推导出来的，然后再按实际情况加以修正。

（一）用动量矩定理推导能量方程式

动量矩定理指出：流体在稳定流动时，单位时间内流体通过叶轮的动量矩的变化，等于作用于该流体上的外力矩。

为了求得单位时间内流体动量矩的变化，在叶轮中取一个以两叶片之间及流道进、出口断面 1－1、2－2 为界面的控制体，如图 8.5(a) 所示，讨论其动量矩的变化。

当时间 $t=0$ 的瞬间，该控制体在 1－1、2－2 位置，经过微元时间 dt 后控制体移至 1′－1′、2′－2′位置，则在 dt 时间内控制体动量矩的变化应等于 1′－1′和

$2'-2'$之间及 $1-1$ 和 $2-2$ 断面之间的动量矩之差。因流体在叶轮内是恒定流动，所以在 $1'-1'$ 和 $2-2$ 断面之间的动量矩不变。因此，在 dt 时间内动量矩的变化等于 $2'-2'$ 和 $2-2$ 断面之间及 $1-1$ 和 $1'-1'$ 断面之间的动量矩之差。

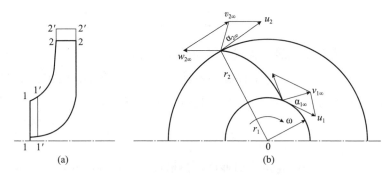

图 8.5 导出动量矩变化的引证图

依连续性方程可知 $2-2$ 和 $2'-2'$ 断面之间的流体质量等于 $1-1$ 和 $1'-1'$ 断面之间的流体质量，并等于 dm，若设单位时间内流过叶轮的体积流量为 Q，流体的密度为 ρ，则：

$$dm = \rho Q dt$$

流出叶轮的流体对轴的动量矩为：

$$L_2 = v_{2\infty} \cos\alpha_{2\infty} r_2 dm = \rho Q v_{2\infty} \cos\alpha_{2\infty} r_2 dt$$

流入叶轮的流体，对轴的动量矩等于：

$$L_1 = v_{1\infty} \cos\alpha_{1\infty} r_1 dm = \rho Q v_{1\infty} \cos\alpha_{1\infty} r_1 dt$$

根据动量矩定理，单位时间内流体通过叶轮的动量矩的变化等于作用于该流体上的外力矩，即：

$$M = \frac{\Delta L}{\Delta t} = \frac{L_2 - L_1}{dt} = \rho Q (v_{2\infty} \cos\alpha_{2\infty} r_2 - v_{1\infty} \cos\alpha_{1\infty} r_1)$$

叶轮以等角速度 ω 旋转，则传递给流体的功率为：

$$N = M\omega = \rho Q (v_{2\infty} \cos\alpha_{2\infty} r_2 \omega - v_{1\infty} \cos\alpha_{1\infty} r_1 \omega) \tag{8.8}$$

由图 8.5 可知：$\omega r_2 = u_2$，$\omega r_1 = u_1$

由速度三角形（见图 8.4）可知：$v_{2\infty} \cos\alpha_{2\infty} = v_{2u\infty}$，$v_{1\infty} \cos a_{1\infty} = v_{1u\infty}$

代入式（8.8）可得：

$$N = M\omega = \rho Q (u_2 v_{2u\infty} - u_1 v_{1u\infty})$$

单位时间内叶轮对流体所做的功 N，在理想条件下，又全部转化为流体单位时间内获得的能量，即：

$$N = \rho g Q H_{T\infty} = \rho Q (u_2 v_{2u\infty} - u_1 v_{1u\infty})$$

对于单位质量流体从叶轮得到的能量，上式两边同时除以 $\rho g Q$，得到无限多叶片时泵的理论能头 $H_{T\infty}$ 为：

$$H_{T\infty} = \frac{1}{g}(u_2 v_{2u\infty} - u_1 v_{1u\infty}) \qquad (8.9)$$

该式为离心式泵的能量方程式，又叫欧拉方程式。

从式(8.9)可以看出，为了提高理论能头，设计时取 $\alpha_1 = 90°$，即流体沿径向进入叶轮，则 $v_{1u\infty} = v_{1\infty}\cos\alpha_{1\infty} = 0$，则式(8.9)简化为：

$$H_{T\infty} = \frac{1}{g}u_2 v_{2u\infty} \qquad (8.10)$$

利用余弦定理，把叶轮进出口速度三角形按余弦定理展开：

$$w_{2\infty}^2 = u_{2\infty}^2 + v_{2\infty}^2 - 2u_{2\infty}v_{2\infty}\cos\alpha_2 = u_{2\infty}^2 + v_{2\infty}^2 - 2u_{2\infty}v_{2u\infty}$$

$$w_{1\infty}^2 = u_{1\infty}^2 + v_{1\infty}^2 - 2u_{1\infty}v_{1\infty}\cos\alpha_1 = u_{1\infty}^2 + v_{1\infty}^2 - 2u_{1\infty}v_{1u\infty}$$

两式移项后代入式(8.9)，可以把能量方程改为另一种形式：

$$H_{T\infty} = \frac{u_2^2 - u_1^2}{2g} + \frac{w_{1\infty}^2 - w_{2\infty}^2}{2g} + \frac{v_{2\infty}^2 - v_{1\infty}^2}{2g} \qquad (8.11)$$

对于离心泵而言，理论能头即泵的理论扬程。

对于轴流泵，因流体流入和流出叶轮时在同一直径上，$u_1 = u_2$，代入式(8.9)、式(8.11)可得：

$$H_{T\infty} = \frac{u}{g}(v_{2u\infty} - v_{1u\infty}) \qquad (8.12)$$

$$H_{T\infty} = \frac{w_{1\infty}^2 - w_{2\infty}^2}{2g} + \frac{v_{2\infty}^2 - v_{1\infty}^2}{2g} \qquad (8.13)$$

(二)能量方程式的分析

能量方程式充分地反映出能量转换过程，我们就式(8.11)加以分析讨论：

(1)左端 $H_{T\infty}$ 表示没有任何摩擦和冲击损失条件下，单位质量流体流过无限多叶片叶轮时所获得的能量，即泵的理论能头，其单位为米。从能量方程式可以看出流体获得的理论能头 $H_{T\infty}$，仅与流体在叶片进口和出口的速度有关，而与流体在叶轮内部的流动过程无关。

(2)式(8.11)右端表示流体流经叶轮后所获得的总能头由三部分组成。

①右端第一、二项是总能头中压能的增量，也称为静水头增量，用 $H_{st\infty}$ 表示：

$$H_{st\infty} = \frac{u_2^2 - u_1^2}{2g} + \frac{w_{1\infty}^2 - w_{2\infty}^2}{2g}$$

式中，$\frac{u_2^2 - u_1^2}{2g}$ 是单位质量流体在叶轮旋转时产生的离心力所做的功；

$\frac{w_{1\infty}^2 - w_{2\infty}^2}{2g}$ 是由于叶片间流道扩宽，导致相对速度 w 有所下降而获得的静水头增量，代表着叶轮中动能转化为压能的分量。由于流道中流体与叶轮相对速度变化不大，故其增量部分较小。

②右端第三项是单位质量流体速度的变化引起的动能增量，用 $H_{d\infty}$ 表示：

$$H_{d\infty} = \frac{v_{2\infty}^2 - v_{1\infty}^2}{2g}$$

通常在总能头相同的条件下，动水头的增量不宜过大。虽然，人们利用蜗壳及导流器的扩压作用，可将一部分动水头转换成静水头，增加了流动的水力损失，使泵的效率有所上升。

由此可知：理论能头是流体流经泵后静压头增量部分与动压头增量部分之和，即式(8.11)可写成：

$$H_{T\infty} = H_{st\infty} + H_{d\infty} \tag{8.14}$$

对于离心泵而言，理论能头主要靠离心力做功产生；对于轴流泵来说理论能头是靠叶片升力做功产生的。

(3)从能量方程式可以看出理论能头是用流体柱高度表示的，它的数值只与流体的运动状态有关，而与流体的性质无关。因此，用同一台泵在相同条件下输送不同性质的液体介质时，产生的理论扬程相同，但出、入口的压强差不同。

(4)欧拉方程式适用于叶片式泵，是叶片式叶轮(包括离心式和轴流式叶轮)能量传递的关系式。不过欧拉方程式用于离心式叶轮与轴流式叶轮时还是有差别的。在离心式叶轮中流体质点从叶轮内径流到外径，并获得相同的最大压头；而在轴流式叶轮中流体质点是在叶轮某一直径上流进、流出并获得相应的能量。

(5)能量方程式不仅表明能量变化过程，也为泵的设计、改进指出了方向。由离心泵能量方程式(8.9)可以看出，当 $v_{1u\infty} = 0$ 时，可以提高理论能头 $H_{T\infty}$，所以设计时，通常取 $\alpha_1 = 90°$。当然，加大 u_2 及 $v_{2u\infty}$ 也可以提高理论能头 $H_{T\infty}$。应当指出：增加出口圆周速度可以通过加大叶轮外径 D_2 或提高叶轮转速 n 实现，但 D_2 增加会使损失增加，从而导致泵效率下降，加之所用材料强度等限制不能过分加大外径尺寸 D_2，而用提高转速的办法来提高泵的理论能头 $H_{T\infty}$ 是当今普遍采用的一个重要手段。

（6）对于轴流泵来说，因为 $u_1 = u_2 = u$，而 $v_{2u\infty} - v_{1u\infty}$ 又不可能很大，因此，轴流式泵的理论能头远低于离心泵。要提高理论能头，应设法加大叶轮入口的相对速度 $w_{1\infty}$，应使 $w_{1\infty} > w_{2\infty}$。为此，设计上应使叶轮入口断面面积小于出口断面。通常采用增加叶片入口的厚度实现，把叶片做成类似机翼型断面，以提高理论能头。

虽然，能量方程式为叶轮的设计计算提供了依据，但是实际流体的黏性对能头的实际影响很难从理论上计算出来，只能通过实验来修正。

（三）有限数目叶片叶轮理论能头

当叶片趋向无限时，流体在叶轮流道内流动严格地沿叶片形线运动，因而流道断面上的相对速度分布是均匀的，如图 8.5（b）所示，这是一种理想情况。实际上，叶轮叶片数目是有限的，在有限数目叶片叶轮流道内，流体在两叶片之间有一定宽度的空间内自由流动。在此种场合下，除了紧靠叶片的流体沿叶片形线运动，其他流体的运动都与叶片的形线有不同程度的偏移。

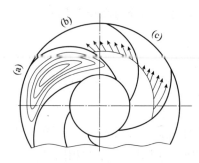

图 8.6 流体在流道中的运动

有限叶片叶轮中流体的流动，可以看成两种运动（牵连运动和相对运动）的合成。若把叶轮的进、出口封闭，叶轮旋转时，有一定自由空间的流道内的流体会产生一种与叶轮旋转方向相反的旋转运动，如图 8.6（a）所示，人们称这种运动为相对轴向旋涡运动；若叶轮固定不动，让流体流过叶轮流道，如图 8.6（b）所示。有限叶片叶轮中流体的运动，可以看作匀速运动与轴向旋涡运动叠加的结果，叠加的结果如图 8.6（c）所示。在叶片工作面上，由于轴向旋涡运动速度方向与相对运动速度方向相反，导致相对速度减小；而在叶片背面，由于轴向旋涡运动速度方向与相对运动速度方向相同，相对速度增大。

在叶轮出口处，由于轴向旋涡运动的影响，使得出口相对运动速度偏离叶片的切线方向，即相对运动速度的流动角 $\beta_{2\infty}$ 并不与叶片出口安装角 $\beta_{2y\infty}$ 一致，而是向着叶轮旋转的反方向偏离了一个角度，由 β_{2y} 减小到 β_2。由于流量 Q 与转速 n 不变，即 v_{2r} 和 u_2 不变，所以

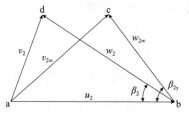

图 8.7 轴向旋涡对速度三角形的影响

出口速度三角形由 Δabc 变为 Δabd，如图 8.7 所示。由轴向旋涡运动所引起的出口相对速度的偏移，导致 $\beta_2 < \beta_{2y}$，同时也使 $v_{2u\infty}$ 减小。

由能量方程式可知，有限叶片叶轮的理论能头 H_T 将小于无限多叶片（$z = \infty$）叶轮的理论能头 $H_{T\infty}$。即：

$$H_T = \frac{u_2 v_{2u} - u_1 v_{1u}}{g} < H_{T\infty} = \frac{u_2 v_{2u\infty} - u_1 v_{1u\infty}}{g}$$

必须指出：H_T 与 $H_{T\infty}$ 的差别与叶片数及流道形状密切相关，这种差别的原因不是因为任何损失，而是有限数目叶片叶轮的流道不能像无限多叶片时那样严格控制流体流动，流体的惯性影响导致速度变化，归根结底是流体惯性导致 H_T 与 $H_{T\infty}$ 的差异。这种差异是客观存在的，人们感兴趣的是如何计算 H_T 与 $H_{T\infty}$ 的差异，或者说如何计算 H_T 的大小。

关于 H_T 的计算方法有斯托道拉的理论计算法和修正系数法。由于篇幅限制，本书只介绍修正系数法。

修正系数法是采用一个恒小于 1 的修正系数 K 修正 $H_{T\infty}$ 而得到 H_T 即：

$$H_T = K H_{T\infty} \tag{8.15}$$

式中，K 为滑移系数，也称修正系数。它不是效率，它只表明 $H_T < H_{T\infty}$ 的系数，对于离心泵来说，一般在 $0.78 \sim 0.85$。

二、离心式叶轮叶片形式对泵性能的影响

（一）叶片的三种形式

无限多叶片叶轮所产生的理论能头 $H_{T\infty}$ 主要取决于叶轮进、出口速度三角形，而速度三角形的形状由进、出口叶片安装角 $\beta_{1y\infty}$ 和 $\beta_{2y\infty}$ 决定。当 $\beta_{1y\infty}$ 一定（通常取 $\alpha_1 = 90°$ 则 $v_{1u\infty} = 0$），进口速度三角形即确定，因此，$H_{T\infty}$ 主要取决于 $\beta_{2y\infty}$，下面讨论 $\beta_{2y\infty}$ 角对 $H_{T\infty}$ 的影响。

叶片出口安装角 $\beta_{2y\infty}$ 决定了叶片的形式，所以一般以 $\beta_{2y\infty}$ 角的大小，把叶片分为如图 8.8 所示的三种形式。

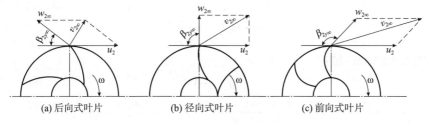

(a) 后向式叶片　　　(b) 径向式叶片　　　(c) 前向式叶片

图 8.8　叶片的形式

（1）后向式叶片叶轮（$\beta_{2y\infty} < 90°$），简称后向式叶轮，其叶片弯曲方向与叶轮旋转的方向相反；

（2）径向式叶片叶轮（$\beta_{2y\infty} = 90°$），简称径向式叶轮，其叶片出口的方向为径向；

（3）前向式叶片叶轮（$\beta_{2y\infty} > 90°$），简称前向式叶轮，其叶片弯曲方向与叶轮旋转的方向相同。

为了比较叶片形式的变化对理论能头 $H_{T\infty}$ 的影响，假设这三种叶轮的直径 D、转速 n 及流量 Q 均相等，即出口速度三角形的底边 u_2 及其高 $v_{2r\infty}$ 相等。

（二）叶片出口安装角 $\beta_{2y\infty}$ 对理论能头 $H_{T\infty}$ 的影响

由图 8.8（a）中出口速度三角形得出：

$$v_{2u\infty} = u_2 - v_{2r\infty} \operatorname{ctg} \beta_{2y\infty}$$

将上式代入式（8.10）得：

$$H_{T\infty} = \frac{1}{g} u_2 v_{2u\infty} = \frac{u_2}{g}(u_2 - v_{2r\infty} \operatorname{ctg} \beta_{2y\infty}) \tag{8.16}$$

由三项假设条件，从式（8.16）可知理论能头 $H_{T\infty}$ 仅与 $\beta_{2y\infty}$ 有关，下面就叶片的三种形式进行讨论。

1. 当 $\beta_{2y\infty} < 90°$（后向式）

如图 8.9（a）的速度三角形所示，此时 $\operatorname{ctg}\beta_{2y\infty} > 0$，$\beta_{2y\infty}$ 越小，则 $v_{2r\infty} \operatorname{ctg}\beta_{2y\infty}$ 之积越大，$H_{T\infty}$ 就越小。当 $\beta_{2y\infty}$ 小到等于最小 $\beta_{2y\infty\,min}$ 时有：

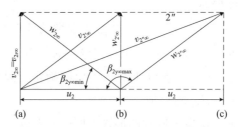

图 8.9 叶片安装角 $\beta_{2y\infty}$ 对 $H_{T\infty}$ 的影响

$$\operatorname{ctg} \beta_{2y\infty\,min} = \frac{u_2}{v_{2r\infty}} \tag{8.17}$$

代入式（8.16）得：

$$H_{T\infty} = 0$$

此时，叶轮不能给流体任何能量，这是出口安装角 $\beta_{2y\infty}$ 的最小极限值。

2. 当 $\beta_{2y\infty} = 90°$（径向式）

如8.9（b）所示的速度三角形，此时，$\mathrm{ctg}\beta_{2y\infty} = 0$，代入式（8.16）得：

$$H_{\mathrm{T}\infty} = \frac{u_2^2}{g}$$

3. 当 $\beta_{2y\infty} > 90°$（前向式）

如图7.44（c）所示的速度三角形，此时，$\beta_{2y\infty} > 90°$，则 $\mathrm{ctg}\beta_{2y\infty} < 0$，$\beta_{2y\infty}$ 越大，$H_{\mathrm{T}\infty}$ 也越大。当 $\beta_{2y\infty}$ 增加到最大角 $\beta_{2y\infty\,\mathrm{max}}$ 时有：

$$\mathrm{ctg}\,\beta_{2y\infty\,\mathrm{max}} = -\frac{u_2}{v_{2r\infty}} \tag{8.18}$$

代入式（8.16）得：

$$H_{\mathrm{T}\infty} = \frac{2u_2^2}{g}$$

这是 $\beta_{2y\infty}$ 角最大时的极限值。

以上分析结果说明，当叶片出口安装角从 $\beta_{2y\infty\,\mathrm{min}}$ 增加到 $\beta_{2y\infty\,\mathrm{max}}$，$H_{\mathrm{T}\infty}$ 从零增加到最大值，即 $\beta_{2y\infty}$ 越大，流体从叶轮所获得的能量越多。似乎可以得出如下结论：前向式叶轮所能提供的能头最大，其次是径向式叶轮，而后向式叶轮所能提供的能头最小，故前向式叶轮效果最佳。

但是，这种看法是不全面的，因为在全部理论能头的组成中，存在动压和静压的分配问题。为此，有必要结合叶型进一步研究这个问题。

（三）叶型对动压头 $H_{\mathrm{d}\infty}$ 的影响

从前述理论能头的组成来看，理论能头 $H_{\mathrm{T}\infty}$ 为动压头 $H_{\mathrm{d}\infty}$ 和静压头 $H_{\mathrm{st}\infty}$ 之和。在离心泵中，我们希望获得较高的静压头，即静压头在总能头中所占比例较大，以提高泵系统的效率。

通常在设计离心式叶轮时，除使流体径向进入（$\alpha_1 = 90°$）流道外，常令叶轮（流道）进口截面积等于出口（流道）截面积。以 A 代表截面积，根据连续性原理有：

$$v_{1\infty}A = v_{1r\infty}A = v_{2r\infty}A$$

则：
$$v_{1\infty} = v_{1r\infty} = v_{2r\infty}$$

将此关系代入动压头 $H_{\mathrm{d}\infty}$ 计算公式，可得 $H_{\mathrm{d}\infty}$ 与出口切向分速度 $v_{2u\infty}$ 之间的关系：

$$H_{\mathrm{d}\infty} = \frac{v_{2\infty}^2 - v_{1\infty}^2}{2g} = \frac{v_{2\infty}^2 - v_{2r\infty}^2}{2g} = \frac{v_{2u\infty}^2}{2g} \tag{8.19}$$

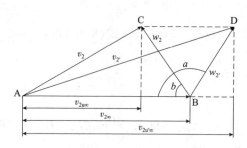

图 8.10　不同叶型(不同 $\beta_{2y\infty}$)出口切向分速度

由此可见，理论能头 $H_{T\infty}$ 中的动压头成分 $H_{d\infty}$ 与出口速度的切向分速度 $v_{2u\infty}$ 的平方成正比，结合图 8.10，可以看出：在同一叶轮直径和同一转速下，后向式叶轮 $\beta_{2y\infty}$ < $90°(\triangle ABC)$ 具有较小的出口切向分速度 $v_{2u\infty}$，因而全部能头中的动压水头 $H_{d\infty}$ 成分较少；前向式叶轮 $\beta_{2y\infty}>90°(\triangle ABD)$ 的出口切向分速度 $v_{2u\infty}$ 较大，所以动压水头 $H_{d\infty}$ 成分较多，而静压水头 $H_{st\infty}$ 成分减少。

如前所述，动压水头成分大，意味着流体在蜗道中，动压转换成静压的过程中水力损失大。实践证明，在其他条件相同时，尽管前向式叶轮离心泵的总扬程较大，但它们的损失也大，效率较低。因此，离心泵全部采用后向式叶轮。

后向式叶轮叶片的出口安装角通常为 $20°\sim30°$。

第三节　离心泵的性能参数

泵的工作性能用其性能参数表征，主要性能参数包括流量、扬程、转速、功率、效率、允许吸入真空高度或汽蚀余量等。本节着重对泵的扬程、功率、损失及效率等进行分析，泵的气蚀性能及其参数将在下一节介绍。

一、离心泵的扬程

泵的扬程是指单位质量流体通过泵后所增加的能量，即泵给予单位质量流体的能量。习惯上用 H 表示泵的扬程，单位为 m。

(一)离心泵的扬程计算公式

图 8.11 是离心泵的安装示意图。以吸入液面作为基准面，泵吸入口和排出口处单位质量液体具有的机械能 $E_{吸}$ 和 $E_{排}$ 分别为：

$$E_{吸} = H_{吸} + \frac{p_{吸}}{\rho g} + \frac{v_{吸}^2}{2g}$$

$$E_{排} = \Delta h + H_{吸} + \frac{p_{排}}{\rho g} + \frac{v_{排}^2}{2g}$$

式中 $H_{吸}$——吸入高度, 即泵的安装高度, m;

$p_{吸}$——泵吸入口处绝对压强, Pa;

$p_{排}$——泵排出口处绝对压强, Pa;

$v_{吸}$——泵吸入口截面平均流速, m/s;

$v_{排}$——泵排出口截面平均流速, m/s;

Δh——两表安装高度差, m。

根据泵扬程的定义 $H = E_{排} - E_{吸}$, 有泵扬程定义的数学表达式:

$$H = \Delta h + \frac{p_{排} - p_{吸}}{\rho g} + \frac{v_{排}^2 - v_{吸}^2}{2g} \quad (8.20)$$

测量泵扬程时, 分别在泵的吸入口和排出口处各装一块真空表和一块压力表, 两表读数与绝对压强的关系如下:

$$p_{真} = p_a - p_{吸}$$

$$p_{表} = p_{排} - p_a$$

所以 $p_{排} - p_{吸} = p_{表} + p_{真}$

于是式(7-16)可写成:

$$H = \Delta h + \frac{p_{真} + p_{表}}{\rho g} + \frac{v_{排}^2 - v_{吸}^2}{2g} \quad (8.21)$$

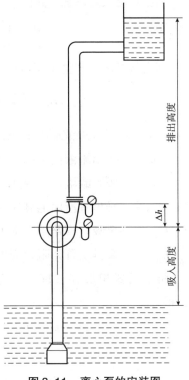

图 8.11   离心泵的安装图

式(8.21)是用真空表读数和压力表读数表示的泵的扬程表达式。此式只适用于泵吸入口压力低于大气压力的情况, 若吸入口压力高于大气压时, 仍采用式(8.20)计算。

当泵的吸入口和排出口直径相等, 且两表安装高度相差不大时, 可近似用下式计算泵的扬程:

$$H = \frac{p_{真} + p_{表}}{\rho g} \quad (8.22)$$

以上介绍了泵的扬程计算表达式, 从扬程定义角度入手分析了扬程的计算方法。

(二)泵提供的能量与管路所需能量之间的关系

在实际管路系统中, 泵的扬程即泵提供给管路系统的能量。泵扬程的大小由规定流量下管路系统所需要的能量来决定, 泵提供的能量应等于管路所需要的能量。

列出从吸入罐液面(基准面)到泵吸入口间的能量方程:

$$\frac{p_1}{\rho g} + \frac{v_1^2}{2g} = H_{吸} + \frac{p_{吸}}{\rho g} + \frac{v_{吸}^2}{2g} + h_{吸损}$$

列出从泵出口到排出罐液面(吸入罐液面为基准面)间的能量方程:

$$\Delta h + H_{吸} + \frac{p_{排}}{\rho g} + \frac{v_{排}^2}{2g} = H_{吸} + H_{排} + \frac{p_2}{\rho g} + \frac{v_2^2}{2g} + h_{排吸}$$

式中　　p_1——吸入罐液面上的压强,Pa;

　　　　p_2——排出罐液面上的压强,Pa;

　　　　v_1——吸入罐液面下降速度,m/s;

　　　　v_2——排出罐液面上升速度,m/s;

　　$h_{吸损}$——泵吸入管路阻力损失,m;

　　$h_{排损}$——泵排出管路阻力损失,m。

将上两式相加并整理,考虑到吸入罐和排出罐截面较大,假设 $v_1 = v_2 = 0$,得:

$$\Delta h + \frac{p_{排} - p_{吸}}{\rho g} + \frac{v_{排}^2 - v_{吸}^2}{2g} = H_{吸} + H_{排} + h_{排损} + h_{吸损} + \frac{p_2 - p_1}{\rho g}$$

$$H = H_{吸} + H_{排} + h_{排损} + h_{吸损} + \frac{p_2 - p_1}{\rho g}$$

令:$H_{吸} + H_{排} = H_{输}$;$h_{排损} + h_{吸损} = h_{损}$

则:$H = H_{输} + h_{损} + \dfrac{p_2 - p_1}{\rho g}$　　　　　　　　　　　　　　(8.23)

式中,$H_{输}$ 为输送高度,其值等于排出罐液面与吸入罐液面之间的高度差。$H_{损}$ 称为管路损失,其值等于吸入管路水头损失与排出管路水头损失之和。

需要指出的是,当排出罐液面高于吸入罐液面时,$H_{输}$ 取正值,反之取负值。进一步地,若吸入液面和排出液面通大气,即 $p_1 = p_2 = p_a$,则有:

$$H = H_{输} + h_{损}　　　　　　　　　　　　　　(8.24)$$

此时,泵的扬程等于输送高度 $H_{输}$ 与管路损失 $h_{损}$ 之和,即泵给流体提供的能量一部分用来增加流体的位置势能,另一部分用来克服整个管路中的摩阻损失,反映了整个管路系统能量的供需平衡。

(三)输送不同介质时两表读数的变化

真空表和压力表是指示泵工作状态的仪表,两表读数与管路参数的关系可依伯努利方程分别求出:

$$\frac{p_{真}}{\rho g} = H_{吸} + \frac{v_{吸}^2}{2g} + h_{吸损}$$

$$\frac{p_{表}}{\rho g} = H_{排} - \Delta h + h_{排损} - \frac{v_{排}^2}{2g}$$

不难看出：同一台泵输系统在输送不同介质时（黏度相近），以米液柱表示的两表数值基本不变。

现以输送汽油和柴油为例，同一台泵分别输送这两种介质时，由于 $H_{吸}$、$H_{排}$、NPSH 及速度头不变，而 $h_{吸损}$、$h_{排损}$ 也因黏度变化不大而几乎不变，所以：

$$\frac{p_{真汽}}{\rho_{汽} g} = \frac{p_{真柴}}{\rho_{柴} g}$$

$$\frac{p_{表汽}}{\rho_{汽} g} = \frac{p_{表柴}}{\rho_{柴} g}$$

但值得注意的是，因两表计数与密度有关，因而随着密度的变化，两表读数会发生变化。

例题 8.1：某油库拟增设一管线加油管路（如图 8.12 所示），洞库油罐 A 的最低液面标高 127m，压力罐 B 液面标高 112m，压力罐 B 的控制压力（表压力）为 $19.62 \times 10^4 \sim 39.24 \times 10^4$ Pa，洞库油罐液面通大气。设流量为 100m³/h，A ~ B 管路的阻力损失为 26.7m，所输送油料为航空煤油，密度为 780kg/m³，求所需泵的扬程。

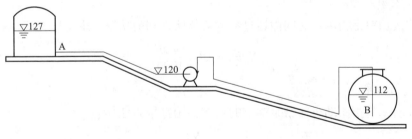

图 8.12　例 8.1 图

解：该例题是已知管路系统，求所需泵的扬程，可采用式(8.23)进行计算。依题意，已知：

$$H_{输} = 112 - 127 = -15(\text{m})$$

$$h_{损} = 26.7(\text{m})$$

$$\rho = 780(\text{kg/m}^3)$$

由于洞库油罐 A 液面通大气：

$$p_1 = 0\,(\text{Pa})$$

由于压力罐 B 的压强增大时，输油量会减小，因此为了保证输油过程中流量均可达到 100m³/h，需要压力罐 B 的压强最大时，流量至少为 100m³/h，由此可知：

$$p_2 = 39.24 \times 10^4\,(\text{Pa})$$

将已知条件代入式(8.23)，可得：

$$H = H_{输} + h_{损} + \frac{p_2 - p_1}{\rho g}$$

$$= -15 + 26.7 + \frac{39.24 \times 10^4}{780 \times 9.81}$$

$$= 62.98\,(\text{m})$$

二、功率、损失和效率

泵在进行能量转换时存在各种损失，因此，从原动机得到的能量不可能全部传递给流体。损失的多少可用效率来衡量，效率是表示泵能量转换程度的一个重要经济指标。为了寻求提高效率的有效途径，必须对泵内部的各种能量损失进行分析。

(一)泵的功率

单位时间内泵所做的功称为功率。其单位为 W 或 kW。

功率分为有效功率、轴功率和原动机功率。

1. 有效功率

有效功率是指单位时间内通过泵的流体所得到的功率。用符号 N_e 表示：

$$N_e = \rho g Q H = \frac{\rho g Q H}{1000} \tag{8.25}$$

2. 轴功率

轴功率是指原动机输给泵轴上的功率，用符号 N 表示：

$$N = \frac{N_e}{\eta} \tag{8.26}$$

式中 η——泵的总效率；

ρ——流体密度，kg/m³；

Q——泵的流量，m³/s；

H——泵的扬程，m。

3. 原动机功率

原动机功率是指原动机输出功率，用 N_g 表示：

$$N_g = \frac{N}{\eta_{tm}} = \frac{\rho g Q H}{1000 \eta \eta_{tm}} \qquad (8.27)$$

式中，η_{tm} 为机械传动效率。传动方式与机械传动效率见表8.1。

表8.1　传动方式与机械传动效率

传动方式	机械传动效率
电动机直联传动联轴器直联传动三角皮带传动(滚动轴承)	1.00 0.98 0.95

在选择配套原动机时要考虑到超载，故应加一安全量，因此，原动机配机功率为：

$$N'_g = K \frac{N}{\eta_{tm}} \qquad (8.28)$$

式中，K 为电动机容量安全系数。电动机功率与容量安全系数 K 见表8.2。

表8.2　电动机功率与容量安全系数 K

电动机功率/kW	容量安全系数 K	电动机功率/kW	容量安全系数 K
0.5 以下	1.5	2～5	1.2
0.5～1	1.4	5	1.15
1～2	1.3	>50	1.08

（二）泵的损失与效率

泵在把机械能传递给所输送流体过程中，伴随着各种损失，按形式可分为：机械损失 ΔN_m、容积损失 ΔN_v 和流动损失 ΔN_h 三类。轴功率 N 减去由这三项损失所消耗的功率后就等于有效功率 N_e。从图8.13所示的能量平衡图可以看出轴功率 N、损失功率（$\Delta N_m + \Delta N_v + \Delta N_h$）与

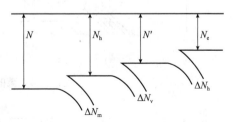

图8.13　能量平衡图

有效功率 N_e 之间的能量平衡关系。泵内损失的大小用效率表示。下面介绍各种损失及相应的效率。

1. 机械损失和机械效率

机械损失主要包括轴承摩擦损失 ΔN_1、轴封摩擦损失 ΔN_2 及圆盘摩擦损失 ΔN_3 所消耗的功率。

（1）轴承和轴封摩擦损失。

轴承和轴封摩擦损失与轴承和轴封的结构形式及所输送的流体密度 ρ 有关。这两项损失功率之和约占轴功率的 1%～3%。目前广泛采用机械密封，轴封摩擦损失实际上很小。

与其他各项损失相比，轴承和轴封摩擦损失所占比重不大。在采用填料密封结构时，若填料压盖压得太紧，摩擦损失就会增大，发热甚至烧毁。对于小泵来说，如果填料压盖压得太紧，启动负载太大，就会有无法启动的风险。因此，合理压紧填料压盖是十分重要的。

（2）圆盘摩擦损失。

叶轮在充满流体的壳体内高速旋转时，由于离心力的作用，壳体内的流体形成回流运动，如图 8.14(a)所示。圆盘摩擦损失，就是指叶轮外表面与壳体内作回流运动的流体之间产生的摩擦损失。因最初测定这部分损失时借用圆盘进行实验，如图 8.14(b)所示，故称圆盘摩擦损失。

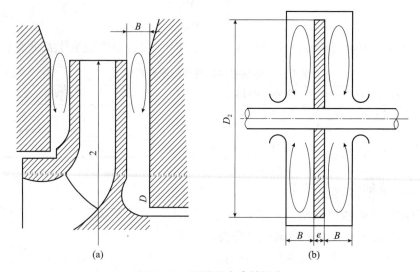

图 8.14　泵的圆盘摩擦损失

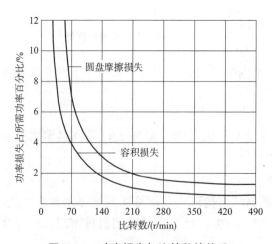

图 8.15　功率损失与比转数的关系

圆盘摩擦损失相对较大，是机械损失的主要成分，尤其对中、低比转数的泵，圆盘摩擦损失更加重要。由图 8.15 可看出，对高比转数泵，圆盘摩擦损失所占比重较小；而对低比转数泵，圆盘摩擦损失急剧增加。一般这项损失功率约为估轴功率的2%～10%。

影响圆盘摩擦损失功率大小的因素比较多，对于一般整体铸造叶轮，圆盘摩擦损失功率 ΔN_3 可近似地用式(8.29)计算：

$$\Delta N_3 = K\rho g D_2^5 n^2 \tag{8.29}$$

式中　K——阻力系数，由实验测得；

ρ——密度，kg/m^3；

D_2——叶轮外径，m；

n——转速，r/min。

从式(8.29)可以看出：圆盘摩擦损失功率 ΔN_3 与转速二次方成正比，与叶轮外径五次方成正比。叶轮外径 D_2 越大，ΔN_3 也越大。低比转数泵的叶轮扁而大，故圆盘摩擦损失是低比转数泵功率降低的主要原因之一。因此，在转速 n 和流量 Q 不变的条件下，用增加叶轮外径的办法来提高泵的能头，伴随而来的是圆盘损失的急剧增加。不难看出：当泵的能头给定，若减小叶轮外径，而增加泵的转速，则圆盘摩擦损失不但不会增加，反而会减少，这就是近年来逐渐提高泵转速的原因之一。圆盘摩擦损失的大小还与叶轮盖板及腔壁面的粗糙度有关，降低表面粗糙度可以减小圆盘摩擦损失，提高效率。

机械损失功率 ΔN_m 等于轴承、轴封摩擦损失功率及圆盘摩擦损失功率之和，即：

$$\Delta N_m = \Delta N_1 + \Delta N_2 + \Delta N_3$$

机械损失的大小用机械效率来表示，机械效率 η_m 等于：

$$\eta_m = \frac{N - \Delta N_m}{N} \tag{8.30}$$

2. 容积损失与容积效率

当泵运转时，内部各处的流体压力是不等的，有高压区，也有低压区。由于结构上的需要，在泵内部有很多间隙，当间隙前后压力不等时，流体就会从高压区通过间隙向低压区回流。这部分由高压区回流到低压区的流体，虽然在经过叶轮时获得了能量，但未经有效利用，而是在内部循环流动，因克服间隙阻力又消耗掉了，这种损失称为容积损失或泄漏损失。

容积损失主要发生在以下一些地方：叶轮入口与壳体之间的间隙，如图8.16中的A线所示；多级泵后一级和前一级经过导叶隔板与轴套之间的间

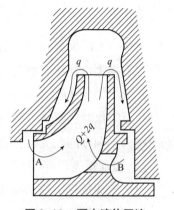

图8.16　泵内液体回流

隙；平衡轴向力装置，如图 8.16 中 B 线所示及泵体之间的间隙、轴封处的间隙等。主要是叶轮入口处和平衡轴向力装置处的容积损失。现对这两处的容积损失讨论如下：

(1)叶轮入口处的容积损失。

为了尽可能减少叶轮进口处的容积损失，一般在叶轮进口处都装有密封环（口环），在口环间隙两侧压差不变的情况下，间隙宽度越小、间隙越长、弯曲次数越多则密封效果越好，容积损失也越小。

通过口环间隙的泄漏量 q_1 可按下式计算：

$$q_1 = C_1 A \sqrt{2g\Delta H}$$

式中　C_1——泄漏系数；

　　　A——间隙的环形面积，m^2；

　　　ΔH——间隙两侧的压头差，m。

(2)平衡轴向力装置处的容积损失。

通过平衡轴向力装置处的泄漏量可按下式计算：

$$q_2 = C_2 A \sqrt{2g\Delta H}$$

式中　C_2——泄漏系数；

　　　A——间隙的环形面积，m^2；

　　　ΔH——间隙两侧的压头差，m。

不难看出，两者只是泄漏系数不同。

总的泄漏量 $q = q_1 + q_2 + q_3$，一般为理论流量的 4% ~ 40%。

容积损失的大小用容积效率 η_v 来表示：

$$\eta_v = \frac{N - \Delta N_m - \Delta N_v}{N - \Delta N_m} = \frac{\rho g Q H_T}{\rho g (Q + q) H_T} = \frac{Q}{Q + q} \tag{8.31}$$

式中，ΔN_v 为容积损失功率。

容积损失也与比转数有关，图 7.49 给出了容积损失与比转数的关系。

3. 水力损失和水力效率

在泵工作时，流体与壁面有摩擦损失，运动流体内部有黏性损失，在流体运动速度大小和方向改变时，有流动损失和冲击损失。

(1)流动损失。

流体流动过程中的水头损失可以分为沿程水头损失和局部水头损失。

沿程水头损失使用达西公式计算：

$$h_f = \lambda \frac{l}{d} \frac{v^2}{2g}$$

式中　λ——摩擦损失系数；

　　　l——流道长度，m；

　　　d——流道断面水力直径，m；

　　　v——流速，m/s。

由于泵流道形状比较复杂，因此通常将全部水头损失归并为一个简单实用的公式表示，即：

$$h_f = S_1 Q^2$$

式中，$S_1 = \dfrac{8\lambda l}{\pi^2 g d^5}$，为沿程水头损失的水阻，表示单位流量流体流动所产生的沿程水头损失（见第六章第四节）；

同样，在吸入室，叶轮流道、导叶和外壳中的全部局部损失可简化为：

$$h_j = S_2 Q^2$$

式中，$S_2 = \dfrac{8\zeta}{\pi^2 g d^2}$，为局部水头损失的水阻，表示单位流量流体流动所产生的局部水头损失。

流动水头损失为沿程水头损失和局部水头损失之和：

$$h_w = h_f + h_j = S_3 Q^2$$

式中，$S_3 = S_1 + S_2$ 表示流体流动中的总水阻。

这是一条通过原点的二次抛物线方程，如图 8.17 所示。

（2）冲击损失。

在讨论冲击损失之前，先引入冲角 α 的概念。流体流动速度方向与叶片进口切线方向之间的夹角称为冲角，用符号 α 表示。

当流体沿叶片切线方向流入时，流体的入口角 β 等于叶片入口安装角，即 $\beta_1 = \beta_{1y}$，此时 $\alpha = 0$。当 $\beta_{1y} > \beta_1$ 时，则 $\alpha = (\beta_{1y} - \beta_1) > 0$，称为正冲角。当 $\beta_{1y} < \beta_1$ 时，则 $\alpha = (\beta_{1y} - \beta_1) < 0$，称为负冲角。

当泵在设计工况下工作时，冲角 $\alpha = 0$，此时流体与叶片间不存在冲击。当流量偏离设计流量 Q_s 时，冲角 $\alpha \neq 0$，此时，在叶片的工作面上会形成旋涡区，如图 8.6 所示，由此引起冲击损失。

冲击损失可用下式表示：

$$h_s = S_4 (Q - Q_s)^2$$

这也是一个二次抛物线方程，顶点位于设计流量 Q_s 处，如图 8.17 所示。

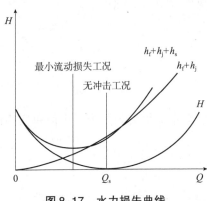

图 8.17　水力损失曲线

离心泵的水力损失 h_h 等于流量损失 h_w 与冲击损失 h_s 之和，即：

$$h_h = h_w + h_s$$

可以看出：当 $Q = Q_s$ 时，虽然冲击损失为零，但总的水力损失并不是最小。最小水力损失并不发生在设计工况处，其流量小于设计流量。最小水力损失点的工况称为最佳工况点。

水力损失是影响泵效率的主要因素，在所有的损失中，水力损失 h_h 最大。水力损失的大小用水力效率 η_h 来衡量，水力效率用式(8.32)表示：

$$\eta_h = \frac{N_e}{N - \Delta N_m - \Delta N_v} = \frac{\rho g Q H}{\rho g Q H_T} = \frac{H}{H_T} \tag{8.32}$$

4. 泵的总效率

泵的总效率为有效功率与轴功率之比：

$$\eta = \frac{N_e}{N} = \frac{N_e}{N - \Delta N_m - \Delta N_v} \times \frac{N - \Delta N_m - \Delta N_v}{N - \Delta N_m} \times \frac{N - \Delta N_m}{N} = \eta_h \eta_v \eta_m \tag{8.33}$$

总效率等于水力效率 η_h、容积效率 η_v 和机械效率 η_m 的乘积。这表明，要提高泵的效率，必须在设计、制造及运行等各方面同时下功夫，才能取得提高效率的效果。目前，离心泵的效率在 0.6 ~ 0.92，视泵的大小、型式和结构而异。轴流式泵的效率在 0.74 ~ 0.89。

例题 8.2：有一输送冷水的离心泵，当转速 $n = 1450 \text{r/min}$ 时，流量 $Q = 1.24 \text{m}^3/\text{s}$，扬程 $H = 70 \text{m}$，此时泵的轴功率 $N = 1100 \text{kW}$，容积效率 $\eta_v = 0.93$，机械效率 $\eta_m = 0.94$，试求水力效率 η_h（水的密度 $\rho = 1.0 \times 10^3 \text{kg/m}^3$）。

解：由题意知，$\rho = 1.0 \times 10^3 \text{kg/m}^3$，$Q = 1.24 \text{m}^3/\text{s}$，$H = 70 \text{m}$，$N = 1100 \text{kW}$。

由式(8.26)可得泵的总效率：

$$\eta = \frac{N_e}{N} = \frac{\rho g Q H}{N} = \frac{1.0 \times 10^3 \times 9.81 \times 1.24 \times 70}{1000 \times 1100} = 0.774$$

由式(8.33)可得：

$$\eta_h = \frac{\eta}{\eta_v \eta_m} = \frac{0.774}{0.93 \times 0.94} = 0.885 = 88.5\%$$

第四节 相似理论在离心泵中的应用

相似理论是研究自然界和工程中各种现象的相似性及其内在原理的一种科学理论，它揭示了自然现象中个性与共性，或特殊与一般的关系以及内部矛盾与外部条件之间的关系，具有广泛的应用价值和深远的意义。

相似理论不仅可以指导模型实验，还可以为不同领域的研究提供理论支持，促进科学技术的发展和创新。

一、离心泵相似条件

保证流动相似必须同时满足三个条件，即几何相似、运动相似和动力相似。具体地说，模型与原型中任意对应点上的同一物理量之间保持相同的比例关系时则称为相似流动。现对相似条件分别加以讨论，并用脚标"m"表示模型各参数，用脚标"p"表示原型各参数。

（一）几何相似

几何相似即离心泵的结构相似。主要是指模型和原型过流部分相应的几何尺寸成比例，比值相等，对应角相等，叶片数目相同。即：

$$\frac{D_{1p}}{D_{1m}} = \frac{D_{2p}}{D_{2m}} = \frac{b_{2p}}{b_{2m}} = K$$

$$\beta_{1yp} = \beta_{1ym}$$

$$\beta_{2yp} = \beta_{2ym}$$

$$z_p = z_m$$

式中，D、b 为离心泵的线性尺寸。

满足上述条件就保证了模型与原型的几何相似。

（二）运动相似

运动相似即泵内流动状况相似。是指模型和原型对应点的流体同名速度方向相同、大小成比例，即对应点的速度三角形相似。

$$\frac{v_{1p}}{v_{1m}} = \frac{v_{2p}}{v_{2m}} = \frac{u_{2p}}{u_{2m}} = \frac{D_p n_p}{D_p n_m} = K$$

$$\alpha_p = \alpha_m$$

$$\beta_p = \beta_m$$

式中，n 为离心泵的转速。

运动相似是建立在几何相似的基础上，满足了上述条件就保证了模型与原型的运动相似。

(三)动力相似

动力相似是指作用在离心泵模型和原型各对应点上的各种同名力方向相同，大小成比例。流体在泵内流动时主要受惯性力、黏性力、重力和压力的作用。动力相似就是这些力相似。判别动力相似，且与这四个力相应的判别准则(相似准数)分别是：

惯性力准则(斯特卢哈数)：$Sh = \dfrac{l}{vt}$

黏性力准则(雷诺数)：$Re = \dfrac{vl}{\nu}$

重力准则(弗汝德数)：$Fr = \dfrac{v}{\sqrt{gl}}$

压力准则(欧拉数)：$Eu = \dfrac{p}{\rho v^2}$

工程实践中，要同时满足四个力相似或相似准数相等是很难做到的，而且也没有必要。只要选择在流动中起土导作用的力相似即可。

在离心泵的流道中，由于流体不存在自由表面，流体受重力的影响相对较小，而压力的大小主要取决于惯性力的大小。因此，主要考虑惯性力和黏性力的影响。

雷诺数是用来考虑黏性力影响的判别数，在模型实验中，保证雷诺数相等也是很困难的。例如，$D_p/D_m = 5$，若要保证 $Re_p = Re_m$，则必须满足 $v_m = 5v_p$，这是很难实现的。

实验表明，在 $Re \geqslant 10^5$ 时，流体的流动已进入阻力平方区，流速的变化对阻力系数已无影响。因此，即使模型和实物的雷诺数不同，由于自动模化作用，仍可满足动力相似的要求。这样，只要满足几何相似和动力相似就可以满足流体流动相似。

必须指出，为了使模型与实物性能更接近，一般希望模型和实物的几何尺寸相差不要太大。

二、离心泵相似参数间的关系

在判别泵的相似时，并不直接使用上述判别方法，而是采用工况函数来判别。这里引入了相似工况的概念。

在流道几何相似的条件下，原型泵特性曲线上某工况点 $A(Q_p、H_p)$ 与模型泵特性曲线上工况点 $A'(Q_m、H_m)$ 所对应的流体运动相似，则 A 和 A' 两工况称为相似工况，如图 8.18 所示。在相似工况下，原型与模型的流量、扬程、功率都呈一定比例关系。

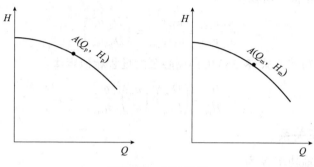

图 8.18　相似工况

(一) 流量关系

泵的流量为：

$$Q = A v_{2r} \eta_v = \pi D_2 b_2 \psi_2 v_{2r} \eta_v$$

当工况相似时，其流量比为：

$$\frac{Q_p}{Q_m} = \frac{\pi D_{2p} b_{2p} \psi_{2p} v_{2rp} \eta_{vp}}{\pi D_{2m} b_{2m} \psi_{2m} v_{2rm} \eta_{vm}} \qquad (8.34)$$

因为运动相似，所以：

$$\frac{v_{2rp}}{v_{2rm}} = \frac{D_{2p} n_p}{D_{2m} n_m} \qquad (8.35)$$

若两台离心泵几何相似，则排挤系数相等，将式 (8.35) 代入式 (8.34)，可得：

$$\frac{Q_p}{Q_m} = \frac{D_{2p} b_{2p} D_{2p} n_p \psi_{2p} \eta_{vp}}{D_{2m} b_{2m} D_{2m} n_m \psi_{2m} \eta_{vm}}$$

化简得离心泵的流量相似定律：

$$\frac{Q_p}{Q_m} = \left(\frac{D_{2p}}{D_{2m}}\right)^3 \frac{n_p}{n_m} \frac{\eta_{vp}}{\eta_{vm}} \qquad (8.36)$$

(二) 能头关系

泵的能头用扬程 H 表示：

$$H = H_{\mathrm{T}}\eta_{\mathrm{h}} = \frac{u_2 v_{2u} - u_1 v_{1u}}{g}\eta_{\mathrm{h}}$$

在相似工况下，扬程比为：

$$\frac{H_{\mathrm{p}}}{H_{\mathrm{m}}} = \frac{u_{2\mathrm{p}} v_{2\mathrm{up}} - u_{1\mathrm{p}} v_{1\mathrm{up}}}{u_{2\mathrm{m}} v_{2\mathrm{um}} - u_{1\mathrm{m}} v_{1\mathrm{um}}}\frac{\eta_{\mathrm{hp}}}{\eta_{\mathrm{hm}}} \tag{8.37}$$

由于运动相似，所以：

$$\frac{u_{2\mathrm{p}} v_{2\mathrm{up}}}{u_{2\mathrm{m}} v_{2\mathrm{um}}} = \frac{u_{1\mathrm{p}} v_{1\mathrm{up}}}{u_{1\mathrm{m}} v_{1\mathrm{um}}} = \left(\frac{D_{2\mathrm{p}} n_{\mathrm{p}}}{D_{2\mathrm{m}} n_{\mathrm{m}}}\right)^2 \tag{8.38}$$

将式(8.37)代入式(8.38)可得离心泵的扬程相似定律：

$$\frac{H_{\mathrm{p}}}{H_{\mathrm{m}}} = \left(\frac{D_{2\mathrm{p}}}{D_{2\mathrm{m}}}\right)^2 \left(\frac{n_{\mathrm{p}}}{n_{\mathrm{m}}}\right)^2 \frac{\eta_{\mathrm{hp}}}{\eta_{\mathrm{hm}}} \tag{8.39}$$

(三) 功率关系

离心泵的轴功率 N 为：

$$N = \frac{\rho g Q H}{1000\eta} = \frac{\rho g Q H}{1000 \eta_{\mathrm{m}} \eta_{\mathrm{h}} \eta_{\mathrm{v}}}$$

在工况相似时，功率比为：

$$\frac{N_{\mathrm{p}}}{N_{\mathrm{m}}} = \frac{\rho_{\mathrm{p}} Q_{\mathrm{p}} H_{\mathrm{p}} \eta_{\mathrm{mm}} \eta_{\mathrm{hm}} \eta_{\mathrm{vm}}}{\rho_{\mathrm{m}} Q_{\mathrm{m}} H_{\mathrm{m}} \eta_{\mathrm{mp}} \eta_{\mathrm{hp}} \eta_{\mathrm{vp}}} \tag{8.40}$$

将式(8.36)、式(8.39)代入式(8.40)得离心泵的功率相似定律：

$$\frac{N_{\mathrm{p}}}{N_{\mathrm{m}}} = \left(\frac{D_{2\mathrm{p}}}{D_{2\mathrm{m}}}\right)^5 \left(\frac{n_{\mathrm{p}}}{n_{\mathrm{m}}}\right)^3 \frac{\rho_{\mathrm{p}}}{\rho_{\mathrm{m}}} \frac{\eta_{\mathrm{mm}}}{\eta_{\mathrm{mp}}} \tag{8.41}$$

经验证明，模型与原型在转速和几何尺寸相差不大时，可以认为模型与原型的机械效率 η_{m}、容积效率 η_{v} 和水力效率 η_{h} 都相等，即 $\eta_{\mathrm{mp}} = \eta_{\mathrm{mm}}$、$\eta_{\mathrm{vp}} = \eta_{\mathrm{vm}}$、$\eta_{\mathrm{hp}} = \eta_{\mathrm{hm}}$，可得离心泵的性能换算基本公式：

$$\begin{cases} \dfrac{Q_{\mathrm{p}}}{Q_{\mathrm{m}}} = \left(\dfrac{D_{2\mathrm{p}}}{D_{2\mathrm{m}}}\right)^3 \dfrac{n_{\mathrm{p}}}{n_{\mathrm{m}}} \\[3mm] \dfrac{H_{\mathrm{p}}}{H_{\mathrm{m}}} = \left(\dfrac{D_{2\mathrm{p}}}{D_{2\mathrm{m}}}\right)^2 \left(\dfrac{n_{\mathrm{p}}}{n_{\mathrm{m}}}\right)^2 \\[3mm] \dfrac{p_{\mathrm{p}}}{p_{\mathrm{m}}} = \dfrac{\rho_{\mathrm{p}}}{\rho_{\mathrm{m}}}\left(\dfrac{D_{2\mathrm{p}}}{D_{2\mathrm{m}}}\right)^2 \left(\dfrac{n_{\mathrm{p}}}{n_{\mathrm{m}}}\right)^2 \\[3mm] \dfrac{N_{\mathrm{p}}}{N_{\mathrm{m}}} = \left(\dfrac{D_{2\mathrm{p}}}{D_{2\mathrm{m}}}\right)^5 \left(\dfrac{n_{\mathrm{p}}}{n_{\mathrm{m}}}\right)^3 \left(\dfrac{\rho_{\mathrm{p}}}{\rho_{\mathrm{m}}}\right) \end{cases} \tag{8.42}$$

三、相似定律的特例

(一)比例定律

比例定律是相似定律的一种特殊情况，是指两台相似泵的几何尺寸比 $D_p/D_m = 1$，密度比 $\rho_p/\rho_m = 1$，但 $n_p \neq n_m$ 时，即同一台泵在转速改变时的参数变化关系：

$$
\begin{cases}
\dfrac{Q_p}{Q_m} = \dfrac{n_p}{n_m} \\[2mm]
\dfrac{H_p}{H_m} = \left(\dfrac{n_p}{n_m}\right)^2 \\[2mm]
\dfrac{p_p}{p_m} = \left(\dfrac{n_p}{n_m}\right)^2 \\[2mm]
\dfrac{N_p}{N_m} = \left(\dfrac{n_p}{n_m}\right)^3
\end{cases}
\tag{8.43}
$$

这是离心泵的比例定律。

(二)改变几何尺寸时各参数的变化关系

当两台相似泵或风机的转速相同时，即 $n_p/n_m = 1$，并且 $\rho_p/\rho_m = 1$，只是改变几何尺寸时，参数的变化关系为：

$$
\begin{cases}
\dfrac{Q_p}{Q_m} = \left(\dfrac{D_{2p}}{D_{2m}}\right)^3 \\[2mm]
\dfrac{H_p}{H_m} = \left(\dfrac{D_{2p}}{D_{2m}}\right)^2 \\[2mm]
\dfrac{p_p}{p_m} = \left(\dfrac{D_{2p}}{D_{2m}}\right)^2 \\[2mm]
\dfrac{N_p}{N_m} = \left(\dfrac{D_{2p}}{D_{2m}}\right)^5
\end{cases}
\tag{8.44}
$$

(三)密度改变时各参数的变化关系

当两台相似泵其他条件不变，只是密度改变时($\rho_p \neq \rho_m$)，参数的变化关系为：

$$
\begin{cases}
\dfrac{p_p}{p_m} = \dfrac{\rho_p}{\rho_m} \\[2mm]
\dfrac{N_p}{N_m} = \dfrac{\rho_p}{\rho_m}
\end{cases}
\tag{8.45}
$$

在离心泵的性能参数中，流量、扬程与流体密度无关。

相似工况下离心泵运行参数的变化关系见表8.3。

表8.3　相似工况下离心泵运行参数的变化关系

参数	转速 n 改变	尺寸 D 改变	密度 ρ 改变	n、D、ρ 均改变
流量 Q	$\dfrac{Q_p}{Q_m} = \dfrac{n_p}{n_m}$	$\dfrac{Q_p}{Q_m} = \left(\dfrac{D_{2p}}{D_{2m}}\right)^3$	$Q_p = Q_m$	$\dfrac{Q_p}{Q_m} = \left(\dfrac{D_{2p}}{D_{2m}}\right)^3 \dfrac{n_p}{n_m}$
扬程 H	$\dfrac{H_p}{H_m} = \left(\dfrac{n_p}{n_m}\right)^2$	$\dfrac{H_p}{H_m} = \left(\dfrac{D_{2p}}{D_{2m}}\right)^2$	$H_p = H_m$	$\dfrac{H_p}{H_m} = \left(\dfrac{D_{2p}}{D_{2m}}\right)^2 \left(\dfrac{n_p}{n_m}\right)^2$
功率 N	$\dfrac{N_p}{N_m} = \left(\dfrac{n_p}{n_m}\right)^3$	$\dfrac{N_p}{N_m} = \left(\dfrac{D_{2p}}{D_{2m}}\right)^5$	$N_p = N_m \dfrac{\rho_p}{\rho_m}$	$\dfrac{N_p}{N_m} = \left(\dfrac{D_{2p}}{D_{2m}}\right)^5 \left(\dfrac{n_p}{n_m}\right)^3 \dfrac{\rho_p}{\rho_m}$
效率 η	$\eta_p = \eta_m$	$\eta_p = \eta_m$	$\eta_p = \eta_m$	$\eta_p = \eta_m$

注：1. 上表仅适用于原型与模型的转速、几何尺寸相差不大时，各效率才相等。

　　2. 表中"m"表示模型泵或风机的各参数，"p"表示原型泵或风机的各参数。

例题 8.3：有一台水泵额定工况点的流量 $Q_1 = 35 \mathrm{m^3/h}$，扬程 $H_1 = 62 \mathrm{m}$，转数 $n_1 = 1450 \mathrm{r/min}$，轴功率 $N_1 = 7.6 \mathrm{kW}$。欲将额定点流量提高到 $Q_2 = 70 \mathrm{m^3/h}$，问转速应提高到多少？此时 H_2、N_2 各为多少？

解：根据比例定律：

$$n_2 = n_1 \left(\frac{Q_2}{Q_1}\right) = 1450 \times \frac{70}{35} = 2900 \, (\mathrm{r/min})$$

$$H_2 = H_1 \left(\frac{n_2}{n_1}\right)^2 = 62 \times \left(\frac{2900}{1450}\right)^2 = 248 \, (\mathrm{m})$$

$$N_2 = N_1 \left(\frac{n_2}{n_1}\right)^3 = 7.60 \times \left(\frac{2900}{1450}\right)^3 = 60.8 \, (\mathrm{kW})$$

四、比转数

相似定律反映了不同型式相似泵参数间的比例关系，但对于不同型式泵的性能无法用它来进行比较，有相当的局限性。在泵的设计、选择及研究中，需要一个综合能力更大的特征数来表示泵的综合特征，即比转数，用符号 n_s 表示。比转数在泵的理论研究和设计中具有十分重要的价值。

（一）泵的比转数

1. 运动比转数

由式（8.42）得：

$$\frac{D_p}{D_m} = \sqrt{\frac{H_p n_m}{H_m n_p}} \tag{8.46}$$

$$\frac{Q_p}{Q_m} = \left(\frac{D_p}{D_m}\right)^3 \left(\frac{n_p}{n_m}\right) = \left(\frac{H_p}{H_m}\right)^{3/2} \left(\frac{n_m}{n_p}\right)^3 \left(\frac{n_p}{n_m}\right) = \left(\frac{H_p}{H_m}\right)^{3/2} \left(\frac{n_m}{n_p}\right)^2 \tag{8.47}$$

化简可得：

$$\frac{n_p \sqrt{Q_p}}{H_p^{3/4}} = \frac{n_m \sqrt{Q_m}}{H_m^{3/4}} = K$$

令 $K = n_{sq}$，即：

$$n_{sq} = \frac{n\sqrt{Q}}{H^{3/4}} \tag{8.48}$$

式中，n_{sq} 为离心泵的运动比转数。

2. 动力比转数

对于输送相同液体的泵，$\rho_p = \rho_m$，则有：

$$\frac{N_p}{N_m} = \left(\frac{D_p}{D_m}\right)^5 \left(\frac{n_p}{n_m}\right)^3$$

将式(8.46)代入上式可得：

$$\frac{N_p}{N_m} = \left(\frac{H_p}{H_m}\right)^{5/2} \left(\frac{n_m}{n_p}\right)^5 \left(\frac{n_p}{n_m}\right)^3 = \left(\frac{H_p}{H_m}\right)^{5/2} \left(\frac{n_m}{n_p}\right)^2$$

整理可得：

$$\frac{n_p \sqrt{N_p}}{H_p^{5/4}} = \frac{n_m \sqrt{N_m}}{H_m^{5/4}} = K$$

令 $K = n_{sp}$，即：

$$n_{sp} = \frac{n\sqrt{N}}{H^{5/4}} \tag{8.49}$$

式中，n_{sp} 为离心泵的动力比转数。

动力比转数的概念最初源自水轮机参数，其中，功率以马力为单位，水的密度为 $\rho = 1000\text{kg/m}^3$。

将功率计算式转换为：

$$N = \frac{\rho g Q H}{75}$$

该功率是以公制马力的形式表示的，单位 PS（公制马力）表示 1s 内做 75kgf·m 的功。

将功率计算式代入动力比转数可得：

$$n_{sp} = \frac{3.65n\sqrt{Q}}{H^{3/4}} \tag{8.50}$$

n_{sq} 与 n_{sp} 本质上没有区别，只是数值上有所不同。欧美地区习惯使用 n_{sq} 作为泵的比转数，而我国泵行业则普遍使用动力比转数 $n_s(n_{sp})$ 进行计算，即：

$$n_s = n_{sp} = \frac{3.65n\sqrt{Q}}{H^{3/4}}$$

3. 关于比转数的说明

比转数是工况函数，对于同一台泵，其工况可变，因此对应不同工况会有不同的比转数，通常所说的某泵的比转数是指最佳工况下对应的比转数 n_s。

比转数是以单吸单级叶轮为标准的，因而：

(1)对于单级双吸泵，流量取 $\dfrac{Q}{2}$ 代入；

(2)对于多级单吸泵，取单级扬程 $\dfrac{H}{i}$ 代入（i 为泵的级数）；

(3)对于多级双吸泵，则以单侧流量 $\dfrac{Q}{2}$、单级扬程 $\dfrac{H}{i}$ 代入。

若两台泵相似，则它们的比转数相同；若比转数相同，两台泵一般相似。但也有例外，如 4BA–6 和 6SH–6 的比转数均为 60，而两泵显然不属于相似类型。

（二）泵的无因次比转数

由于运动比转数和动力比转数均有因次（$m^{3/4}/s^{3/2}$），在使用比转数作为相似准数时，习惯上应采用无因次数。为了得到无因次比转数，人们在有因次的比转数计算式上除以重力加速度，得到无因次比转数，用 n_{sf} 表示。

$$n_{sf} = \frac{n\sqrt{Q}}{(gH)^{3/4}}$$

由于该比转数数值偏小，为了避免该值过小，将该式改写为下列形式：

$$n_{sf} = \frac{1000}{60} \frac{n\sqrt{Q}}{(gH)^{3/4}}$$

将重力加速度代入进行计算，可得：

$$n_{sf} = 3\frac{n\sqrt{Q}}{(H)^{3/4}} \tag{8.51}$$

无因次比转数的优点是与单位无关，它适用于各种单位制，使用十分方便。

(三)比转数在泵的应用

1. 用比转数对泵进行分类

由比转数公式可知,在一定转速下,若流量 Q 不变,则比转数 n_s 越小,扬程 H 就越大。为了提高扬程,只能加大叶轮出口外径 D_2,这会使出口宽度 b_2 相对窄小,叶形变得细长。但考虑到制造难度、流动损失和圆盘损失的增加,使效率降低等因素,离心泵的比转数 n_s 不小于 30,离心风机的比转数 n_y 不小于 1.8。

与上述相反,比转数 n_s 越大,则扬程 H 越小,叶轮外径 D_2 也变小,而叶轮出口宽度 b_2 相对增大,叶形变得短而宽。随着比转数 n_s 的增加,D_2/D_1 逐渐减小,当减小到某一数值时就需将出口边做成倾斜的,如图 8.19 所示。因为 ab 流线与 cd 流线长度相差太大时,会出现 d 线的触头大于 ab 线的触头,引起二次回流,使流动损失增大,所以当 n_s 达到某一值时,即 D_2/D_1 减小到某一数值时,叶轮出口边就要做成倾斜的,从而实现离心式叶轮向混流式叶轮的过渡。若 n_s 继续增加,则出口直径 D_2 进一步减

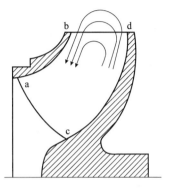

图 8.19　二次回流

小,倾斜度加大,前盖板可以省略,叶轮从混流式过渡到轴流式。

由此可见,叶轮形式的变化会引起参数的改变,进而导致比转数的变化,故可用比转数对泵进行分类。

2. 用比转数确定泵的型式

比转数的大小决定了泵的类型。例如根据实际需要的参数,可以计算出泵的比转数。对于泵而言,当 $n_s < 30$ 时,则采用容积式泵;当 $30 < n_s < 300$ 时,则采用离心式泵;当 $300 < n_s < 500$ 时,则采用混流式泵;当 $500 < n_s < 1000$ 时,则采用轴流式泵。比转数与叶轮形状及性能曲线的关系见表 8.4。

表 8.4　比转数与叶轮形状及性能曲线的关系

泵的类型	离心泵			混流泵	轴流泵
	低比转数泵	中比转数泵	高比转数泵		
比转数 n_s	$30 < n_s < 80$	$80 < n_s < 150$	$150 < n_s < 300$	$300 < n_s < 500$	$500 < n_s < 1000$
叶轮形状					

泵的类型	离心泵			混流泵	轴流泵
	低比转数泵	中比转数泵	高比转数泵		
D_2/D_0	3	2.3	1.8 ~ 1.4	1.2 ~ 1.1	1
叶片形状	柱形叶片	入口扭曲 出口柱形	扭曲叶片	扭曲叶片	翼形叶片
性能曲线形状					
$Q-H$ 曲线特点	扬程为设计工况的 1.1 ~ 1.3 倍,扬程随流量减小而增加,变化比较缓慢			扬程为设计工况的 1.5 ~ 1.8 倍,扬程随流量减小而增加,变化较急	扬程为设计工况的 2 倍左右,扬程随流量减小而急速上升,而后急速下降
$Q-N$ 曲线特点	功率较小,轴功率随流量增加而上升			流量变化时轴功率变化较平缓	点功率最大,设计工况附近变化比较平缓,而后轴功率随流量增加而下降
$Q-\eta$ 曲线特点	比较平坦			比轴流泵平坦	急速上升后又急速下降

3. 用比转数进行泵的相似设计

所谓相似设计,就是根据给定的设计参数计算出泵的比转数 n_y 值,然后在已有的泵或风机的优良模型中选取比转数相同或相近的模型,把模型的参数换算成原型的参数,把模型的几何尺寸换算成原型的几何尺寸,最后完成泵的结构设计。

例题 8.4:有一台水泵,当转速 $n = 2900\text{r}/\min$ 时,流量 $Q = 9.5\text{m}^3/\min$,$H = 120\text{m}$;另一台和该泵相似的泵,流量 $Q = 38\text{m}^3/\min$,$H = 80\text{m}$。问叶轮的转速应为多少?

解:两台泵相似,则比转数必然相等,故:

$$\frac{3.65 n_1 \sqrt{Q_1}}{H_1^{3/4}} = \frac{3.65 n_2 \sqrt{Q_2}}{H_2^{3/4}}$$

化简变形，代入已知条件可得：

$$n_2 = n_1 \frac{\sqrt{Q_1}}{\sqrt{Q_2}} \left(\frac{H_2}{H_1} \right)^{3/4}$$

$$= 2900 \times \frac{\sqrt{\dfrac{9.5}{60}}}{\sqrt{\dfrac{38}{60}}} \left(\frac{80}{120} \right)^{3/4}$$

$$= 1069.79 \, (\mathrm{r/min})$$

第五节　泵的汽蚀

一、汽蚀现象及其对泵性能的影响

(一)汽蚀现象

汽蚀是水力机械中特有的现象。当流道中局部地方流体的压力降低至液体工作温度下的汽化压力时，该处液体开始汽化。随之有大量的蒸汽及溶解在液体中的气体逸出，形成与气体混合的小气泡。这些小气泡随液体流动，当流入高压区时，在高压作用下迅速凝结、破裂、溃灭，就在气泡溃灭瞬间，产生局部空穴。随后，高压液体以极高的速度流向这些空穴，产生极强的冲击力。在流道表面极小的面积上，这种冲击力可达数百甚至上千兆帕，冲击频率可达每秒数万次。液体质点连续频繁地打击金属表面，使金属产生局部疲劳现象，在最薄弱部分，晶粒剥落，出现"点蚀"，进而点蚀扩大，形成严重的蜂窝状空洞，最后把材料壁面蚀穿，通常称这种现象为机械剥蚀。图8.20和8.21分别展示了金属表面气泡形成破裂过程和泵叶轮被汽蚀破坏的局部情况。

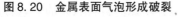

图8.20　金属表面气泡形成破裂　　　　图8.21　泵叶轮被汽蚀破坏局部情况

另外，溶解在液体中的活泼气体，如氧气等，借助气泡凝结时放出的热量，对金属起电化学腐蚀的作用，它与机械剥蚀共同作用，加速了对金属的破坏，人们把气泡形成、发展、破裂以及化学腐蚀作用导致金属材料破坏的全过程称为汽蚀现象。

在对离心泵汽蚀现象的观察中发现，发生汽蚀的汽化点如图8.22所示的k_1、k_2、k_3、k_4、k_5等几处。随着工况的变化，汽化先后发生的部位也会有所不相同。一般在小于设计工况下运行时，压力最低点发生在靠近前盖板叶片进口处的叶片背面(k_2)。

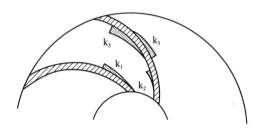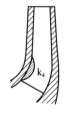

图8.22　叶轮内汽蚀发生的部位

刚开始发生汽化时，因为只有少量气泡，对叶轮流道的堵塞并不严重，对泵的正常工作没有明显的影响，泵的外特性也没有明显变化。人们称这种尚未影响到泵的外部特性的汽蚀为"先期汽蚀"。泵如果长期在"先期汽蚀"工况下工作，泵的材料仍会受到破坏，影响它的使用寿命。当汽化发展到一定程度时，大量气泡产生，叶轮流道被严重堵塞，促使汽蚀进一步加剧，影响泵的外部特性，使其难以正常工作。

(二)汽蚀对泵性能的影响

汽蚀对泵的影响主要表现在以下几个方面：

1. 破坏材料

汽蚀发生时，由于机械剥蚀和化学腐蚀的共同作用，材料受到破坏。实验研究表明，无论是金属材料(硬的、软的、脆性的、韧性的、易起化学反应的，不易起化学反应的)还是非金属材料(橡胶、塑料、玻璃等)，都会遭受腐蚀破坏，只是相对程度不同。如若选用较好的抗汽蚀材料，如不锈钢、铝青铜及聚丙烯等，则可延长过流部件的使用寿命。

2. 振动和噪声

气泡的破碎、液体质点的相互冲撞以及液体质点对材料表面的频繁打击会产生不同频率范围的噪声，一般为$600\sim2500\text{Hz}$，也可能产生高频的超声波。在汽蚀严重的时候，可以听到泵内发出的"噼啪"的爆炸声，并伴有泵体振动。泵体的振动又将促进更多气泡的发生和破碎，形成正反馈循坏，导致整个设备强烈振动，有人称此为汽蚀共振现象，泵在此种情况下不应继续工作。

汽蚀对泵乃至整个水力机械的正常工作构成重大威胁，也是影响水力机械向高速化发展的巨大障碍，因此对汽蚀及材料抗汽蚀能力的研究是水力机械的重要课题。

3. 性能下降

汽蚀发展严重时，大量气泡会堵塞流道，导致扬程下降，效率也相应降低。这时，泵的外特性会有明显的变化。这种变化对于不同比转数的泵表现各异。图 8.23 所示为 $n_s = 70$ 的单级离心泵，在不同几何安装高度下发生汽蚀后的性能曲线。图中展示了三种不同转速时的 $Q - H$ 性能曲线，现以 $n = 3000 \text{r/min}$ 的曲线为例进行说明。由图 8.23 可知，当几何安装高度为 6m 时，出水管阀门的开度只能开到曲线折点所对应的流量。若继续加大阀门开度，流量进一步增加时，扬程曲线会急剧下降，表明汽蚀已达到使泵无法正常工作的严重程度。人们称这

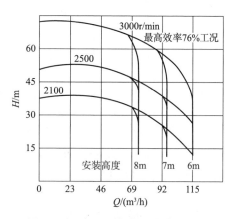

图 8.23　离心泵汽蚀时的性能曲线

一情况为"断裂工况"。当把几何安装高度由 6m 增加到 7m 时，断裂工况点向流量小的方向偏移，$Q - H$ 曲线上可以使用的运行范围变窄。当几何高度提高到 8m 时，断裂工况点偏向更小的流量，泵的适用范围进一步缩小。

汽蚀对泵性能的影响与该泵的比转数有关。在低比转数离心泵的叶轮中，由于叶片数目较多，叶片宽度较小，流道窄且长，在发生汽蚀后，大量气泡很快充满流道，严重影响液体的正常流动，造成断流，使泵的扬程、效率急剧下降。随着离心泵比转数的提升，泵的叶轮宽度增加，流道变宽且变短，因此，汽蚀发生后，气泡并不立即充满流道，因而对性能曲线断裂工况点的影响较为缓和。在高比转数的轴流泵中，由于叶片数少，具有相当宽的流道，汽蚀发生后，气泡不可能充满流道，从而不会造成断流，所以在轴流泵性能曲线上不会出现断裂工况点。尽管如此，泵内仍有潜伏的汽蚀存在，仍会破坏泵的材料，因而也需加以防范。

图 8.24 给出了比转数 $n_s = 690$ 的轴流泵发生汽蚀时的性能曲线。

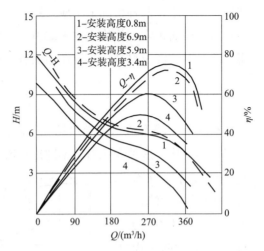

图 8.24　$n_s = 690$ 轴流泵汽蚀时的性能曲线

实验研究表明：当 $n_s < 105$ 时，因汽蚀而引起的扬程曲线的断裂工况表现为急剧陡降；当 $n_s = 150 \sim 350$ 时，断裂工况比较缓和；当 $n_s > 425$ 时，在性能曲线上没有明显的汽蚀断裂点。

二、允许吸入真空高度

安装较高度的离心泵在施工中可以减少土建工程量。然而，从图 8.23 可以看出，增加几何安装高度会使泵更容易发生汽蚀。因而，合理确定泵的几何安装高度，是确保泵在工作条件下不发生汽蚀的重要条件。

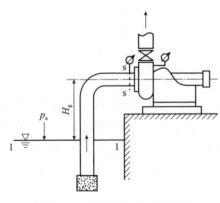

图 8.25　离心泵几何安装高度

在泵的样本上有一项性能指标，叫作"允许吸入真空高度 $[H_s]$"，它是指泵在正常工作时吸入口允许出现的最大真空度，通常用所输液体液柱的高度来表示。

如图 8.25 所示，设离心泵从水池中抽水，离心泵的安装高度为 H_g。以吸入液面为基准面，可以列出从吸入液面到泵吸入口断面的伯努利方程：

$$z_1 + \frac{p_1}{\rho g} + \frac{\alpha_1 v_1^2}{2g} = z_s + \frac{p_s}{\rho g} + \frac{\alpha_s v_s^2}{2g} + h_{wg}$$

由于吸入液面与大气相通，则 $p_1 = p_a$；吸入液面为大容器液面，$v_1 = 0$；泵内流体通常为紊流，$a_s = 1.0$。

代入已知条件，化简后可得：

$$\frac{p_a}{\rho g} - \frac{p_s}{\rho g} = H_g + \frac{v_s^2}{2g} + h_{wg} \tag{8.52}$$

式中　p_a——大气压力，Pa，可根据泵安装处的海拔由表8.4查得；

　　　p_s——泵吸入口绝对压力，Pa；

　　　H_g——几何安装高度，m；

　　　v_s——泵吸入口平均流速，m/s；

　　　h_{wg}——泵吸入管中的水力损失，m；

　　　ρ——所输液体密度，kg/m³。

式(8.52)中，$\frac{p_a}{\rho g} - \frac{p_s}{\rho g}$为吸入真空高度，用符号 H_s 表示，即：

$$H_s = \frac{p_a}{\rho g} - \frac{p_s}{\rho g} \tag{8.53}$$

代入式(8.52)可得：

$$H_s = H_g + \frac{v_s^2}{2g} + h_{wg} \tag{8.54}$$

可以看出，若泵在某流量下运转，其速度水头和吸入管路水力损失几乎是定值，随着几何安装高度 H_g 增大，吸入真空高度 H_s 也随之增大。当几何安装高度增大到某一值后，泵出现汽蚀现象而不能工作。刚好发生汽蚀时的吸入真空高度称为最大吸入真空高度 H_{smax}。

目前，最大吸入真空高度 H_{smax} 只能通过实验获得。为了保证离心泵正常运行时不发生汽蚀，国家规定需要有 0.3m 水柱的安全余量。因此，将汽蚀实验所测得的临界真空度减去安全余量后的值称为允许吸入真空高度，用 $[H_s]$ 表示：

$$[H_s] = H_{smax} - 0.3$$

将式(8.54)中的 H_s 由 $[H_s]$ 替代，可以得到离心泵的允许几何安装高度 $[H_g]$：

$$[H_g] = [H_s] - \frac{v_s^2}{2g} - h_{wg} \tag{8.55}$$

允许几何安装高度 $[H_g]$ 表征了保证泵入口不发生汽蚀时的最大几何安装高度。当实际几何安装高度 $H_g \geq [H_g]$ 时，泵将发生汽蚀，不能正常工作。

需要说明的是，$[H_s]$ 值是在实验条件下（介质为清水，在气压为 0.1MPa，温度为 20℃）测得的。许多厂家会在泵样本或说明书中给出 $[H_s]$ 值。由于该值是在标准实验条件下测得的，使用时通常需按使用地点的条件参数依相关公式进行换算。不同海拔的大气压强值见表 8.5。

由于允许吸入真空高度 $[H_s]$ 反映了泵不产生汽蚀的外部条件，并没有揭示汽蚀和泵结构的内在关系。因此，现代离心式水泵或油泵常用汽蚀余量来表征泵的汽蚀性能。

表 8.5　不同海拔的大气压强值

海拔/m	0	100	200	300	400	500	600	700	800	900	1000	1500	2000	3000	4000	5000
大气压头/mH_2O	10.3	10.2	10.1	10.0	9.8	9.7	9.6	9.5	9.4	9.3	9.2	8.6	8.1	7.2	6.3	5.5

三、汽蚀余量

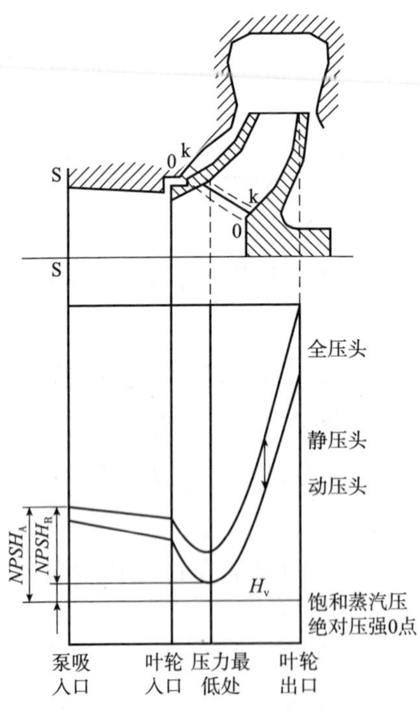

图 8.26　泵内流体压强变化

实际工作中常常遇到这种情况，某台泵在运行中发生了汽蚀，换上另一种型号的泵，在相同条件下，可能不发生汽蚀，这说明是否发生汽蚀与泵本身有很大的关系。为了揭示这种关系，我们引入另一个表示泵汽蚀性能的参数，称为汽蚀余量，用符号 Δh 或 $NPSH$(Net Positive Suction Head)表示。

实践证明，泵内压力最低点不在泵的吸入口，而在叶轮叶片入口背面附近的 k 点，如图 8.26 所示，当 $p_k < p_v$ 时，就会发生汽蚀。由于 k 点的压力很难直接测定，因而泵本身发生汽蚀的条件不易直接测知。通常使用测定泵入口的参数有效汽蚀余量 $NPSH_A(\Delta h_e)$ 的办法来确定泵的必需汽蚀余量 $NPSH_R(\Delta h_r)$。

（一）有效汽蚀余量 $NPSH_A$

有效汽蚀余量是反映泵入口具有的能量参数，表示在泵的入口处具有的超过汽化压力的富余能量，即：

$$NPSH_A = \frac{p_s}{\rho g} + \frac{v_s^2}{2g} - \frac{p_v}{\rho g}$$ (8.56)

式中，p_v 为液体的汽化压力，可根据该地区的最高气温查得，见图2.13。

由式(8.52)可得：

$$\frac{p_s}{\rho g} = \frac{p_a}{\rho g} - H_g - \frac{v_s^2}{2g} - h_{wg}$$

代入式(8.56)可得：

$$NPSH_A = \frac{p_a}{\rho g} - \frac{p_v}{\rho g} - H_g - h_{wg}$$ (8.57)

当吸入液面高出泵轴中心线时，H_g 称为灌注头，此时：

$$NPSH_A = \frac{p_a}{\rho g} - \frac{p_v}{\rho g} + H_g - h_{wg}$$ (8.58)

$NPSH_A$ 表征泵吸入管处机械能的富余程度。$NPSH_A$ 越大，则越不容易发生汽蚀；反之就越容易发生汽蚀。

式(8.57)表明：在离心泵安装高度和当地大气压不变的情况下，随着流量的增大，吸入管的流动阻力增加，$NPSH_A$ 会下降，发生汽蚀的可能性增加；其他条件不变的情况下，流体的温度越高，对应的饱和蒸汽压越大，$NPSH_A$ 就越小，汽蚀发生的可能性越大。

(二)必需汽蚀余量

必需汽蚀余量($NPSH_R$)是表示泵自身汽蚀性能的参数，与吸入装置无关。

图8.26所示为流体从泵吸入口到叶轮出口沿程中压强的变化情况。流体压强随着向叶轮入口流动而下降，直到叶轮流道内紧靠叶轮进口 k 处压力变为最低，此后，由于叶片对流体做功，压力很快上升。

$NPSH_R$ 就是流体进入离心泵后，在未被叶轮做功前，流体能头继续降低的那部分数值。$NPSH_R$ 是由速度变化和流动损失引起的，主要影响因素是泵吸入室与叶轮进口的几何形状和流速，而与吸入系统(装置)参数无关，而与泵的结构、流量及所输送介质的热物理性质(如比热容、比容、汽化热等)等有关。$NPSH_R$ 表明了泵入口段流体压强的降低值，在一定程度上反映了泵抗汽蚀能力的高低。

目前人们还无法通过理论计算得到准确的 $NPSH_R$，只能通过泵的汽蚀实验确定。

(三)有效汽蚀余量与必需汽蚀余量的关系

要防止叶轮内发生汽蚀，就必须使液体在进入泵吸入口时，留有足够的富余能量——有效汽蚀余量（$NPSH_A$），以便在液体进入泵吸入口之后，还未被叶轮增加能量前这段流动过程中降低了压能后，余下的压力还高于液体饱和蒸汽压 p_v。

换句话说：不发生汽蚀的必要条件是：

$$NPSH_A > NPSH_R$$

(四)允许汽蚀余量$[NPSH]$与$[H_s]$、$[H_g]$之间的关系

1. 允许汽蚀余量$[NPSH]$与$[H_s]$的关系

$[H_s]$和$[NPSH]$的计算式为：

$$H_s = \frac{p_a}{\rho g} - \frac{p_s}{\rho g}$$

$$NPSH_A = \frac{p_s}{\rho g} + \frac{v_s^2}{2g} - \frac{p_v}{\rho g}$$

化简可得：

$$H_s = \frac{p_a}{\rho g} - \frac{p_v}{\rho g} + \frac{v_s^2}{2g} - NPSH_A$$

当 $NPSH_A = NPSH_R$ 时（即 $p_k = p_v$ 时），就会发生汽蚀。泵厂家通过汽蚀实验确定汽蚀余量的临界值 $NPSH_C$，称为临界汽蚀余量。由此可得 $NPSH_C$ 对应的吸入真空高度为 H_{smax}：

$$H_{smax} = \frac{p_a}{\rho g} - \frac{p_v}{\rho g} + \frac{v_s^2}{2g} - NPSH_C \tag{8.59}$$

为了保证泵的正常工作，根据国家标准《离心泵、混流泵和轴流泵水力性能实验范精密级》（GB/T 18149—2017），在临界汽蚀余量 $NPSH_C$ 的基础上增加 0.3m 的安全量作为泵的允许汽蚀余量$[NPSH]$，即：

$$[NPSH] = NPSH_C + 0.3$$

则式(8.59)可进一步改写为：

$$H_{smax} = \frac{p_a}{\rho g} - \frac{p_v}{\rho g} + \frac{v_s^2}{2g} - [NPSH] + 0.3$$

$$[H_s] = \frac{p_a}{\rho g} - \frac{p_v}{\rho g} + \frac{v_s^2}{2g} - [NPSH] \tag{8.60}$$

2. $[NPSH]$与$[H_g]$的关系

将式(8.60)代入式(8.55)，化简可得：

$$[H_g] = \frac{p_a}{\rho g} - \frac{p_v}{\rho g} - [NPSH] - h_{wg} \qquad (8.61)$$

利用该式就可以计算离心泵的几何允许安装高度。

过去，许多厂家在泵样本上给出的是$[H_s]$。由于该值是在标准实验条件下测得的，使用时通常需按使用地点的条件参数依公式进行换算。现在大多厂家给出$[NPSH]$，此值只与泵本身结构及流量有关，因而可直接代入式(8.61)求得允许安装高度$[H_g]$，并不需要换算。式(8.61)也是校核泵安装高度的主要计算公式。

（五）提高泵抗汽蚀性能的措施

由泵的汽蚀性能分析可知，泵的汽蚀性能是由泵本身的抗汽蚀性能和吸入装置的条件来确定的。因此，提高泵本身的抗汽蚀性能，尽可能减小$NPSH_R$，以及合理地确定吸入系统装置，以提高有效汽蚀余量$NPSH_A$，一般采用以下措施。

1. 提高泵本身的抗汽蚀性能

(1)降低叶轮入口水头损失。

改进叶轮入口几何尺寸和结构，可以降低叶轮入口的局部水头损失，从而提高泵的抗汽蚀性能。一般采用两种方法：一是适当增大叶轮入口直径D_0；二是增大叶片入口边宽度b_1。也有同时采用这两种方法的，但均有一定限度，否则将影响泵的效率。

(2)采用双吸叶轮。

双吸叶轮从叶轮两侧吸入液体，单侧流量减少一半，从而使v_0减小。如果比转数、转数n和流量相同，若采用双吸叶轮，$NPSH_R$相当于单级叶轮的0.63倍，即双吸叶轮的必需汽蚀余量是单吸式叶轮的63%，因而提高了泵的抗汽蚀性能。

(3)改变叶片进口边位置及前盖板的形状。

法国学者席内贝格在对泵吸入口形状进行深入研究后指出：将叶片进口边向叶轮进口延伸以及增加叶轮前盖板转弯处的曲率半径均可使$NPSH_R$减小，泵的抗汽蚀性能提高。

(4)采用诱导轮。

诱导轮是与主叶轮同轴安装的一个类似轴流式的叶轮，其叶片是螺旋形的，叶片安装角小，一般取$10° \sim 12°$，叶片数较少，仅$2 \sim 3$片，而且轮毂直径较小，因此流道宽而长，如图8.27所示。主叶轮前装诱导轮，使液体通过诱导轮升压后流入主叶轮(多级泵为首级叶轮)。因而提高了主叶轮的有效汽蚀余量,改善了泵的汽蚀性能。

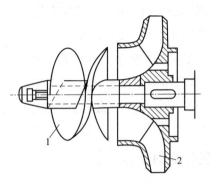

图 8.27　带诱导轮的离心泵叶轮
1—诱导轮;2—离心叶轮

(5)采用双重翼叶轮。

双重翼叶轮由前置叶轮和后置离心叶轮组成,如图 8.28 所示,前置叶轮有2~3个叶片,呈斜流形,与诱导轮相比,其主要优点是轴向尺寸小,结构简单,且不存在诱导轮与主叶轮配合不好,而导致效率下降的问题。所以,双重翼离心泵既不会降低泵的性能,又使泵的抗汽蚀性能大为改善。

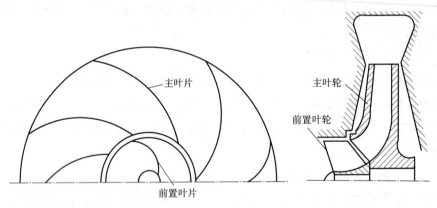

图 8.28　双重翼叶轮

(6)采用超汽蚀泵。

继诱导轮之后,出现了超汽蚀理论,按此理论发展了一种超汽蚀泵,在主叶轮之前装一个类似于轴流式的超汽蚀叶轮,如图 8.29 所示,其叶片采用了薄而尖的超汽蚀翼型,使其诱发一种固定型的气泡。覆盖整个翼型叶片背面,并扩展到后部,与原来叶片的翼型和空穴组成了新的翼型。其优点是气泡保护了叶片,避免汽蚀并在叶片后部溃灭，因而不损坏叶片。

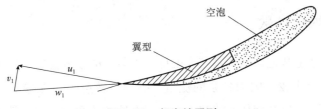

图 8.29　超汽蚀翼型

2. 采取提高泵抗汽蚀性能的措施

在使用中，为了使泵不至于因汽蚀而影响正常工作，可从提高泵吸入系统的有效汽蚀余量入手，提高泵装置的抗汽蚀性能。

依照式(8.44)分析如下：

(1)合理确定泵的几何安装高度。

(2)尽可能减少吸入管路的流动阻力损失。在设计时，应减少吸入系统的附件，合理地加大吸入管径，并使吸入管路最短。

(3)尽可能降低操作时介质的温度，从而降低汽化压力 p_v。例如夏季高温时，可采用夜间低油温时作业；冷水淋罐降温作业；或将储罐内的冷油输入高温油罐车内，使罐车内油温降低后再作业等方法。也可采用分层卸油设备作业。

(4)采用压力辅助卸油系统，提高系统有效汽蚀余量，从而提高泵装置的抗汽蚀性能。如采用增加液面压力的气压辅助卸油，利用潜油泵提高泵入口压力等措施。

例题 8.5：某油库拟用离心泵($[NPSH]=2.52\text{m}$)在海拔 500m 的地方输送车用汽油($\rho=740\text{kg/m}^3$)，当地夏季的最高温度为 30℃，已知该泵吸入阻力为 3m，试确定该泵的几何安装高度。

解：查表 8.4 得：$h_a=9.7\text{mH}_2\text{O}$

查图 2.13 得：$h_v=5.1\text{mH}_2\text{O}$

由式(8.61)得：

$$[H_g]=\frac{p_a}{\rho g}-\frac{p_v}{\rho g}-[NPSH]-h_{wg}$$

$$=\frac{\rho_{水}\,g(h_a-h_v)}{\rho_{油}g}-[NPSH]-h_{wg}$$

$$=\frac{1000\times9.81\times(9.7-5.1)}{740\times9.81}-2.52-3$$

$$=-1.07(\text{m})$$

可见，该离心泵应安装在液面下 1.07m 处。

四、汽蚀比转数

泵的汽蚀余量和允许吸入真空高度反映了某泵的吸入性能，但不能对不同泵的吸入性能进行比较，因为各泵的流量、扬程、转速等性能参数不尽相同。为此，我们需要引入汽蚀相似定律和一个包括设计参数在内的综合性汽蚀相似特征数，由于这个汽蚀相似特征数与比转数的公式相似，人们称之为汽蚀比转数，用符号 C 表示。

（一）汽蚀相似定律

依前所述，泵的必需汽蚀余量只与叶轮吸入口几何形状及工况有关，而与液体性质无关。模型泵与实型泵必需汽蚀余量之比可表示为：

$$\frac{NPSH_{Rp}}{NPSH_{Rm}} = \frac{(\lambda_1 v_0^2 + \lambda_2 w_1^2)_p}{(\lambda_1 v_0^2 + \lambda_2 w_1^2)_m}$$

在吸入口几何相似和流动相似的条件下，相应的速度比值均相等，则阻力系数也相同：

$$\lambda_{1p} = \lambda_{2p} = \lambda_{1m} = \lambda_{2m}$$

故有：

$$\frac{NPSH_{Rp}}{NPSH_{Rm}} = \frac{(v_0^2 + w_1^2)_p}{(v_0^2 + w_1^2)_m} = \frac{u_{1p}^2}{u_{1m}^2} = \frac{(D_1 n_1)_p^2}{(D_1 n_1)_m^2}$$

即：

$$\frac{NPSH_{Rp}}{NPSH_{Rm}} = \frac{(D_1 n_1)_p^2}{(D_1 n_1)_m^2} \tag{8.62}$$

该式为离心泵的汽蚀相似定律。离心泵的汽蚀相似定律说明：模型泵与实型泵汽蚀余量之比等于叶轮进口直径比与转速比之积的平方。

对于同一台泵在转速变化时，式(8.62)可写为：

$$\frac{NPSH_{Rp}}{NPSH_{Rm}} = \left(\frac{n_p}{n_m}\right)^2 \tag{8.63}$$

该式表明，当转速变化时，泵的必需汽蚀余量与转速的平方成正比地变化。也就是说，泵的转速增加后，必需汽蚀余量成平方关系增加，泵的抗汽蚀性能大大下降。

当模型泵与实型泵的入口几何尺寸和转速变化不大时，式(8.63)的计算结果与实际情况基本相符，当相差较大时，误差会增大，计算值比实际值要大，结果偏于安全。一般说来，当转速偏离设计工况 25% 范围内时，上式计算结果的误差是可以接受的。

例题 8.6：设计一台热水泵，用它抽送 70℃ 的清水，吸入池液面压强为 $0.58 \times 10^5 \mathrm{Pa}$（绝对压强），泵的转速选定为 $n = 960\mathrm{r/min}$，吸入管路阻力损失为 $0.6\mathrm{m}$，取汽蚀余量的安全余量为 $0.5\mathrm{m}$。试求该泵的安装高度 H_g 应为多少。已知该泵的模型泵尺寸小一倍，在常温（20℃）和标准大气压条件下，以转速 $n = 1450\mathrm{r/min}$ 进行汽蚀实验，测得其临界必需汽蚀余量 $NPSH_\mathrm{RC} = 2\mathrm{m}$。

解：由汽蚀相似定律有：

$$NPSH_\mathrm{RC} = NPSH_\mathrm{Rcm} \left(\frac{D_\mathrm{n}}{D_\mathrm{m} n_\mathrm{m}} \right)^2$$

$$= 2 \times \left(\frac{2 \times 960}{1 \times 1450} \right)^2$$

$$= 3.51\mathrm{m}$$

热水泵吸入口的允许汽蚀余量 $NPSH_\mathrm{R}$ 为：

$$NPSH_\mathrm{R} = NPSH_\mathrm{RC} + 0.5 = 4.01\mathrm{m}$$

查得 70℃ 水的密度 $\rho = 976.6\mathrm{kg/m^3}$；汽化压力 $p_\mathrm{v} = 0.312 \times 10^5 \mathrm{Pa}$。

泵的允许安装高度为：

$$[H_\mathrm{g}] = \frac{p_0 - p_\mathrm{v}}{\rho g} - NPSH_\mathrm{R} - h_\mathrm{wg}$$

$$= \frac{0.58 \times 10^5 - 0.312 \times 10^5}{976.6 \times 9.81} - 4.01 - 0.6$$

$$= -1.81\mathrm{m}$$

$[H_\mathrm{g}] < 0$，说明泵应安装在液面下 1.8m 的地方（即该泵应有 1.8m 的灌注头）。

（二）汽蚀比转数

汽蚀比转数是衡量泵抗汽蚀能力的一个重要参数，其数值大小反映了泵汽蚀性能的好坏。

汽蚀比转数是一个工况函数，不同工况的汽蚀比转数值不同，泵的汽蚀比转数值是指最佳工况点的汽蚀比转数值。在相似工况下，汽蚀比转数值相等。

我国泵行业习惯采用式（8.64）计算泵的汽蚀比转数 C：

$$C = \frac{5.62n\sqrt{Q}}{NPSH_\mathrm{R}^{3/4}} \tag{8.64}$$

式中　$NPSH_R$——必需汽蚀余量，m；

　　　　Q——流量，m^3/s；

　　　　n——转速，r/min。

式(8.64)就是泵汽蚀比转数表达式。只要进口部分几何相似、运动工况相似、汽蚀比转数 C 值相等，其汽蚀性能相同。C 值的大致范围如下：

对于汽蚀性能要求不高，主要考虑提高效率的泵来说：

$$C = 600 \sim 800$$

对于兼顾汽蚀性能和效率的泵来说：

$$C = 800 \sim 1200$$

对汽蚀性能要求高的泵来说：

$$C = 1200 \sim 1600$$

(三)对汽蚀比转数 C 的几点说明

(1)汽蚀比转数同比转数一样，是一个工况函数，泵的汽蚀比转数 C 是用最佳工况下的流量 Q、转速 n 和必需汽蚀余量 $NPSH_R$ 计算而得的，C 值越大，说明泵的抗汽蚀性能越好。

(2)汽蚀比转数 C 是有因次的。

(3)从汽蚀比转数表达式可以看出，C 值的大小与扬程 H 无关，因此也就和泵的出口参数无关。所以，只要两台泵的入口部分几何相似，即使出口部分不相似，在相似工况下运行时，汽蚀比转数 C 也相等。因此要提高泵的抗汽蚀性能，应重点研究泵入口部分的几何参数关系。泵体和叶轮配合的好坏将影响泵进出口的流动情况，必然影响到泵的抗汽蚀性能。所以，除研究叶轮进口几何形状改善汽蚀性能外，还需研究泵壳的形状及泵壳与叶轮的配合，以提高泵的抗汽蚀性能。

(4)根据所选模型的汽蚀比转数可以计算出泵的必需汽蚀余量 $NPSH_R$：

$$NPSH_R = 10 \left(\frac{n\sqrt{Q}}{C} \right)^{4/3}$$

或根据泵的使用条件可以确定泵的转速 n：

$$n = \frac{C(NPSH_R)^{3/4}}{5.62\sqrt{Q}}$$

第六节　性能曲线

泵的主要性能参数有：扬程 H、流量 Q、转速 n、功率 N、效率 η，允许吸上真空高度$[H_s]$或允许汽蚀余量$[NPSH]$。各参数之间均有一定的内在联系，人们用关系曲线揭示这种联系，称为泵的性能曲线或特性曲线。性能曲线实质上反映出液体在泵内运动的规律。具体地说，泵性能曲线包括在一定转速下的流量 – 扬程$(Q-H)$曲线、流量 – 功率$(Q-N)$曲线和流量 – 效率$(Q-\eta)$曲线。应特别指出：任何一组曲线都是对应一定转速n的，不同转速n，有不同的特性曲线与之对应。

习惯上用流量Q作横坐标，其他几个参数作纵坐标，如图8.30所示。每一个流量Q均有与之相对应的扬程H、功率N及效率η，它们综合起来表示泵的一种工作状态简称工况，对应最高效率点的工况称作最佳工况。

目前最佳工况只能由实验确定，为了保证泵在使用时尽量保持较高的效率，人们对各种泵都规定了一个最佳工作范围，也叫作高效区。

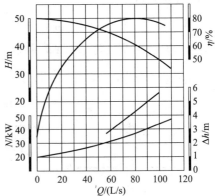

图8.30 离心泵性能曲线

一、理论流量与无限多叶片叶轮理论扬程($Q_T - H_{T\infty}$)的性能曲线

取一个出口速度三角形如图8.31所示。

由速度三角形得：

$$v_{2u\infty} = u_2 - v_{2r\infty}\,\mathrm{ctg}\beta_{2y\infty}$$

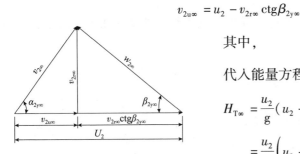

图8.31 出口速度三角形

其中，

$$v_{2r\infty} = \frac{Q_T}{\pi D_2 b_2}$$

代入能量方程式(8.16)得：

$$H_{T\infty} = \frac{u_2}{g}(u_2 - v_{2r\infty}\,\mathrm{ctg}\beta_{2y\infty})$$

$$= \frac{u_2}{g}\left(u_2 - \frac{Q_T\,\mathrm{ctg}\beta_{2y\infty}}{\pi D_2 b_2}\right)$$

$$= \frac{u_2^2}{g} - \frac{u_2\,\mathrm{ctg}\beta_{2y\infty}}{g\pi D_2 b_2}Q_T \qquad (8.65)$$

泵的尺寸是已知的，转速n一定，故式(8.65)中u_2、$\beta_{2y\infty}$、D_2、b_2都是已知

常数。

若令 $A = \dfrac{u_2^2}{g}$，$B = \dfrac{u_2 \mathrm{ctg}\beta_{2y\infty}}{g\pi D_2 b_2}$，则式(8.65)可化简为：

$$H_{T\infty} = A - BQ_T \tag{8.66}$$

式(8.66)是一个直线方程，因此，$H_{T\infty}$ 随 Q_T 的变化是线性关系，其斜率由叶片出口安装角 $\beta_{2y\infty}$ 决定。

下面分别就 $\beta_{2y\infty} < 90°$、$\beta_{2y\infty} = 90°$ 和 $\beta_{2y\infty} > 90°$ 等三种情况加以讨论。

(一)$\beta_{2y\infty} < 90°$时(后向式叶轮)

当 $\beta_{2y\infty} < 90°$时，$\mathrm{ctg}\beta_{2y\infty} > 0$，则 $B > 0$。

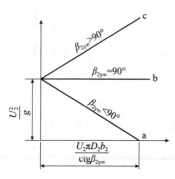

图 8.32　$Q_T - H_{T\infty}$ 性能曲线

由式(8.66)可知，当 Q_T 增加时，$H_{T\infty}$ 逐渐减小，是一条自左至右下降的直线，如图 8.32(a)所示，其与坐标交于两点：

(1)当 $Q_T = 0$ 时，$H_{T\infty} = A = \dfrac{u_2^2}{g}$；

(2)当 $H_{T\infty} = 0$ 时，$Q_T = \dfrac{A}{B} = \dfrac{u_2\pi D_2 b_2}{\mathrm{ctg}\beta_{2y\infty}}$

(二)$\beta_{2y\infty} = 90°$时(径向式叶轮)

当 $\beta_{2y\infty} = 90°$时，$\mathrm{ctg}\beta_{2y\infty} = 0$，则 $B = 0$。

由式(8.66)可知：

$$H_{T\infty} = A = \dfrac{u_2^2}{g}$$

即 $H_{T\infty}$ 与 Q_T 无关，为一条平行于横坐标的直线，如图 8.32(b)所示，其纵坐标交于一点：

$$H_{T\infty} = A = \dfrac{u_2^2}{g}$$

(三)$\beta_{2y\infty} > 90°$时(前向式叶轮)

当 $\beta_{2y\infty} > 90°$时，$\mathrm{ctg}\beta_{2y\infty} < 0$，则 $B < 0$。

由式(8.66)可知，当 Q_T 增加时，$H_{T\infty}$ 也随之增加，$H_{T\infty}$ 与 Q_T 的关系为一条自左至右上升的直线[图 8.32(c)]，其与纵坐标交于一点：

$$H_{T\infty} = A = \dfrac{u_2^2}{g}$$

二、流量与实际扬程($Q-H$)曲线

($Q_T - H_{T\infty}$)曲线只是一条理想曲线，实际上叶轮的叶片数是有限的，而且实际流体通过叶轮时伴有各种损失。考虑到这些因素对扬程的影响后就得到流量与实际扬程的性能曲线。现以后向式叶轮为例来分析流量–扬程曲线的变化。

有限数目叶片对扬程的影响主要表现在产生轴向旋涡，使出口绝对速度 v_2 的圆周方向分速度 v_{2u} 减小，导致有限数目叶片叶轮所产生的理论扬程 H_T 小于无限多叶片叶轮产生的理论扬程 $H_{T\infty}$，即：

$$H_T = kH_{T\infty}$$

式中，k 为环流系数，通常情况下 $k<1$ 且认为在所有工况下都保持不变。

因此，有限数目叶片叶轮的($Q_T - H_{T\infty}$)曲线，是一条向下倾的直线，位于无限多叶片叶轮的($Q_T - H_{T\infty}$)曲线之下，如图8.33中 b 线所示。由于实际液体黏性的影响，还要在($Q_T - H_T$)曲线上流动损失和冲击损失的能头。流动损失与流量的平方成正比(见第八章第三节)，从($Q_T - H_T$)减去流动损失后可得图8.33 中的 c 线。冲击损失在设计工况 Q_s 下为零，在偏离设计工况时则按抛物线增加。从 c 线上再减去各流量所对应的冲击损失的能头后即得 d 线。除此之外还要考虑容积损失对性能曲线的影响。因此，从 d 线上减去各(流量)点对应的泄漏量 q，最后得到流量 Q 与实际扬程 H 的性能曲线，即图8.33中 e 线。

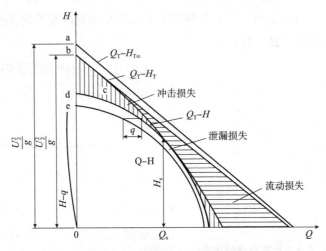

图8.33　流量与实际扬程曲线

三、流量和功率($Q - N$)曲线

泵的流量与功率的性能曲线是指在一定转速 n 下，流量 Q 与轴功率 N 之间的关系曲线。

在三项假设条件下(见第八章第二节)，离心泵的理论能头可由式(8.12)得到：

$$H_{T\infty} = \frac{1}{g}u_2 v_{2u\infty} = \frac{u_2}{g}(u_2 - v_{2r\infty}\,\mathrm{ctg}\beta_{2y\infty})$$

有限叶片的理论能头可用式(8.15)获得：

$$H_T = KH_{T\infty}$$

整理两式并化简可得：

$$H_T = KH_{T\infty} = K\frac{u_2^2}{g} - K\frac{u_2 v_{2r\infty}\,\mathrm{ctg}\beta_{2y\infty}}{g} = K\frac{u_2^2}{g} - K\frac{u_2\,\mathrm{ctg}\beta_{2y\infty}}{g\pi D_2 b_2}Q_T \qquad (8.67)$$

令 $A' = K\dfrac{u_2^2}{g}$，$B' = K\dfrac{u_2\,\mathrm{ctg}\beta_{2y\infty}}{g\pi D_2 b_2}$，则式(8.67)可化简为：

$$H_T = A' - B'Q_T \qquad (8.68)$$

在不考虑离心泵损失的情况下，离心泵轴所输送的功率均能够转化为流体的机械能，即轴功率，由式(8.25)可得理论情况下轴功率为：

$$N_h = \rho g Q_T H_T = \rho g Q_T(A' - B'Q_T) = \rho g(A'Q_T - B'Q_T^2) \qquad (8.69)$$

从式(8.69)可以看出：离心泵轴功率与流量呈抛物线型变化关系，其曲线形状与叶片出口安装角 $\beta_{2y\infty}$ 有关。

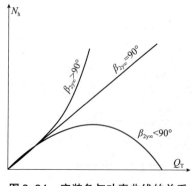

图 8.34　安装角与功率曲线的关系

(一)$\beta_{2y\infty} < 90°$ 时(后向式叶轮)

当 $\beta_{2y\infty} < 90°$ 时，$\mathrm{ctg}\beta_{2y\infty} > 0$，$B' > 0$，此时：

$$N_h = \rho g(A'Q_T - B'Q_T^2)$$

当 $Q_T = 0$ 时，$N_h = 0$，当 $Q_T = \dfrac{A'}{B'}$ 时，$N_h = 0$。可见：对于后向式叶轮，轴功率与流量的关系曲线是一条通过原点、方向向下的抛物线，如图 8.34 所示。

（二）$\beta_{2y\infty}=90°$时（径向式叶轮）

当$\beta_{2y\infty}=90°$时，$\mathrm{ctg}\beta_{2y\infty}=0$，$B'=0$，此时：

$$N_h=\rho g A' Q_T$$

当$Q_T=0$时，$N_h=0$。可见：对于径向式叶轮，轴功率与流量的关系曲线是一条通过原点、斜率为正值的斜直线，如图8.34所示。

（三）$\beta_{2y\infty}>90°$时（前向式叶轮）

当$\beta_{2y\infty}>90°$时，$\mathrm{ctg}\beta_{2y\infty}<90°$，$B'<0$，此时：

$$N_h=\rho g(A'Q_T-B'Q_T^2)$$

当$Q_T=0$时，$N_h=0$。可见：对于前向式叶轮，轴功率与流量的关系曲线是一条通过原点、方向向上的抛物线，如图8.34所示。前向式叶轮其水力功率N_h随流量Q_T的增加急剧增加，原动机应取较大的安全余量。

上面讨论的是流量Q_T与理论轴功率N_h的关系曲线。而在实际应用中，轴功率并不能完全转化为流体的功率，在做功过程中会产生水力损失、机械损失和容积损失。所以，理论轴功率N_h减去水力损失N_h、机械损失N_m和容积损失N_v之后的功率才是流体实际得到的功率，即有效功率N_e。

因此，在流量与有效功率（Q_T-N_h）性能曲线上加上水力损失N_h、机械损失N_m和容积损失N_v之后，即得实际流量与轴功率（$Q-N$）曲线，如图8.35所示。

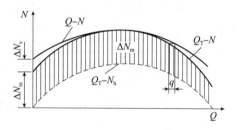

图8.35　实际流量与轴功率曲线

从图中可以看出：当$Q=0$，$N\neq0$，空载工况（流量为零的工况点）的功率等于机械损失功率ΔN_m与容积损失功率ΔN_v之和。由此可见，对于离心泵而言，流量为零时的轴功率最小。为了降低电动机的启动负荷，离心泵应在空载工况下启动，即离心泵应关闭排出阀启动。

四、流量与效率（$Q-\eta$）曲线

泵的效率η等于有效功率与轴功率的比值，即：

$$\eta=\frac{N_e}{N}=\frac{\rho g Q H}{N} \tag{8.70}$$

将相应的Q、H、N值代入式（8.70），就可得到该流量下的效率，若各流量

对应的效率点联结起来，就可得到流量与效率($Q - \eta$)曲线，如图 8.36 所示。曲线上最高点 η_{max} 所对应的工况为泵的最佳工况点。

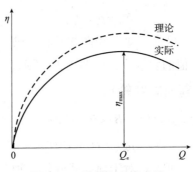

图 8.36　流量与效率曲线

五、离心泵性能曲线的换算和通用曲线

(一)离心泵性能曲线的换算

泵的性能曲线是在一定转速 n 下测量出来的，当改变转速时，性能曲线随之改变。此时可利用比例定律进行换算。

已知某台泵在转速为 n_A 时的特性，欲求转速为 n_B 时的特性，可由下式进行换算：

$$Q_B = Q_A \frac{n_B}{n_A}$$

$$H_B = H_A \left(\frac{n_B}{n_A}\right)^2$$

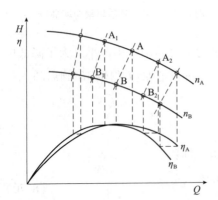

图 8.37　不同转速时性能曲线换算

如图 8.37，在转速为 n_A 的特性曲线上，取工况点 A(Q_A、H_A)，用以上两式求得转速为 n_B 时工况点 A 的相似点 B(Q_B、H_B)，同理可求得与工况点 A_1、A_2……相对应的相似工况点 B_1、B_2……将各点用光滑曲线连接起来就得到该泵在转速 n_B 时的特性曲线。显然，换算出来的相似工况对应点之间的效率是相等的，故又可以从转速为 n_A 时的效率曲线 $\eta_A = f(Q)$ 作出转速为 n_B 时的效率曲线 $\eta_B = f(Q)$，如图 8.37 所示。

（二）离心泵通用特性曲线

把同一台泵在不同转速时的性能曲线，绘制在同一张图上，这种不同转速下性能曲线的集合称为通用特性能曲线，如图 8.38 所示。

若已知泵在某一转速下的（$Q - H$）性能曲线，可利用比例定律，求得通用特性曲线。利用比例定律计算出来的 A、A_1、A_2……各点的相似工况点 B、B_1、B_2……同理还可计算出 C、C_1、C_2…… D、D_1、D_2……其中 A、B、C、D…… A_1、B_1、C_1、D_1……分别是相似工况点。由相似工况点连接起来的曲线称为相似曲线，它是通过原点的一条二次抛物线。

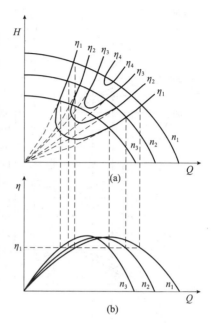

图 8.38 通用特性曲线

$$\frac{H_{A_1}}{Q_{A_1}^2} = \frac{H_{B_1}}{Q_{B_1}^2} = \frac{H_{C_1}}{Q_{C_1}^2} = \frac{H_{D_1}}{Q_{D_1}^2} = K$$

同理：

$$\frac{H_{A_2}}{Q_{A_2}^2} = \frac{H_{B_2}}{Q_{B_2}^2} = \frac{H_{C_2}}{Q_{C_2}^2} = \frac{H_{D_2}}{Q_{D_2}^2} = K'$$

$$\frac{H_{A_3}}{Q_{A_3}^2} = \frac{H_{B_3}}{Q_{B_3}^2} = \frac{H_{C_3}}{Q_{C_3}^2} = \frac{H_{D_3}}{Q_{D_3}^2} = K''$$

以上各式的通式为 $H = KQ^2$，是通过原点的抛物线，我们称这些抛物线为相似抛物线。显然，同一抛物线上的各点效率相同，所以相似抛物线又称等效率（曲）线。

应当指出，用比例定律计算的相似抛物线（等效率线）是通过原点的，而实验测得的是一条不通过原点的椭圆曲线，原因在于偏离最佳工况较远时，流道内旋涡、冲击均增加，水力现象大为复杂。原来理论计算时效率相等的假设不成立了，造成实验与理论的差异。

六、不同型式泵性能曲线的比较

泵性能曲线与叶片形式有关，也可以说与比转数 n_s 有关，图 8.39 给出了不

同 n_s 泵的相对性能曲线(相对于最高效率点数值的百分比曲线)。

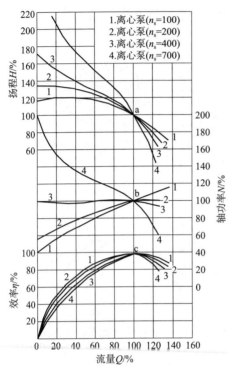

图 8.39 泵类型与性能曲线的关系

由图 8.39a 所示的 $Q - H$ 曲线的变化情况可以看出：在低比转数时，扬程随流量的增加而下降较为缓和，随着比转数的增大，扬程曲线逐渐变陡。当流量变化相同时，随着比转数的增加，其扬程变化增大，因此，轴流泵的扬程变化最大。

从图 8.39b 所示的 $Q - N$ 曲线的变化情况可以看出：在低比转数时($n_s <$ 200)，功率随流量的增加而增大，功率曲线呈上升状。但随着比转数增加($n_s = 400$)，曲线就变得平坦。当比转数再增加($n_s = 700$)，则功率随着流量的增加反而减少，功率曲线呈下降状。离心泵的功率是随流量的增加而增加，而轴流泵功率却随流量的增加而减少。因此，轴流泵在小流量时，容易引起过载。为了避免启动电流过大，后者应在开阀情况下启动，而前者应在关阀情况下启动。

图 8.39c 表示 $Q - \eta$ 曲线变化情况。可以看出，低比转数时，效率曲线平坦，高效率区较宽；比转数越大，效率曲线越陡，高效率区变得越窄。这就是轴流泵的主要缺点。采取可动式叶片，可以在工况改变时保持较高的效率。

习题

1. 离心泵的工作原理是什么？

2. 流体在叶轮中是如何运动的？速度三角形有什么作用？

3. 提高离心泵能头的措施有哪些？

4. 离心泵大多采用后向式叶轮的原因是什么？

5. 离心泵启动前为什么要灌泵？

6. 离心泵能否反转工作？为什么？

7. 输送介质对离心泵能头大小有什么影响？

8. 有限叶片叶轮比无限叶片叶轮的能头低，这是否是影响泵效率的主要原因？

9. 泵有哪些主要参数？

10. 泵能头的物理意义是什么？

11. 泵内各存在哪些损失？

12. 圆盘损失指的是什么？分析圆盘损失有什么特别意义？

13. 影响泵效率的因素有哪些？如何提高泵的效率？

14. 什么是汽蚀现象？什么是汽阻现象？二者有何区别和联系？

15. 汽蚀现象对泵工作有哪些影响？

16. 什么是泵的允许吸入真空高度？有何意义？

17. 泵的有效汽蚀余量、必需汽蚀余量、允许汽蚀余量各指什么？三者之间的关系如何？

18. 使用中如何提高泵的抗汽蚀能力？

19. 什么是泵的性能曲线？有何用途？

20. 离心泵为什么要关闭排出阀启动？

21. 有一台离心泵输送车用汽油，测得真空表读数为 340mmHg，出口压力表读数为 74.556×10^4Pa，已知 $\Delta h = 0$，$d_吸 = d_排$，汽油密度 $\rho = 740$kg/m^3，求该泵的扬程。若用该系统输送柴油（$\rho_柴 = 830$kg/m^3），出口压力表读数和入口真空表读数各为多少？

22. 有一台离心泵输送车用汽油（汽油密度 $\rho = 740$kg/m^3、黏度 $\nu = 0.01$St），输送流量 $Q = 12$L/s，吸入高度为 5m，排出高度为 30m，$d_吸 = d_排 = 100$mm，$L_吸计 = 15$m，$L_排计 = 350$m，表间距 $\Delta h = 0$，A 罐通大气，B 罐液面表压力为 19.62×10^4Pa。求：泵的扬程、出口压力表读数和入口真空表的读数。

23. 设一水泵流量 $Q = 25$L/s，出口压力表读数为 323730Pa，入口真空表读数为 39240Pa，表间距 $\Delta h = 0.8$m，$d_吸 = 100$mm，$d_排 = 75$mm，电动机功率表读数为 12.5kW，电动机效率为 $\eta_g = 0.95$，泵与电机用联轴器连接，求有效功率、轴功率和总效率。

24. 有一离心水泵，扬程 $H = 136$m，流量 $Q = 5.7$m^3/s，轴功率 $N = 9860$kW，容积效率和机械效率均为 92%，求水力效率。

25. 有一台离心泵的允许汽蚀余量 $[NPSH] = 4.5$m，若用该泵分别在天津（海拔 3.3m)和济南(海拔 55.1m)输送常温清水，其最大安装高度各为多少米？设吸入管阻力损失均为 0.5mH$_2$O。

26. IS80 - 65 - 160 型离心泵额定工况点的流量 $Q = 50m^3/h$，扬程 $H = 32m$，转速 $n = 2900r/min$，试求该泵的比转数。

27. 某泵性能参数如下：转速 $n = 2900r/min$，扬程 $H = 100m$，流量 $Q = 0.17m^3/s$。另一台泵与该泵相似，但扬程是该泵的两倍，当 $n = 1450r/min$ 时，流量应为多少？

28. 有一台离心泵在转速 $n = 2900r/min$ 时，扬程 $H = 54.2m$，流量 $Q = 1.5m^3/min$。另一台泵与该泵相似，其流量 $Q = 6m^3/min$，扬程 $H = 36m$，求另一台泵的转速应为多少？

29. 有一台泵转速 $n = 2900r/min$，扬程 $H = 100m$，流量 $Q = 0.17m^3/s$，轴功率 $N = 183.8kW$，现用一叶轮外径比该泵大两倍的泵，当 $n = 1450r/min$ 时，保持运动状态相似，轴功率应为多少？

30. 有一台吸入口径为 460mm 的双吸离心泵，输送温度为 20℃ 的清水，该泵的流量 $Q = 135L/s$，转速 $n = 1450r/min$，汽蚀比转数 $C = 675$。求：

(1)当吸水池液面压力为一个工程大气压时，泵的允许吸入真空高度 $[H_S]$ 为多少米水柱？

(2)泵在海拔 1500m 的地方输送 30℃ 清水时，若吸入管阻力损失为 2m，则泵的允许安装高度 $[H_g]$ 为多少米？

第九章 离心泵的使用

第一节 离心泵的运行工作点

前面，我们讨论了泵的性能参数和性能曲线，其中性能曲线反映各个性能参数之间的联系，但泵在管路中工作时处于性能曲线上的哪一点，我们并不知道。因为当泵在一定的管路系统中工作时，实际工作状态不仅取决于泵本身的性能曲线，而且取决于整个管路系统的管路特性曲线。下面首先介绍管路特性曲线。

一、管路特性曲线

管路特性曲线，本质上是含泵管路系统中的伯努利方程，它反映了通过管路的流量与所需要的能头之间的关系。在学习泵的能头一节时，我们也曾指出，管路所需能量可用式(8－19)进行计算：

$$H = H_{输} + h_w + \frac{p_2 - p_1}{\rho g}$$

式中，$H_{输}$(流体被提升的高度)和$\frac{p_2 - p_1}{\rho g}$(排出液面与吸入液面的压头差)与流动状态无关，称为静压头，用符号H_{st}表示，即：

$$H_{st} = H_{输} + \frac{p_2 - p_1}{\rho g} \tag{9.1}$$

流动损失h_w与流量的二次方成正比，即：

$$h_w = \left(\sum \lambda \frac{l}{d} + \sum \lambda \frac{l_e}{d} \right) \frac{v^2}{2g}$$

$$= \left(\sum \lambda \frac{l}{d} + \sum \lambda \frac{l_e}{d} \right) \frac{Q^2}{2gA^2}$$

式中，A 为过流断面的面积，对于一个确定的管路，H 可近似地写成：

$$H = H_{st} + \varphi Q^2 \tag{9.2}$$

这就是泵所在管路的管路特性曲线方程,对于一定的泵装置而言,φ 为常数,式(9-2)是一条通过点($H = H_{st}$、$Q = 0$)的二次抛物线。将式(9.2)在一定的坐标系中用曲线表示出来,即可得到管路特性曲线(见图9.1)。

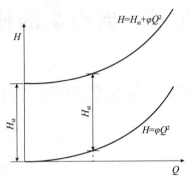

图9.1　管路特性曲线

二、泵运行的工作点

将泵性能曲线与管路特性曲线按同一比例绘在同一张图上,则这两条曲线的交点 $M(Q_M, H_M)$ 就称为泵的工作点(见图9.2)。不难看出,在泵的工作点 M,泵提供的能量与管路所需要的能量相等,这就是工作点的物理意义。

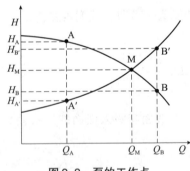

图9.2　泵的工作点

在工作点上,泵提供的能头等于管路系统所需的能头,能量平衡,工作稳定。若泵不在 M 点工作。如在 A 点工作,此时,泵的能头为 H_A,流量为 Q_A,相应于流量 Q_A,管路装置所需要的能头为 $H_{A'}$,因 $H_A > H_{A'}$,出现富余能量,泵富余的能头将促使流速增加,即流量 Q 增加,当达到 Q_M 时,在 M 点泵提供的能量等于管路所需要的能量,于是建立新的平衡关系,工作稳定。反之,泵在 B 点工作,此时,泵的能头为 H_B,流量为 Q_B,相应于通过流量 Q_B,管路装置所需的能头为 $H_{B'}$,则 $H_B < H_{B'}$,即泵的能头不足,于是流速减低、流量减小,从 Q_B 减到 Q_M,在 M 点又建立新的平衡关系,从以上分析可知,只有在 M 点工作才是稳定的。

离心泵的性能曲线通常是一条能头随流量增大而降低的曲线,但有一些泵的性能曲线的能头随流量增大先增大再降低，是一条有极大值的曲线，这种类型的性能曲线称作驼峰型曲线，如图 9.3 所示。这种驼峰型性能曲线与管路装置特性曲线相交，若相交点在最高点 K（临界点）以右，即下降段的上 M 点，则为稳定工况点，而若处在上升段上的 A 点，则是不稳定工况点。此时，泵的工况因振动、转速不稳定

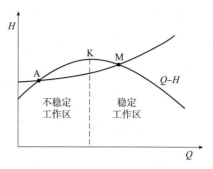

图 9.3 泵的不稳定工况

等因素，就会离开 A 点，如向大流量方向移动，泵的能头大于管路装置所需的能头，于是流速加快、流量增加、工况点沿特性曲线继续向大流量方向移动，直到 M 点为止。当工况点向小流量方向移动时，则泵的能头小于管路装置所需能头，管路中流速减低、流量减少、工况点不停地向左移动，若管路无底阀或回止阀，则液体将倒流。由此可见工况点 A 是不稳定工况点。K 点为左侧为不稳定工作区，使用时应调节管路特性，使工况点交在 K 点右侧稳定工作区内。

三、影响工作点的因素

工作点是管路特性曲线与泵性能曲线的交点，故泵或管路系统任何一方或两方同时出现改变时均会导致工作点移动，以满足新条件下能量平衡关系。讨论如下：

（1）每一条泵的性能曲线都对应一定的转数 n，当转数 n 改变时，泵的性能曲线也随之改变，如图 9.4（a）所示。

（2）管路阻力改变、引起管路特性曲线改变、工作点 M 随之改变，如图 9.4（b）所示。管路装置阻力越大，流量越小，管路特性曲线越向左上方偏移。

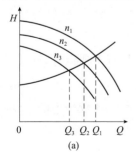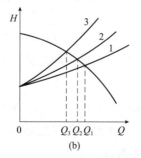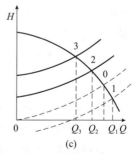

图 9.4 泵工作点的变化

(3)对于泵而言，吸入液面与排出液面高度差发生变化，也会引起工作点 M 的变化，如图9.4(c)所示。

第二节　离心泵的联合工作

一、串联工作

串联是指前一台泵的出口向后一台泵的入口输送流体的工作方式。以两台泵串联为例，串联工作时总能头等于两台泵在相同流量时的能头之和，总流量等于每台泵的流量，即 $H = H_1 + H_2$，$Q = Q_1 = Q_2$。

(一)两台性能相同的泵串联工作

如图9.5所示，Ⅰ(Ⅱ)为两台性能相同的泵的性能曲线，Ⅰ+Ⅱ为串联后的特性曲线。曲线Ⅰ+Ⅱ是将同一流量下单台泵的扬程叠加起来，再将各个叠加点用光滑曲线连接起来后得到的。它与管路装置特性曲线Ⅲ交于点 $M(Q_M, H_M)$，M 点即串联时的工作点。过点 M 作横坐标的垂线与单一泵性能曲线Ⅰ(Ⅱ)交于点 B (Q_B, H_B)，即得串联工作时每一台泵的工作点。由图9.5可以看出，串联前后泵的参数是有变化的。

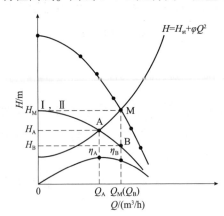

图9.5　性能相同的泵串联

$$Q_M = Q_B > Q_A$$

$$H_A < H_M < 2H_A$$

这表明，泵串联工作的总扬程 H_M 大于串联前每台泵单独工作时的扬程 H_A，但小于泵单独工作时扬程 H_A 的两倍。而串联后的流量 Q_B 比泵单独工作时流量 Q_A 为大。这是因为泵串联后泵装置的总扬程增加大于管路阻力的增加，多余的扬程促使流量增加。

串联工作时，管路特性越陡，串联后的总扬程越接近单独运行时两泵扬程之和，串联效益越高。对泵来说，其特性曲线平坦一些，串联后总扬程就越接近单独工作时扬程之和。因此，泵串联工作时选择泵性能曲线比较平坦的、管路特性曲线比较陡的组合在一起，可以获得较高的效益。

(二)两台性能不同的泵串联工作

如图9.6所示，曲线Ⅰ、Ⅱ分别为两合性能不同的泵性能曲线、(Ⅰ+Ⅱ)_串

为串联工作曲线。曲线（Ⅰ+Ⅱ）串的画法是把对应同一流量下的各泵的扬程叠加，再把各叠加后的点连接起来而得。串联后的运行工况点由曲线（Ⅰ+Ⅱ）串与管路特性曲线的交点来决定，图9.6中，M（Q_M，H_M）点即工作点。图9.7示出了串联泵在不同特性的管路系统中工作的情况，在$Q < Q_B$各点，如A点，两泵均能正常工作；当$Q > Q_B$时，两泵的总扬程小于泵Ⅱ的扬程，若泵Ⅰ作为串联工作的第一级，则泵Ⅰ变为泵Ⅱ吸入侧的阻力，使泵Ⅱ吸入条件变差，可能成为汽蚀的诱因；若泵Ⅰ作为串联的第二级，则泵Ⅰ变为泵Ⅱ排出侧的阻力，泵Ⅰ处于水轮机工作状态。我们称这种工况点是泵的非正常工作状况。因此，在上述两台泵串联的系统中如果要求管路的流量大于Q_B是不合理的。

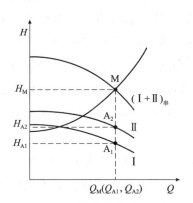

图9.6 性能不同的泵串联

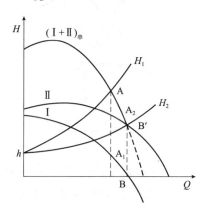

图9.7 不同性能的泵串联在不同性能管路中工作的情况

（三）两台性能相同，但相距很远的泵串联

实践中会遇到两台泵相距很远进行串联工作，如图9.8所示。绘制这种串联工作泵总装置特性曲线的关键步骤是从泵Ⅰ特性曲线（Q-H）中减去从泵Ⅰ到泵Ⅱ这段距离（这段管路）需要的能头线BC，得到一条剩余能量曲线Ⅱ，然后将曲线Ⅱ与泵Ⅰ特性曲线按串联作图法叠加起来，得到串联工作曲线Ⅰ+Ⅱ，该线与管路特性曲线Ⅲ交于点M（Q_M，H_M），即串联工作点。

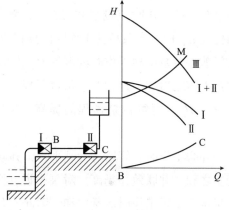

图9.8 两台性能相同但相距很远的泵串联

二、并联工作

并联是指两台或两台以上的泵向同一压力管路输送流体的工作方式，如图9.9所示。以两台泵并联为例，并联时装置扬程等于每台泵的扬程，装置总流量等于各泵流量之和，即：

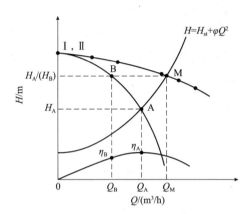

图9.9　性能相同的泵并联工作

$$H = H_1 = H_2$$
$$Q = Q_1 + Q_2$$

（一）性能相同的泵并联工作

图9.9示出两台性能相同的泵并联工作的特性曲线。曲线Ⅰ、Ⅱ为性能相同的泵的性能曲线，（Ⅰ+Ⅱ）并为并联工作时的泵装置特性曲线。泵装置并联工作特性曲线（Ⅰ+Ⅱ）并是在泵扬程相等的条件下把泵性能曲线Ⅰ、Ⅱ的流量叠加起来而得到的。特性曲线（Ⅰ+Ⅱ）并与管路特性曲线Ⅲ的交点 M（Q_M，H_M）即并联工作点。

为了确定并联工作时每台泵的工况，可由 M 点作水平线，交Ⅰ（Ⅱ）线于点 B（Q_B，H_B），B 点即并联工作时每台泵的工作点。由图可以看出：

$$Q_B < Q_A < Q_M < 2Q_A$$
$$H_B = H_M > H_A$$

两台泵并联工作时，流量等于并联泵装置中每台泵流量之和，但小于并联前每台泵单独工作时流量之和（$2Q_A$），而大于一台泵单独工作时流量 Q_A。并联时的扬程 H_M 比一台泵单独工作时的扬程 H_C 为高，而并联后每台泵的流量 Q_B 较之并联前每台泵单独工作时的流量 Q_A 为小，这是因为并联后流量增加了，管路水力损失随之增加，这就要求每台泵提高它的扬程来克服增加的这部分损失水头，故 $H_B > H_A$，而每台泵扬程的提高，是以减少流量为代价换取的，所以流量减少了。

并联工作时，管路特性越平坦，并联后的总流量 Q_M 越接近单独运行时两泵流量之和，并联效益越高。对泵来说，则其特性曲线陡一些，并联后总流量 Q_M 就越接近单独工作时流量之和。因此，泵并联工作选择泵性能曲线陡的、管路特性曲线平坦的组合在一起，可以获得较高的效益。

(二)不同性能的泵并联工作

图 9.10 示出不同性能的泵并联工作时的特性曲线,每台泵的输出扬程必然相等。图 9.10 中,曲线 Ⅰ、Ⅱ 为两台不同性能泵的特性曲线,Ⅲ 为管路特性曲线,(Ⅰ + Ⅱ)$_{并}$ 与管路特性曲线交于 M 点,该点即并联工作点,此时流量为 Q_M、扬程为 H_M。

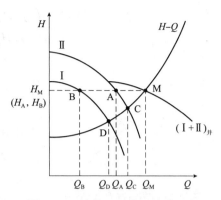

图 9.10 性能不同的泵并联工作

确定并联时每台泵的运行工况,可由 M 点作横坐标的平行线分别交两台泵的特性曲线于 A、B 两点,此即该两台泵并联工作时各自的工作点,流量为 Q_A、Q_B,扬程为 H_A、H_B。此时,并联工作的特点是:扬程彼此相等,即 $H_M = H_A = H_B$,装置总流量为每台泵流量之和,即 $Q_M = Q_A + Q_B$。并联前每台泵各自的单独工作点为 C、D 两点,流量为 Q_C、Q_D,扬程为 H_C、H_D,由图 9.10 可看出:

$$Q_M < Q_C + Q_D$$

$$H_M > H_C、H_M > H_D$$

这表明,两台性能不同的泵并联时的总流量 Q_M 等于并联后各泵流量之和,即 $Q_M = Q_A + Q_B$,但总流量 Q_M 又小于并联前各泵单独工作的流量 $Q_C + Q_D$ 之和,其减少程度随台数的增多,管路特性曲线的陡直程度而增大。

由图 9.10 可以看出,当两台性能不同的泵并联时,扬程小的泵(Ⅰ)输出流量 Q_B 很少,在总流量减少时甚至不输出,所以并联效果不好。若并联工作点 M 移至 C 点以左,即总流量 $Q_M < Q_C$ 时,应关闭扬程小的一台泵。不同性能泵的并联时操作比较复杂,实际上很少采用。

三、泵组合装置工作方式的选择

一般说来,并联方式可以增加流量,串联可增加扬程,但这不是绝对的,到底增加与否,取决于管路特性曲线形状。如图 9.11 所示,Ⅰ 为两合性能相同泵的特性曲线,Ⅱ 为并联工作特性曲线,Ⅲ 为串联工作特性曲线,H_1、H_2、H_3 为三种阻力不同(管路特性曲线陡度不同)的管路。泵并联、串联特性曲线 Ⅱ、Ⅲ 交于点 A,通过 A 点的管路特性曲线 H_1 是并联、串联工作方式优劣的分界线。当管路特性曲线为 H_2 时,并联工作点为 $A_2'(Q_{A2}', H_{A2}')$,串联工作点为 $A_2(Q_{A2},$

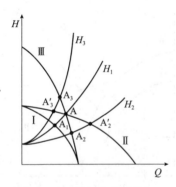

图 9.11　泵组合方式选择

H_{A2}），则有 $Q'_{A2} > Q_{A2}$、$H'_{A2} > H_{A2}$；当管路特性曲线为 H_3 时，并联工作点为 $A'_3(Q'_{A3}，H'_{A3})$，串联工作点为 $A_3(Q_{A3}，H_{A3})$，则有 $Q'_{A3} < Q_{A3}$、$H'_{A3} < H_{A3}$。由上述分析可知：

（1）在特性曲线（含管路与泵）较平坦的系统中采用泵并联工作方式可以大幅增加流量；

（2）在特性曲线（含管路与泵）较陡峭的系统中采用泵串联工作方式可以大幅增加扬程；

（3）在选择泵的联合工作方式时，应依据曲线分析而定，切不可以认为并联提高流量的效果和串联提高扬程的效果就一定好。

四、泵在分支管路上工作

前面介绍的无论是并联还是串联都是由单一的排出管路向一个目的地输送流体。实践中为了提高效率或节省设备，常常采用一台泵向两个或两个以上的目的地输送流体，这就构成了泵在分支管路上工作的形式。泵在这种管路中工作时工作点应如何确定呢？泵的总流量应如何向各分支管路分配？泵的总能头应如何分配？我们就分支管路中管路特性曲线与泵性能曲线决定泵的工作点问题讨论如下：

图 9.12 示出一种最简单的泵分支管路布置形式。分支管路的分支点 K 称为节点。H_K 为单位质量液体在 K 点所具有的能量，即泵的总扬程 H 扣除 K 点的位置水头 Z_K 和 L_1 管段的损失能量 h_{w1} 后剩余的能量。利用流体力学知识建立 K 点的能量平衡方程式如下：

$$H_K = H_{泵} - h_{w1}$$
$$H_K = H_2 + h_{w(K-2)}$$
$$H_K = H_3 + h_{w(K-3)}$$
$$Q_1 = Q_2 + Q_3$$

H_K 把液体通过管路 2 送到 2 号储罐；H_K 把液体通过管路 3 送到 1 号储罐。在图上分别作出管路 L_1、L_2、L_3 的特性曲线 Ⅰ、Ⅱ、Ⅲ，同时作出泵的性能曲线（$Q-H$）和效率曲线（$Q-\eta$）。从泵的性能曲线（$Q-H$）中减去每一流量 Q_i 对应的管路特性曲线 Ⅰ 损失的能量得到 $(Q-H)_K$ 曲线，这条曲线就是液体流经 K 点

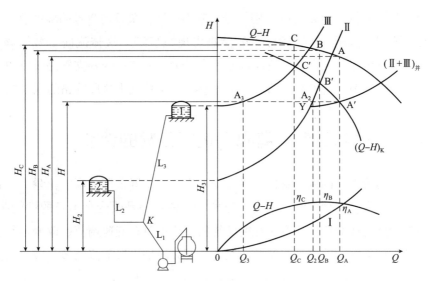

图 9.12　泵分支管路布置形式

后泵的扬程尚剩余的能量。相当于在节点 K 有一台泵，其流量与扬程的关系为 $(Q-H)_K$，或者说泵 K 的特性曲线为 $(Q-H)_K$。再把特性曲线 Ⅱ、Ⅲ 按并联方式关联起来，得到特性曲线 $(Ⅱ+Ⅲ)_并$。曲线 $(Ⅱ+Ⅲ)_并$ 与曲线 $(Q-H)_K$ 交点 A′ $(Q_A、H_A)$ 就是在分支管路上的工作点。从工作点 A′ 作水平线交管路特性曲线 Ⅱ、Ⅲ 于 A_2、A_3，相应的流量为 Q_2、Q_3，$Q_A=Q_2+Q_3$，而能头相等。此时，泵的输出扬程为 H_A。曲线 $(Q-H)_K$ 与管路特性曲线 Ⅱ 的交点 B′，就是泵单独向 2 号储罐供液时的工作点，对应该工作点泵的输出流量 Q_B，扬程 H_B（请注意这里指出是泵的相应的扬程，不是工作点 B′ 对应的扬程，二者相差 L_1 管路损失能量及位能 Z_K），效率为 η_B。曲线 Ⅲ 与 $(Q-H)_K$ 曲线的交点 C′ 是泵单独向 1 号储罐供液时的工作点，对应该工作点泵的输出流量 Q_C，泵的相应扬程 H_C，效率为 η_C。

　　由以上分析可知，泵同时向分支管路供液时，与单独向各支管路供液时相比，泵的流量增加，即 $Q_A>Q_B$、$Q_A>Q_C$，而泵的扬程则降低，即 $H_A<H_B$、$H_A<H_C$。这是因为节点以后出现分支管路，与单独向一支管路供液相比，同时向两支管路供液时每支管路中的流量相对地减少了，水力损失相对降低，节约下来的能量用来增加流速，故流量增加了。从泵性能曲线可以看出：流量增加则扬程下降，所以 $H_A<H_B$，$H_A<H_C$。

　　实践中可利用增加分支管路办法提高输量，但应进行经济核算，比较效益后决定。必须指出：

（1）若点 A′与 Y 点重合时，则 1 号储罐不进液，泵只向 2 号储罐供液。

（2）若 A′点位于 Y 点左侧，1 号储罐出现"倒流"，液体流向 2 号储罐。因此，设置分支管路时，受液储罐高度差不宜过大，节点后的各支管路长度也不应相差过于悬殊，节点前的总管直径宜大不宜小，尽量减少这段管路的水力损失。

第三节　离心泵运行工况的调节

离心泵运行工况的调节就是通过改变工作点的位置来调节泵的流量。运行工况调节方法较多，工程中常见的主要有两种方法：一是改变泵本身的性能曲线，二是改变管路特性曲线。改变泵性能曲线的方法主要有变速调节、改变运行台数和叶轮切割调节等，改变管路特性曲线的主要方法是出口节流调节。现分别介绍如下：

一、节流调节

节流调节的原理是通过改变管路特性曲线的形状，达到变更泵工作点的目的。

在泵出口处一般装有一个调节阀门，要改变管路特性曲线时，可以通过开大或关小调节阀门来使阀门的阻力系数发生变化，从而导致泵的工作点产生移动。

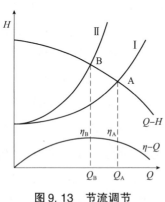

图 9.13　节流调节

如图 9.13 所示，管路特性曲线 I 与泵的性能曲线的交点为 A，工作点 A 是调节阀门开得最大时泵的工作点。如果关小阀门，阻力损失增大，管路特性曲线倾斜率增大（曲线 II 所示），曲线向左上方移动，泵的工作点移至 B 点，泵在 B 点工作，流量就减小了。

节流调节法简单可靠，因此是运行中经常采用的方法。但由于阀门节流损失增大，因而经济效益较差。

二、变速调节

变速调节是在管路特性不变的条件下，通过改变泵的运行转速来改变泵性能曲线的位置，从而变更泵的工作点，实现流量调节的方法。

根据离心泵相似原理：当泵的运行转速改变时，各参数之间的关系遵守以下比例定律：

$$Q_1 = Q\left(\frac{n_1}{n}\right) \tag{9.3}$$

$$H_1 = H\left(\frac{n_1}{n}\right)^2 \tag{9.4}$$

$$N_1 = N\left(\frac{n_1}{n}\right)^3 \tag{9.5}$$

式中，Q、H、N、n 分别为原转速下的性能参数；Q_1、H_1、N_1、n_1 分别为转速改变后的性能参数。知道转速 n 下的性能后，便可根据式(9-3)、式(9-4)、式(9-5)换算出其他转速 n_1、n_2、n_3……时的性能，如图 9.14 所示。从图中看出：当泵的转速为 n 时，泵的工作为 0 点，输送的流量为 Q_0。若要增加泵的流量，则可以增加泵的转速至 n_1，此时泵的工作点变化至 1 点，输送的流量为 Q_1。反之，若要减小泵的流量，则可减慢泵的转速至 n_2，此时泵的工作点变化至 2 点，输送的流量为 Q_2。

泵在变速调节时，没有节流损失，是比较经济的调节方法。

在图 9.14 中，A(Q_A、H_A)是转速为 n 时泵的 $Q-H$ 曲线上的一个工况点。利用比例定律公式(9-3)和式(9-4)，由 A 点可求得转速为 n_1 时性能曲线上的 A_1(Q_{A1}、H_{A1})和转速为 n_2 时性能曲线上的 A_2(Q_{A2}、H_{A2})点，连接 A、A_1、A_2 可得到一条通过原点的相似工况曲线，该相似工况曲线为抛物线形式，故称为相似抛物线。同理可由 B、B_1、B_2 得到另一条相似抛物线。通过 $Q-H$ 曲线上

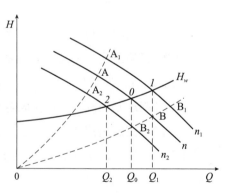

图 9.14 变速调节及相似抛物线

的不同点可作出多条相似抛物线。这些相似抛物线方程如下：

$$\frac{H_A}{Q_A^2} = \frac{H_{A1}}{Q_{A1}^2} = \frac{H_{A2}}{Q_{A2}^2} = \cdots = \frac{H}{Q^2} = K$$

$$H = KQ^2$$

K 为常数，为相似抛物线系数，不同工况点的 K 值不同。

由于泵在各工况相似点上的效率大致相等，因此可近似地认为相似抛物线就

是泵在各种转速下的等效率曲线。应当指出：当转速变化较大时，效率误差也较大。

必须指出：

（1）相似抛物线上的点是相似工况点，相似工况点之间的关系遵守比例定律。

（2）管路特性曲线与泵性能曲线的交点如 0、1、2 是泵的工作点，工作点之间的关系不是相似关系，不遵守比例定律。

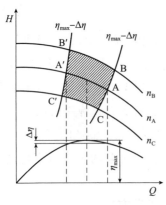

图 9.15 泵的工作范围

（3）在泵的性能曲线 $Q - H$ 上有一段与较高效率对应的最佳工作范围，称为高效区。泵在这一区域的运行效率与最高效率 η_{max} 之间的差值 $\Delta\eta$ 不得超过规定值（见图 9.15），超过了这个差值运行是不经济的，我们规定 $\Delta\eta = 5\% \sim 8\%$。

设 A、A′为泵在转速为 n_A 时性能曲线上高效区的两个边界点，通过比例定律可将泵在高转速 n_B 和低转速 n_C 的性能换算出来。通过 A、A′两点分别作相似抛物线与上、下两条性能曲线相交于 B、C、B′、C′四点。这样阴影面积 B′A′C′CAB 就是泵适应的工作范围。利用变速调节流量时，泵的工作点必须落在这个适应的工作范围之内，若超出这个范围，运行是不经济的，也是不可取的。

（4）变速调节，没有节流损失，经济效益较高，适用于大流量泵。但变速调节需要配用可调速原动机，而这类装置成本相当昂贵，因而影响了这种调节方法的应用。目前可控硅调控技术已经成熟，变速调节的应用前景更为广阔。

例题 9.1：设一台水泵，当转速 $n = 1450\text{r/min}$ 时，其参数列于下表（$\rho = 1000\text{kg/m}^3$）：

$Q/(\text{L/s})$	0	2	4	6	8	10	12
H/m	11	10.8	10.5	10	9.2	8.4	7.4
$\eta/\%$	0	1.5	30	45	60	65	55

管路系统的综合阻力系数为 $2.4 \times 10^4 \text{s}^2/\text{m}^5$，输水高度 $H_z = 6\text{m}$，上下水池水面均为大气压。求：

（1）泵装置运行时的工作参数。

（2）当采用改变泵转速方法调节流量使 $Q = 6\text{L/s}$ 时，泵的转速应为多少？

（3）若以节流调节方法调节流量，使 $Q = 6\mathrm{L/s}$，有关工作参数值为多少?

解：（1）根据给出的数据绘出 $n = 1450\mathrm{r/min}$ 时泵的 $Q - H$ 曲线和 $Q - \eta$ 曲线，如图 9.16 所示。根据流体力学知识，管路特性方程为：$H = H_z + SQ^2 = 6 + 2.4 \times 10^4 Q^2$

取适当的流量值代入上式可得如下数据表：

$Q/(\mathrm{L/s})$	0	2	4	6	8	10	12
H/m	6	6.1	6.38	6.86	7.54	8.4	9.46

据此将管路性能曲线绘于例图上得到管路特性曲线 CE，如图 9.16，$Q - H$ 与 CE 的交点 A 即工作点。从图上可以查得该泵的工作参数：$Q = 10\mathrm{L/s}$，$H = 8.4\mathrm{m}$，$\eta = 65\%$。

所需的轴功率为：

$$N = \frac{\rho g Q H}{1000 \eta}$$

$$= \frac{1000 \times 9.81 \times 10 \times 10^{-3} \times 8.4}{1000 \times 0.65}$$

$$\approx 1.27(\mathrm{kW})$$

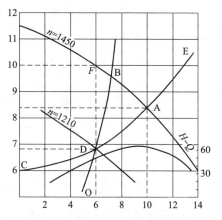

图 9.16　节流调节与变速调节比较

（2）变速调节使 $Q = 6(\mathrm{L/s})$ 时，因管路特性未变，故可在管路特性曲线上的 D 点查得相应的 $H_D = 6.8\mathrm{m}$。

由于相似定理只适用于相似工况，工况点 A 与工况点 D 是不相似的，即 A、D 不是相似工况点，为此应在 $n = 1450\mathrm{r/min}$ 时泵的 $Q - H$ 曲线上找出与工况点 D 相似的工况点。

若工况点相似，则有如下关系：

$$\frac{H}{H_D} = \left(\frac{n}{n_D}\right)^2 = \left(\frac{Q}{Q_D}\right)^2$$

$$\frac{H}{Q^2} = \frac{H_D}{Q_D^2} = K_D$$

把已知条件代入上式得：

$$K_D = \frac{H_D}{Q_D^2} = \frac{6.8}{6^2} \approx 0.19$$

显然 0.19 是用通过 D 点的数据求出来的，因而所有 $H = 0.19Q^2$ 的点所代表的工况点是 D 点的相似工况点。将适当的 Q 值代入此式后算出相应的 H 值的结果列于下表，据此绘出与 D 点工况相似的相似抛物线，如图上的 OB 所示。

$Q/(\text{L/s})$	0	2	4	6	8	10	12
H/m	0	0.76	3.04	6.84	12.16	19	27.36

相似工况点曲线即相似抛物线，在相似定律一章中曾指出：相似工况的效率可认为是相等的，所以这条曲线也是等效率曲线。

OB 与 $n = 1450\text{r/min}$ 的 $Q - H$ 曲线相交于 B 点，查图可得 $Q_B = 7.1\text{L/s}$，$H_B = 9.5\text{m}$ 利用查得的 Q_B、H_B 数据及相似关系式得：

$$n_D = n\frac{Q_D}{Q} = 1450 \times \frac{6}{7.1} = 1210(\text{r/min})$$

D 点与 B 点是等效率的，由图中可得：

$$\eta_D = \eta_B = 52(\%)$$

D 点的功率为：

$$N_D = \frac{\rho g Q_D H_D}{1000\eta_D} - \frac{1000 \times 9.81 \times 6 \times 10^{-3} \times 6.8}{1000 \times 0.52} \approx 0.77(\text{kW})$$

(3)用节流调节法调节流量时，泵的性能曲线不变，工作点位于与 $Q = 6\text{L/s}$ 相对应的点 F，由图中查得：$Q_F = 6\text{L/s}$，$H_F = 10\text{m}$，$\eta_F = 45\%$，则轴功率：

$$N_F = \frac{\rho g Q_F H_F}{1000\eta_F} = \frac{1000 \times 9.81 \times 6 \times 10^{-3} \times 10}{1000 \times 0.45} \approx 1.31(\text{kW})$$

根据以上计算可知：

①节流调节额外损失为 $H_F - H_D = 10 - 6.86 = 3.14(\text{m})$；

②节流调节轴功率是调速调节轴功率的 $\frac{1.31}{0.77} \approx 1.70$ 倍。

三、切割叶轮外径调节

切割叶轮外径调节是指将泵叶轮外缘切割一部分，使叶轮外径变小，可改变同转速下泵的性能曲线。因此，这种方法被广泛应用于扩大泵的使用范围。

严格地说，切割前后的叶轮并不相似，但当切割量不大时，可以近似地认为叶片在切割前后出口安装角不变，流动状态近乎相似，因而可借用相似定律对切割前后的叶轮进行计算。

叶轮外径的改变对不同比转数泵的参数影响是不同的。其中，比转数是一个相似特征数，常用在泵的设计与研究中，用符号 n_s 表示。

对低比转数的泵（$n_s < 80$）来说，叶轮外径稍有变化，其出口宽度变化不大，甚至可以认为没有变化，在此种情况下，若转速不变，当叶轮外径由 D_2 变为 D_2' 时，其流量、扬程和功率的变化关系如下：

$$\frac{Q'}{Q} = \frac{F_2' v_{2r}'}{F_2 v_{2r}} = \frac{\pi D_2' b_2' v_{2r}'}{\pi D_2 b_2 v_{2r}} = \left(\frac{D_2'}{D_2}\right)^2 \tag{9.6}$$

$$\frac{H'}{H} = \frac{u_2' v_{2u}'}{u_2 v_{2u}} = \left(\frac{D_2'}{D_2}\right) \tag{9.7}$$

$$\frac{N'}{N} = \frac{\rho g Q' H'}{\rho g Q H} = \left(\frac{D_2'}{D_2}\right)^4 \tag{9.8}$$

对于中、高比转数泵（$n_s > 80$）来说，当切割叶轮外径时，叶轮出口宽度变化较低比转数泵稍大，而出口宽度 b_2 往往和直径 D_2 成反比，即 $\frac{b_2'}{b_2} = \frac{D_2}{D_2'}$，在这种情况下，叶轮转速不变，当叶轮外径由 D_2 变化到 D_2' 时，流量、扬程、功率变化如下：

$$\frac{Q'}{Q} = \frac{F_2' v_{2r}'}{F_2 v_{2r}} = \frac{\pi D_2' b_2' v_{2r}'}{\pi D_2 b_2 v_{2r}}$$

将 $\frac{b_2'}{b_2} = \frac{D_2}{D_2'}$ 代入上式得：

$$\frac{Q'}{Q} = \frac{D_2'}{D_2} \tag{9.9}$$

同理可得：

$$\frac{H'}{H} = \left(\frac{D_2'}{D_2}\right)^2 \tag{9.10}$$

$$\frac{N'}{N} = \left(\frac{D_2'}{D_2}\right)^3 \tag{9.11}$$

式中 Q'、H'、N'、D_2'、Q、H、N、D_2 分别为切割前后的流量、扬程、功率、直径，以上六个公式称为切割定律。

在实际应用切割定律时，通常采用绘制"切割抛物线"的方法找出切割前后的对应工况点，其绘制方法类似于相似抛物线。不难看出，对中高比转数泵来说，其切割抛物线方程为：

$$\frac{Q'^2}{Q_2} = \frac{H'}{H}$$

则：

$$\frac{H}{Q^2} = \frac{H}{Q'^2} = K$$

$$H = KQ^2 \quad \text{或} \quad p = K'Q^2$$

这就是中高比转数泵的切割抛物线方程。该抛物线通过原点，当切割量不大时，效率近似相等，所以切割抛物也是等效率抛物线，但严格地说不是等效率的。需要强调指出：切割抛物线上所对应的工况，并不是相似工况。利用切割抛物线可以确定叶轮切割后的性能参数。对于低比转数泵而言，切割抛物线实际上是通过原点的一条直线。切割定律的应用方法同比例定律。

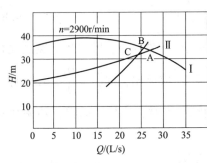

图 9.17　外径切割计算

例题 9.2：已知离心泵性能曲线 Ⅰ 和管路特性曲线 Ⅱ，如图 9.17 所示，叶轮 $D_2 = 174\text{mm}$，原工况点 A 的流量 $Q_A = 27.3\text{L/s}$，扬程 $H_A = 33.8\text{m}$，若需流量减少 10%，试计算应切割多少叶轮外径？

解：如图 9.17 所示，输液量为 $0.9Q_A$ 时

$$Q_A \times 0.9 = 0.9 \times 27.3 = 24.6\text{L/s}$$

过 $Q = 24.6\text{L/s}$、作垂线交管路特性曲线于 C 点，C 点即叶轮切割后泵在管路系统中的工作点。由图解法算得 C 点扬程 $H_C = 31\text{m}$。

切割比例常数：

$$K = \frac{H_C}{Q_C^2} = \frac{31}{24.6^2} = 0.0512$$

由切割抛物线关系式可知，切割前后的扬程与流量有如下关系：

$$H = 0.0512Q^2$$

利用上述关系式作切割抛物线，列表如下：

$Q/(\text{L/s})$	23	24	25	26	27
H/m	27	29.5	32	34.6	37.4

利用表中数据作切割抛物线，如图 9.17 中虚线所示，交泵性能曲线于 B 点，由图上读得：$Q_B = 26\text{L/s}$、$H_B = 34.6\text{m}$。由式(9.9)得：

$$\frac{Q_B}{Q_C} = \frac{D_2}{D_2'}$$

$$D_2' = D_2 \frac{Q_B}{Q_C} = 174 \times \frac{24.6}{26} = 165(\text{mm})$$

即叶轮外径要车小 174 − 165 = 9mm。相对减少了 5.17%，叶轮切割遵守的原则是效率下降不致太多。

表 9.1 列出了外径切割量与比转数的关系。

表9.1　外径切割量与比转数的关系

泵的比转数 n_s	60	120	200	300	350	350 以上
最大允许切割量	20	15	11	9	7	0
效率下降值	每车小10% 下降1%			每车小4% 下降1%		—

图 9.18 为某泵在允许降低效率 $\Delta\eta$ 范围内的切割量，图中性能曲线 I 为未切割前的泵的性能曲线，AB 为高效区范围。性能曲线 II 为在允许切割范围内切割后的泵的性能曲线，CD 为切割后的高效区，ABCD 围成的四边形称为泵的工作范围。这样就将泵的应用范围从 AB 段扩大到整个工作区域 ABCD。泵的工作范围通常都表示在泵的样本上。

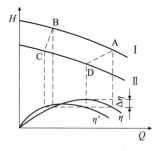

图9.18　泵的工作范围

对于泵来说，切割方法是将叶轮取下后进行切割，不同比转数的泵应使用不同的切割方式，如图9.19 所示。对于低比转数的多级泵，叶轮出口和导叶连接，在这种情况下，为了保持叶轮外径与导叶之间的

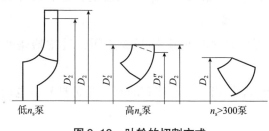

图9.19　叶轮的切割方式

间隙不变，对液流的引导作用比较好，切割时一般只切割叶片而仍保留前后盖板。但是，若不同时切小前后盖板，又将使圆盘摩擦损失的比重较大，导致效率下降较多，因而在切割中比转数离心泵叶轮时，也有将前后盖板同时切去的。对于高比转数离心泵，应把前后盖板切成不同的直径，使流动更加平顺，前盖板的直径 D_2' 要大于后盖板处的直径 D_2''，其平均直径为：

$$D_2 = \sqrt{\frac{D_2'^2 + D_2''^2}{2}}$$

泵叶轮切割后计算出来的性能与实际性能有一定误差,很难通过计算精确确定泵的性能。一般来说,切割量越大,误差也越大。为了使切割后的叶片尽可能符合实际情况,应该分次进行切割,逐渐达到所需的外径尺寸。应当指出:叶轮切割后一般需要进行转子平衡实验,以确保运转的平稳性。

第四节 离心泵的启动与运行

泵安装好以后,应先进行试运行,确认安装质量符合要求后,才能正式投入使用。现就泵的一般运行操作及事故处理原则分述如下:

一、泵的启动

使用电动机作为动力源的泵,在启动前应完成以下检查及准备工作:

(1)首先检查电源、配电设备、电动机绝缘电阻是否合格。

(2)检查泵、电动机底座螺钉是否拧紧,手动转动联轴器,查看转动是否正常,若存在摩擦和撞击声,则需查明原因并及时排除。

(3)检查轴承润滑是否充分,润滑油是否变质、是否存在水分。若有水分存在、润滑油变质或不清洁,应彻底清除,用汽油冲洗后加入新油。对于水冷轴承,应确保冷却水畅通。

(4)检查填料箱的填料压紧情况,压盖不能太紧或太松,四周间隙应相等,压盖任何一侧都不能接触泵轴。打开密封供液阀门,转动泵轴时,应有流体外滴,表明水封良好;停泵时,空气也不会漏入。

(5)检查泵的吸入及排出管路阀门是否按要求打开或关闭,过滤器是否正常。

(6)检查泵的压力表、真空表指针是否指零,连接管的阀门是否打开,电动机电流表指针是否指零。

(7)关闭排出管路阀门(轴流式泵则开阀启动)。

(8)抽真空灌泵(或采用其他方法灌泵),待确认泵内空气被排出后,关闭抽真空阀门(或放气阀)。

对于新安装的泵及重修的泵,必须检查电动机转向和接线是否正确。

完成上述准备工作之后,方可合闸送电启动。此时,应注意查看电流表指针是否在允许范围内。若启动电流过大,则必须停止运行,查明原因,绝不允许在尚未查明原因的情况下再次启动，以免烧毁电机造成损失。

待泵转数达到正常值时，将开关移到正常工作位置。这时应注意泵进出口压力指示是否正常。如果指示正常，可慢慢打开排出阀门，并注意排出口压力表指示情况，同时观察电流指示情况，使泵正常运转。

离心泵的空转时间以 2~4min 为限，不宜过长，否则会造成泵内流体温升过大，甚至汽化，导致泵产生汽蚀现象。

二、泵的正常维护

运行中泵应做好以下工作：

(1)定时观察泵的进出口压力表、电流表、电压表的指示是否正常。发现异常时，应迅速查明原因并及时消除。

(2)经常用听棒探查内部声音(检查部位包括轴承、填料箱、压盖、泵室及密封处)，注意是否有摩擦或碰撞声。发现异音时，应及时判断并果断处理。

(3)经常检查轴承润滑情况，注意轴承及电动机的温升是否超限。

(4)定期检查轴封工作情况是否正常，是否存在过热现象。填料密封的泄漏量一般控制在 40 滴/min 左右，机械密封不应产生泄漏现象。

(5)运行人员必须严格执行操作规程，未经有关部门批准不得随意改动规程。

(6)对大型泵，还应定期检查转子轴向移位情况。

三、泵的停车

离心泵在停车前应先关闭排出阀，然后停泵。这样可以降低流速的变化率，防止系统水击现象。在冰冻地区，泵在冬季长时间停用时，应将泵内及管路内的存液排净，以免冻坏泵及管路系统。

四、泵的定期检查

不同用途的泵应根据运行情况决定其定期检查周期。检查时，应将泵全部拆开，检查各部件的完好程度及磨损、变形情况，测量主要部件尺寸，从而确定检修项目。对不符合要求的部件，必须进行更换。

五、泵的常见故障及消除方法

泵运行发生故障的原因多样，可能涉及管路系统、泵本身或电动机。部件制造的质量、运行操作及维护方法是决定故障发生的关键因素。离心泵的故障可分为两类，一类是泵本身的机械故障，此类故障及消除方法可参照表9.2或泵使用说明书进行；另一类是泵和管路系统故障泵不能孤立于管路系统工作，因此，管路系统的任何故障都能在泵上反映出来。

表9.2　离心泵的常见故障与处理方法

序号	故障现象	故障原因	处理方法
1	泵输不出液体	吸入管路或泵内留有空气 进口或出口侧管道阀门关闭 使用扬程高于泵的最大扬程 泵吸入管漏气 错误的叶轮旋转方向 吸上高度太高 吸入管路过小或杂物堵塞 转速不符	注满液体、排除空气 开启阀门 更换扬程高的泵 杜绝进口侧的泄漏 纠正电机转向 降低泵安装高度，增加进口处压力 加大吸入管径，消除堵塞物 使电机转速符合要求
2	流量扬程降低	泵内或吸入管内存有气体 泵内或管路有杂物堵塞 泵的旋转方向不对 叶轮流道不对中 叶轮损坏 密封环磨损过多 转速不足 进口或出口阀未充分打开 在吸入管路中漏入空气 管道中有堵塞 介质密度与泵要求不符 装置扬程与泵扬程不符	重新灌泵，排除气体 检查清理 改变旋转方向 检查、修正流道对中 更换新叶轮 更换密封件 按要求增加转速 充分开启 把泄漏处封死 消除堵塞物 重新核算或更换合适功率的电动机 设法降低泵的安装高度
3	电流升高	转子与定子碰擦 泵和原动机不对中 介质相对密度变大 转动部分发生摩擦 装置阻力变低，使运行点偏向大流量处	解体修理 调整泵和原动机的对中性 改变操作工艺 修复摩擦部位 检查吸入和排出管路压力与原来的变化情况，并予调整

序号	故障现象	故障原因	处理方法
4	振动增大	泵转子或驱动转子不平衡 泵轴与原动机轴对中不良 轴承磨损严重，间隙过大 地脚螺栓松动或基础不牢固 泵抽空 转子零部件松动或损坏 支架不牢引起管线振动 转动部分与固定部分有磨损 轴弯曲 泵产生汽蚀 转动部分失去平衡 管路和泵内有杂物堵塞 关小了进口阀	转子重新平衡 重新校正 更换 加固螺栓或加固基础 进行工艺调整 加固松动部件或更换 管线支架加固 检修泵或改善使用情况 更换新轴 向厂方咨询 检查原因，设法消除 检查排污 打开进口阀，调节出口阀
5	密封泄漏	操作波动大 泵轴与原动机对中不良或轴弯曲 轴承或密封环磨损过多形成转子偏心 机械密封损坏或安装不当 动静环吻合不均 摩擦副严重磨损 密封液压力不当 填料过松 密封元件材料选用不当 摩擦副过大，静环破裂 O 形圈损坏	稳定操作 重新校正 更换并校正轴线 更换检查 更换磨损部件，并调整弹簧压力 重新调整密封组合件 比密封腔前压力大 $0.05\sim0.15\mathrm{MPa}$ 重新调整 向供泵单位说明介质情况，配以适当的密封件 整泵拆卸换静环，使之与轴垂直度误差小于 0.10，按要求装密封组合件 更换 O 形圈
6	轴承温度过高	轴承安装不正确 转动部分平衡被破坏 轴承箱内油过少、过多或太脏变质 轴承磨损或松动 轴承冷却效果不好	按要求重新装配 检查消除 按规定添放油或更换油 修理更换或加固 检查调整

（一）判断故障的基本方法

判断故障的基本方法是观察泵工作时压力表和真空表的读数变化。根据两表的读数变化情况既可以了解泵系统是否出现故障，也可以进一步分析故障根源，从而做出准确判断并及时排除故障。

泵管路系统参数与两表读数的关系可用下式表示：

$$\frac{p_{真}}{\rho g} = H_{吸} + \frac{v_{吸}^2}{2g} + h_{吸损}$$

$$\frac{p_{表}}{\rho g} = H_{排} - \Delta h + h_{排损} - \frac{v_{排}^2}{2g}$$

在工作中，如果排出高度不变，但压力表读数出现变化，说明排出阻力发生了变化，而排出阻力的变化与排出管路堵塞情况和流量变化情况有关；同理，如果工作中吸入高度不变，但真空表读数出现了变化，说明吸入管阻力发生了变化，而吸入管阻力的变化与吸入管路堵塞情况和流量变化情况有关。由此可见，根据两表读数的变化情况，可以推断出管路系统出现故障的类型。显然，要想用两表的读数来判断管路系统故障，必须了解泵正常工作时的两表读数情况，只有知道正常读数情况，才能区别读数的变化情况。

此外，我们还可以从听系统运转声音、观看电流表读数的变化情况帮助判断故障。

（二）泵和管路系统的故障

离心泵工作中出现故障时的特点是两表读数同时变化，这是因为离心泵的流量和能头之间是互相影响的，吸入系统出现故障会影响到排出系统，而排出系统发生故障也会波及吸入系统。所以判断故障时不能只看一个表的读数就下结论，应该通过各表读数变化情况进行综合分析。造成泵系统故障的原因有很多，归纳起来有四个方面：吸入管堵塞、排出管堵塞、排出管破裂入泵内有气。现分别分析如下：

1. 吸入管堵塞

两表象征：真空表读数比正常大，压力表读数比正常小。

吸入管堵塞，吸入阻力增加，因此真空表读数比正常大。由于吸入阻力增加，系统流量下降，排出阻力因此减小，压力表读数下降，小于正常值。

吸入管堵塞容易发生的部位有：吸入管插入容器太深，接触了容器底部；吸入滤网过脏；吸入系统阀门未完全打开等。

2. 排出管堵塞

两表象征：压力表读数比正常大，真空表读数比正常小。

排出管堵塞，排出阻力增加，因此压力表读数比正常大。由于排出阻力增加，系统流量下降，吸入阻力因此减小，真空表读数比正常小。

排出管堵塞容易发生的部位有：排出过滤器过脏（设有排出过滤器时）；排出系统阀门未完全打开等。

3. 排出管破裂

两表象征：压力表读数突然下降，真空表读数突然上升。

排出管破裂，排出阻力下降，因此压力表读数下降。由于排出阻力下降，系统流量增加，吸入阻力因此增大，真空表读数上升。

从两表读数的变化来看，与吸入管堵塞时的读数变化情况一致，但是排出管路破裂往往是突然发生的，两表读数变化要快。另外流量增加会引起负载增大，这与吸入管堵塞引起负载降低的情况可以从声响及电流表读数的变化上加以区别。在这种情况下，应立即关阀停泵，查明原因。

排出管破裂的主要原因是管路焊接质量不高、管道锈蚀严重，操作不当引起的水击破坏和外部管路破坏等，但是最根本的原因是管理不严或违规操作，应特别给予重视，避免事故发生。

4. 泵内有气

两表象征：压力表和真空表的读数都比正常小，常常不稳定，甚至降到零。

泵内有气，引起泵输送能力下降，能头降低，流量也随之下降，系统工作不稳定。

引起泵内有气的原因较多，包括吸入系统不严密、吸入系统出现气阻现象、泵产生汽蚀现象都会出现泵内有气。汽阻或汽蚀引起的泵内有气和吸入系统漏气引起的泵内有气可以从声音和振动现象加以区别。

泵和管路系统故障汇总如表9.3所示。

表9.3 泵和管路系统故障

系统故障	真空表读数	压力表读数	故障原因
排出管堵塞	↓	↑	流量减小，吸阻减小，排阻增大
吸入管堵塞	↑	↓	流量减小，吸阻增大，排阻减少
排出管破裂	↑	↓	流量增大，吸阻增大，排阻减小
泵内有气	↓	↓	流量减小，吸阻减小，排阻减小
泵产生汽蚀	↓	↓	不稳定，振动噪声大

第五节　离心泵的选择

泵的选择是指根据泵的实际使用条件确定泵的型式、台数、规格、转速及其配套的原动机的功率。

一、泵选择的原则

泵选择的总原则是确保设备在系统中安全、经济地运行。实际选泵时主要考虑以下几个方面：

1. 所选的泵应满足工作中需要的最大流量 Q_{max} 和最大扬程 H_{max}

同时，要使所选泵的正常运行工作点尽可能靠近它的额定工况点，从而保证泵能长期在高效区运行，提高设备长期运行的经济性。

2. 力求选择结构简单、体积小、重量轻的泵

为此，应在允许条件下，尽量选择高转速的泵。

3. 力求运行安全可靠

对泵来说，首要的是考虑泵的吸入性能。特别是在南方夏季输送油料（尤其是汽油）用泵，吸入性能尤为突出。要保证运行稳定性，尽量不要选择"驼峰"形特性曲线的泵，实在避不开时，则必须将工作点控制在临界点以右区域，而且扬程应低于泵的关死扬程，以利于同类泵并联运行。对于并联运行的泵应尽量选择应 $Q-H$ 特性曲线一开始就下降的泵，对单泵工作的泵来说应选择具有平坦型 $Q-H$ 特性曲线的泵。

4. 选泵应具备的条件

（1）要掌握不同工作条件下的流量、扬程需要及系统运行的最大流量 Q_{max}，和最大扬程 H_{max}；

（2）被输介质、温度、密度、黏度及汽化压力；

（3）安装地点大气压；

（4）数据必须可靠，考虑到测定误差和运行设备性能的变化等不可测因素，应有一定余量。因此，实际选择时建议按下式考虑：

$$Q = (1.05 \sim 1.10) Q_{max}$$
$$H = (1.10 \sim 1.15) H_{max}$$

二、选择的方法和步骤

（一）利用"泵性能表"选择

此法适用于泵结构已定型的情况下单泵的选择。其大致步骤是：

（1）算出流量和扬程：

$$Q = (1.0 \sim 1.10) Q_{max}$$

$$H = (1.0 \sim 1.15) Q_{\max}$$

(2)在已定型的水泵系列中，查找某一型号的泵，使计算流量、计算扬程与"水泵性能表"中列出的代表性(一般为中间一行)的流量、扬程一致。或者虽然不一致，但在高效区工作范围之内。若有两种型号的泵都能满足计算流量、扬程的需要，那么就综合各种因素，权衡利弊，择优选择，通常选用 n_s 较高、结构紧凑、重量轻的泵；如果在某一型式的性能表中，选不到适合的型号，则另行选择其他型号或选择与计算参数相近的泵，通过叶轮切割、变速调节等措施，改变泵的参数使之符合实际的要求。

(3)在具体选定某一型号泵之后，就要核实泵在系统中运行时的工作情况。核查它的流量、扬程变化范围，确认泵是否在最高效率区范围内工作。如果运行工况偏离最高效率区，则泵在系统中运行经济性差，最好另行选择。

(二)利用"泵的综合性能图"选择泵

"泵的综合性能图"是将某型泵(如 IS 型、YA 型)的不同规格的泵的工作范围(即四边形)，按一定规律排列在一张图上从而得到一个泵的适应工作范围的集合，也叫泵的型谱。如果已确定选择某一型式的泵，可在该泵的型谱上直接查找泵的型号。现在许多厂家都在自己的网站上给出了泵的性能表，也可参照泵的性能表选择泵，此时选泵的大致步骤如下：

(1)首先决定计算流量 Q 和计算扬程 H，计算方法同前；

(2)选择设备的转数 n，算出比转数 n_s；

(3)根据 n_s 的大小，决定所选泵的类型(含泵的台数和级数)；

(4)根据所选类型，在该型泵的型谱图(或性能参数表)上选取最适合的型号，确定转速、功率、效率和工作范围；

(5)从"泵样本"中查出该泵的性能曲线。依据泵在系统中的运行方式(单台运行、并联或串联)，给出运行方式的合成性能曲线。

(6)根据泵的管路性能曲线和运行方式合成曲线，决定泵在系统中的工况点。如果效率变化在规定高效区之内，则选择就算结束。否则重复以上步骤，另选其他型号的泵，直到满意为止。若要求不高，一般一次选定，不再重复。

习题

1. 什么是管路特性曲线？它有何物理意义？

2. 什么是泵的工作点？它有何物理意义？

3. 泵的主要运行调节方法有哪些？各有什么优缺点？

4. 离心式泵并联工作的特点是什么？在什么情况下采用并联工作方式比较合适？

5. 离心式泵串联工作的特点是什么？在什么情况下采用串联工作方式比较合适？

6. 离心泵向分支管路供液时的工作特点是什么？如何确定泵在分支管路上的工作点？

7. 什么是变速调节？如何确定变速调节时泵的转速？

8. 什么是切割调节？切割调节计算时应注意什么问题？

9. 泵启动前应做好哪些检查及准备工作？

10. 运行中泵应做好哪些工作？

11. 吸入管堵塞和排出管堵塞时，压力表和真空表分别出现哪些表征？可能的故障部位和原因分别有哪些？

12. 排出管破裂和泵内有气时，压力表和真空表分别出现哪些表征？可能的原因分别有哪些？

13. 选泵应具备哪些条件？

14. 题14图中，Ⅰ为泵的性能曲线，Ⅱ为管道特性曲线，试指出图中 A、B 两点的意义。

15. 题15图中，Ⅰ(Ⅱ)为两台性能相同的泵的性能曲线，Ⅲ为两泵的效率曲线，Ⅳ为管道特性曲线，试在图中分别标出单泵工作效率和并联时各泵工作效率。

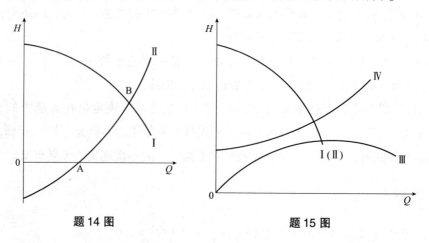

题14图　　　　　　　　　题15图

16. 题16图中，Ⅰ(Ⅱ)为两台性能相同的泵的性能曲线，Ⅲ为两泵的效率曲线，Ⅳ

为管道特性曲线,试在图中分别标出单泵工作效率和串联时各泵工作效率。

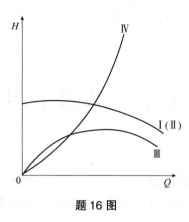

题 16 图

17. 某水泵性能如下表所示:

$Q/(\text{L/s})$	0	1	2	3	4	5	6	7	8	9	10	11
$H/\text{mH}_2\text{O}$	33.8	34.7	35.0	34.6	33.4	31.7	29.8	27.4	24.8	21.8	18.5	15
$\eta/\%$	0	27.5	43.0	52.5	58.5	62.4	64.5	65.0	64.5	63.0	59.0	53.0

管路特性曲线方程为 $H = 20 + 0.078Q^2$(Q 单位为 L/s),求:

(1)工件点(Q、H)及轴功率。

(2)水泵叶轮外径 $D_2 = 162\text{mm}$,若满足最大流量 $Q = 6\text{L/s}$,计算叶轮的切割量。

(3)比较节流调节与叶轮切割调节的经济性。

18. 有两台性能相同的离心泵式水泵,性能曲线见题 18 图,并联在管路上工作,管路特性曲线方程为 $H = 0.065Q^2$(Q 的单位为 m^3/s)。当一台泵停止工作时,流量减少多少?

19. 题 19 图为某离心泵工作曲线图,现需将流量减至 20L/s,试计算泵的转速应为多少?

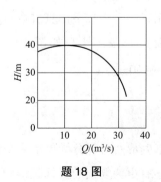

题 18 图

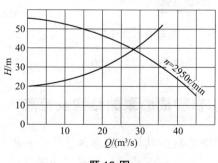

题 19 图

第十章 其他常用泵

在前面的章节中，我们已经对离心泵的结构、性能和操作使用方法等进行了比较详细的介绍。但在实际作业过程中，还需要一些具有特殊性能的泵来完成特定工作，如输送特种油料、灌泵、抽吸油罐车底油等。本书将这些泵统一归纳为其他常用泵，主要包括自吸离心泵、滑片泵、齿轮泵、螺杆泵、水环式真空泵、往复泵等，本章介绍这些泵的结构、工作原理、性能特点。

第一节 自吸离心泵

图 10.1 自吸离心泵外观图

众所周知，普通的离心泵没有自吸能力，在使用前必须向泵内及吸入系统灌满所输送的介质，这是离心泵工作的一个基本前提。因此，在固定泵站中一般需要另设灌注设备，如在一些油料储库中，一般采用水环式真空泵作为离心泵灌泵和抽吸底油的设备。对机动用泵，如果采用一般离心泵加灌注设备，就使得设备庞大，既不经济又不方便，机动灵活性差，显然很不方便。因此对于机动用泵，一般都采用具有自吸能力的泵——自吸离心泵，外观如图 10.1 所示。

自吸离心泵的流量为 $6.3 \sim 500 \mathrm{m}^3/\mathrm{h}$，扬程为 $12 \sim 160 \mathrm{m}$。

一、自吸离心泵的结构及特点

自吸离心泵的结构形式多种多样，根据其蜗壳形式可以分为单蜗壳结构和多蜗壳结构。现代自吸泵一般采用双蜗壳结构，还有更为复杂的三蜗壳结构；根据液体回流部位的不同，自吸离心泵可分为外缘回流式和内缘回流式。当液体回流至叶轮外缘，并在叶轮外缘形成气液混合物时，称为外缘回流式，如图10.2所示。如果液体回流至叶轮入口处，并在叶轮中形成气液混合物，则称为内缘回流式如图10.3所示。

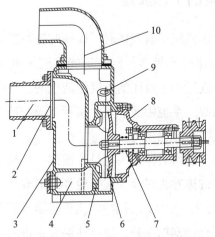

图 10.2　外缘回流式自吸离心泵结构

1—进水管；2—吸入阀；3—泵体；4—储水室；5—回流孔；
6—叶轮；7—机械密封；8—轴承体；9—扩散管；10—出水管

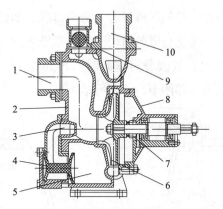

图 10.3　内缘回流式自吸离心泵结构

1—进水管；2—泵体；3—喷嘴；4—回流阀；5—储水室；6—叶轮；
7—机械密封；8—轴承体；9—排气阀；10—出水管

　　外缘回流式泵结构简单、零件较少，但自吸速度慢，自吸效果较差。内缘回流式泵的液体回流至泵吸入室，在射流作用下与吸入室内的气体充分混合，这有助于缩短自吸时间并提高自吸效率，目前，大多自吸离心泵在回流孔上安装了回流阀，其作用是在泵正常工作后关闭回流孔，以减少泵在正常工作时的容积损失，从而提高泵的效率。

由于自吸离心泵有气液分离室，其体积比普通离心泵要大，因而在耗能、结构复杂性及制造成本方面相对较高，这些是自吸离心泵的缺点。

二、自吸离心泵的工作原理

当普通离心泵的吸入系统充满气体时，即使叶轮高速旋转，泵吸入口内形成的真空度也远比输送液体时小得多，此时不能将液体吸入泵内，泵无法正常工作。这是因为空气的密度远小于液体的密度所造成的。自吸离心泵凭借自身的特殊结构，能够自动排除吸入系统中的空气，实现自吸的功能。现以外缘回流式自吸离心泵为例，介绍其工作过程：

自吸离心泵启动前，泵内需保持一定量的液体。叶轮带动液体转动时，由于离心力的作用，气体和液体互相混合，在叶轮外缘形成薄层泡沫带，并形成接近叶轮圆周速度的液环[如图10.4(a)所示]。当液环运动到上泵舌部位时，泵舌将泡沫带的大部分气液混合物刮挡在外，使这些混合物进入泵体宽大上部宽敞的气液分离室。由于气液分离室的容积骤然增大，泡沫混合物的速度锐减，气体从泡沫中分离出来，从泵排出口逸出。脱气后的液体依靠自身的重量，沿着外流道重新流回泵腔下部，参与新一轮的气液混合–分离过程。如此反复循环，直至吸入管中的气体被逐渐排净，实现自吸的目的。吸入系统内的气体被全部排出后，泵内的气液混合物随之消失，气液分离室此时不再起作用，转变为液体排出的流道，泵进入正常工作状态，如图10.4(b)所示。

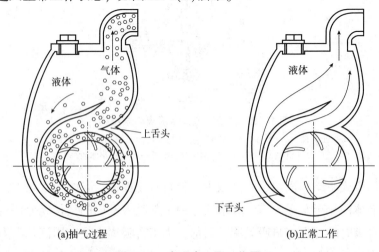

图 10.4　自吸离心泵工作原理

三、自吸离心泵的操作使用及维护

（一）自吸离心泵的操作使用特点

自吸离心泵的扬程、功率计算方法与普通离心泵相同。自吸离心泵与普通离心泵的主要区别在于自吸能力，因此其操作使用特点也是由自吸所决定的。

1. 必须开阀启动

自吸离心泵吸入管中的气体需在泵启动后从排出口排出，因此，必须开阀启动，以便气体能从排出口中排出。

2. 启动前泵腔内应有足量液体

如果自吸离心泵的泵腔内没有液体，就无法形成气液泡沫混合物，也无法排气。泵腔内液体太少同样起不了抽气作用。

图 10.5 是某自吸离心泵储水量与自吸真空高度的关系曲线。不难看出，当储水量小于 1.5L 时，真空度很小且极不稳定；储水量大于 1.5L 时，真空度随储水量的增加而增大；储水量达到 3.5L 时，真空度可达 9m；储水量大于 3.5L 时，真空度随储水量的增加的速度变缓。因此，泵内应有 3.5L 储水量。以保证自吸效果。为确保抽气速度和可靠性，启动前应向泵腔内灌入足量的液体。

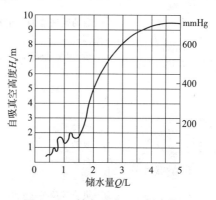

图 10.5 某自吸离心泵储水量与
自吸真空高度的关系曲线

3. 抽气时转速宜高，加速泡沫形成

图 10.6 为自吸离心泵转速与自吸真空度的关系曲线，不难看出，转速对自吸真空高度的影响很大，直到接近极限真空度时，转速的影响才减弱。因此，在自吸过程中应当将原动机调到最高速，以便缩短自吸时间。

（二）自吸离心泵的故障及排除方法

自吸离心泵的故障及排除方法见表 10.1。

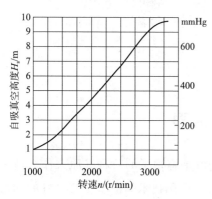

图 10.6 自吸离心泵转速与自吸
真空高度的关系曲线

表 10.1 自吸离心泵故障及排除方法

序号	故障	故障原因	排除方法
1	电机不转	电机已损坏 电源不通	修复或更换电机 检查接通电源
2	水泵不出液	泵壳内未加储液或储液不足 吸入管路漏气 转速太低 吸程太高或吸入管路过长 机械密封泄漏量过大 吸入管路气体不能从出口排出	加足储液 检查并排除漏气现象 调整转速 降低吸程或缩短吸入管路 修复或更换 使之排出
3	流量、 扬程不达标	叶轮流道与吸入管被堵塞 叶轮或叶轮密封磨损严重 功率不足或转速太低	排除堵塞物 更换口环 加大功率、调至额定转速
4	电机与水泵 连接部位渗漏	启动瞬间渗漏，正常运行后现象消失 运行时一直渗漏(可能是密封装置已损坏，或实际扬程、压力与该水泵参数差异过大)	引流液灌注过满，不属于故障 检查密封装置是否损坏，重新计算工作压力是否超过该泵的规定参数，如密封装置已损坏，请考虑修理或更换。如压力参数差异过大，请考虑重新选型可调整实际工作压力
5	杂音和振动较大	底脚不稳 泵轴弯曲 汽蚀现象 轴承磨损严重 进口管路内有杂物 泵与电动机两者主轴不同心	加固 更换或校正 调整工况 更换 清除杂物 调整同轴度
6	轴功率消耗过大	流量过大 转速太高 泵轴弯曲或叶轮卡碰 泵内流道堵塞或被卡住	升高出口压力 适当降低 更换或校正 排队堵塞物

第二节　滑片泵

　　滑片泵(也称刮板泵，外形如图 10.7 所示)是容积泵的一种，原来作为液压泵使用，也可用于抽吸液化石油气。随着滑片泵应用技术的进步，其良好的抽真空性能和气液混输性能在石油产品输送中得到应用。在油气储输领域，近年来随

着无泵房化作业区工艺改造和油料装备的不断
发展，滑片泵以其优越的使用性能被广泛采用。
目前，滑片泵已广泛应用于油料输送、抽真空
灌泵、扫罐扫舱、加油机加油等场合，并在适
用于机动作业的加油装备上也得到了广泛应用。

一、滑片泵的结构

滑片泵的结构如图10.8所示，主要由泵体、
内套、转子、轴、滑片、轴承、机械密封和安

图10.7　滑片泵的外观

全阀组成。泵体两侧借螺栓固定着前盖板和后
盖板，转子依靠固定在前后盖板上的滚针轴承支撑。叶片安装在转子上的叶片槽
内，可沿叶片槽滑动。端盖与转子端面的间隙很小，以防止液体从高压腔向低压
腔回流。泵轴穿过泵盖处装有机械密封装置。泵体上装有安全阀装置。

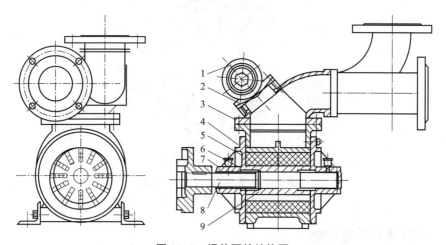

图10.8　滑片泵的结构图

1—安全阀；2—泵上盖；3—泵体；4—滑片；5—端盖；6—轴封；7—轴承；8—泵轴；9—转子

二、滑片泵的工作原理及性能

（一）滑片泵的工作原理

滑片泵是依靠泵内工作容积的周期性变化来工作的，而泵内工作容积变化是
依赖滑片在泵转子上的滑槽内滑动形成的，故称为滑片泵。由于滑片泵依靠泵内

容积变化工作，它不仅可以抽液，也可以抽气，具有自吸能力。滑片泵的工作原理示意图如图10.9所示。主要由泵体、定子内表面、转子、轴、滑片和侧板等零件组成。定子内表面一般由多段曲线构成，以减小叶片与定子内表面的摩擦力。滑片安放在转子槽内，可沿槽滑动。当转子回转时，滑片依靠自身的离心力紧贴内套内壁，由定子内表面、转子外表面、滑片及两侧板端面之间形成若干个封闭工作室。当转子顺时针旋转时，右边的滑片逐渐伸出，相邻两滑片间的容积逐渐增大，形成局部真空，液体由吸入口进入工作室，构成泵的吸入过程。左边的滑片被定子内表面逐渐压入槽内，相邻两滑片间的封闭容积逐渐减小，将液体压出排出口，完成泵的压出过程。转子每旋转一周，每个工作室完成一次吸入和压出过程。在泵的吸入腔和压出腔之间，有一段封油区，把吸入腔和压出腔隔开。泵的排量 Q 与工作室容积、泵的转速 n 成正比，因此可采用改变定子内曲线和转速来调节排量，或制成系列产品，满足不同工况的需要。

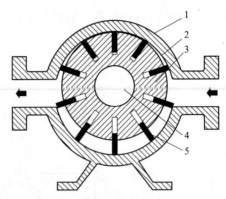

图 10.9 滑片泵的工作原理图
1—泵体；2—内定子；3—转子；4—轴；5—滑片

(二) 滑片泵的性能

1. 滑片泵的流量

滑片泵的内定子曲线一般由四段圆弧和连接四段圆弧的过渡曲线组成，过渡曲线的形式较多，且因泵而异。泵的流量与内定子曲线有关，其流量大小取决于泵的转速和内定子曲线，与排出压力无关。

2. 滑片泵的扬程

滑片泵属于容积泵，依靠泵内容积变化来吸入和排出液体。滑片泵的扬程大小取决于输送高度和管路的阻力损失。理论上，由于液体是不可压缩的，当关闭排出阀或排出管路堵塞时，泵的出口压力可以无限上升。实际上，由于电机功率的限制和安全阀的控制，泵的扬程只能达到某一限度。其扬程计算方法与离心泵一样。

3. 滑片泵性能特点

滑片泵具有优异的自吸性能，可作为燃料油和黏油输送泵，也可气液两相混合输送，混输比高达50%。

滑片泵的功率计算与齿轮泵相同。

三、滑片泵的操作使用及维护

(一)滑片泵的操作特点

滑片泵存在自身的特殊问题：

(1)由于吸液区与压液区存在压差，轴与轴承受不平衡的径向力作用。只有双作用滑片泵的径向力是平衡的。此外，滑片两侧受力不等，特别是从低压区进入高压区的瞬间，滑片一边是高压(排出压力)，一边是低压(吸入压力)，滑片受力很大。

(2)滑片泵与齿轮泵一样，也存在闭死容积，也有困油问题。

滑片泵在使用中应着重注意以下几点：

①首次启动前需从注油孔(安全阀尾部螺孔)向泵内注入适量的介质油料，起润滑、密封和保护机械密封的作用。检查泵的转向及各部连接；用手转动旋转部分，检查转动是否灵活，有无卡壳或者其他异常情况；润滑油是否充足等。

②泵运转前应打开排出管路上的所有阀门。若有回流阀，启动时最好打开。

③运转中应注意压力表读数是否正常，运转声音是否正常，泵端盖及轴承温度是否过高等。如有异常情况，应及时排除。运转中不允许关闭排出管路上的阀门。

④泵工作完毕，需要停泵时，可保持工作时阀门开启度停泵，不允许关闭排出阀停泵。

⑤泵的流量调节可采用回流调节，也可采用变速调节，但泵的转速不能高于额定转速。

(二)滑片泵的常见故障与处理方法

滑片泵常见故障与处理方法见表10.2。

表 10.2   滑片泵的常见故障与处理方法

序号	故障现象	故障原因	处理方法
1	泵不出介质	吸入管路泄漏 机械密封严重泄漏 排出管路处于闭塞状态	查出泄漏部位并予以消除 更换机械密封 打开排出管路阀门，排气
2	泵排量不足	转速太低 安全阀松动，偏离原调定位置 转子两端面磨损严重 负载太大(超过额定压差)	调整转速 重新调整并锁紧 修理或更换转子 减少负载
3	泵轴功率过大	压差过高 转速过高 转配太紧，磨损损耗功率太大	降低压差 调整转速 须重新调整，保证端面，径向间隙
4	泵发热	负载压力过高 安全阀起作用压力过低 轴承磨损严重 二相(气、液)输送时，气相比例太高	降低负载压力 重新调整起作用压力 修理、更换轴承 调整二相比例
5	泵振动 噪声过大	底座不稳 发生气蚀 轴承磨损 泵与电机不同轴 泵安装时可能出现振动，泵与连接管松开	加固 改变工况、排气 更换轴承 调整同轴度 重新调整安装标高，消除内应力

第三节   齿轮泵

　　粘油输送(如润滑油、燃料油等)一般采用齿轮和螺杆泵。在速度中等、作用力不大的液压及润滑系统中，采用齿轮泵作为辅助油泵。齿轮泵和螺杆泵属于容积式回转泵。齿轮泵的外观如图 10.10 所示。

图 10.10   齿轮泵的外观

一、齿轮泵的结构及分类

（一）齿轮泵的结构

齿轮泵的结构如图 10.11 所示。

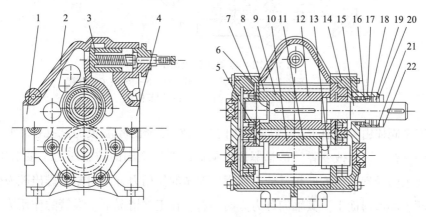

图 10.11　KCB-300 型齿轮泵结构

1—吸入口；2—泵体；3—安全阀；4—排出口；5—球轴；6—制动螺丝；7—后盖；8—螺母；
9、10—左旋齿轮；11、12—右旋齿轮；13—从动轴；14—前盖；15—主动轴；16—弹簧；
17—衬圈；18—橡胶密封圈；19—动环；20—静环；21—石棉垫圈；22—压盖

1. 泵体

泵体内部是工作空间。齿轮泵工作时，各部件即在其中旋转，内壳把工作空间分隔成吸入空间和排出空间。泵体上部装有安全阀。泵体两侧面通过螺栓固定着前止推板和前盖板，后止推板和后盖板，各止推板都用两个销钉固定在泵体两侧面上。轴承固定在前、后盖板上。泵轴穿过泵盖处采用机械密封，也可以采用填料密封。

2. 回转部分

齿轮泵具有两个回转齿轮，一个是主动齿轮，另一个是从动齿轮。为了防止各个齿轮的轴向移位，避免齿轮两端面和止推板内面之磨损，应将一对齿轮套入轴上后，再旋上锁紧螺母。

3. 差动式安全阀

差动式安全阀的结构如图 10.12 所示。

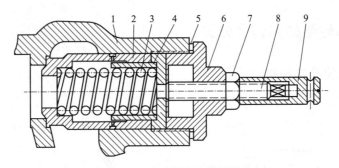

图 10.12 差动式安全阀的结构
1—泵体；2—安全阀体；3—弹簧；4—弹簧座；5—垫圈；6—阀盖；
7—锁紧螺母；8—调节杆；9—调节杆套

安全阀体由弹簧作用顶紧在泵体内吸入腔与排出腔隔板的圆孔(阀座)上。拧动调节杆，可以改变弹簧的松紧度，从而改变安全阀的控制压力。泵工作时，阀体在轴向受到两个方向相反的力作用。弹簧的作用力方向向左，排出腔液体作用在两个环形斜面上，其轴向分力方向向右。在正常情况下，弹簧的作用力大于排出液体引起的轴向分力，阀体处于关闭状态。当排出腔液体压力由于管路堵塞或油料黏度过大等原因超过允许范围时，由液体压力作用在两个环状斜面上引起的轴向分力大于弹簧的作用力，阀体被顶开，排出腔的部分液体经圆孔回流到吸入腔，从而起到安全保护作用。

(二)齿轮泵的分类

按齿轮啮合方式，可以分为外齿轮泵和内齿轮泵。

(1)外齿轮泵：主动齿轮和从动齿轮均为外齿轮，如图 10.13 所示。外齿轮泵是应用最广泛的一种齿轮泵，我们通常所说的齿轮泵就是指外齿轮泵。

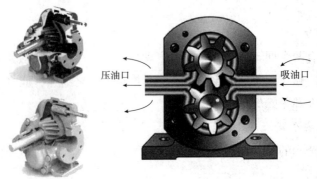

压油口　　吸油口

图 10.13 外齿轮泵

（2）内齿轮泵：主动齿轮为内齿轮，从动齿轮为外齿轮，如图 10.14 所示。与外齿轮泵相比，内齿轮泵结构紧凑，体积小，吸入性能好，但是齿形复杂，不易加工。

(a) 工作原理图　　　　　　　　(b) 结构示意图

图 10.14　内齿轮泵工作原理及结构示意图

按齿轮齿形，可以分为正齿轮泵、斜齿轮泵和人字齿轮泵。

（1）正齿轮泵：主动齿轮和从动齿轮都是正齿轮。正齿轮泵运转平稳性较差，应用比较少。

（2）斜齿轮泵：工作齿轮是一对斜齿轮。斜齿轮泵工作的平稳性较正齿轮泵好，但斜齿轮泵工作中存在轴向分力。

（3）人字齿轮泵：主动齿轮和从动齿轮分别由两个方向相反的斜齿轮组成人字齿轮。由于人字齿轮的齿形决定了轮齿啮合逐渐进行，接触面积大，工作平稳，流量均匀，效率较高，使用寿命长，允许转速也比正齿轮泵高，因此应用比较广泛。

二、齿轮泵的工作原理及性能

（一）齿轮泵的工作原理

齿轮泵的工作原理如图 10.15 所示。泵壳内装有互相啮合的主动齿轮和从动齿轮。由于两个齿轮是互相啮合的，齿轮和泵壳、泵端盖之间的间隙很小（0.1～0.12mm），因此吸入口和排出口是隔开的。当主动齿轮转动时带动从动齿轮向相反方向旋转。在吸入口处，齿轮逐渐分开，齿穴容积增大，压强降低，吸入液体。吸入的液体在齿穴中被齿轮沿着泵壳带到排出口，在排出口处轮齿重新啮合，使容积缩小，压力增高，将齿穴中的液体挤入排出管中。

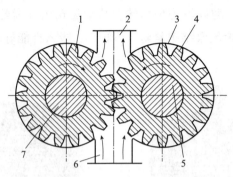

图 10.15 齿轮泵的工作原理

1—主动齿轮；2—排出口；3—泵壳；4—从动齿轮；5—从动轴；6—吸入口；7—主动轴

(二) 齿轮泵的性能参数

1. 流量

齿轮泵的理论流量常用近似计算公式计算，该公式假定泵每转压出的液体量等于两个齿轮齿谷的总容积，且齿谷体积等于齿的体积。由于齿高一般为 $2m$（m 为齿轮模数），故泵每转的排出容积可近似地按下式计算：

$$V_h = 2\pi Dmb \times 10^{-6}$$

式中　V_h——泵每转的排出容积，L/r；

　　　m——齿轮模数；

　　　D——齿轮节圆直径，$D = mz$，mm；

　　　b——齿轮宽度，mm；

　　　z——齿数。

泵每分钟的理论排出容积为：

$$Q_T = V_h n = 2\pi m^2 zbn \times 10^{-6}$$

实际上，齿谷的体积比齿的体积稍大，所以加以修正，用 3.33 代替 π 值得：

$$Q_T = 6.66 m^2 zbn \times 10^{-6}$$

考虑到容积效率的影响后，实际排量为：

$$Q_T = 6.66 m^2 zbn \eta_v \times 10^{-6}$$

式中　Q_T——理论流量

　　　Q——实际流量，L/min；

　　　n——泵的转速，r/min；

　　　η_v——容积效率，一般为 0.7 ~ 0.9。

2. 扬程

齿轮泵属于容积泵，依靠泵内吸入室和排出室的容积变化来吸入和排出液体。因此，齿轮泵扬程的大小取决于输送高度和管路的阻力损失。理论上，液体不可压缩，关闭排出阀或排出管路堵塞时，泵的出口压力可以无限上升。实际上，由于电机功率的限制和安全阀的控制，泵的扬程只能达到某一限度。其扬程计算方法与离心泵一样。

3. 功率与效率

齿轮泵的功率 N 和效率 n 与工作压力的关系可用图 10.16 中的曲线表示。其计算方法与离心泵相同。

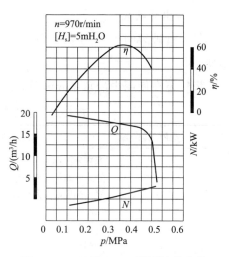

图 10.16　KCB－300 型泵性能曲线

三、齿轮泵的操作使用及维护

(一)齿轮泵的操作使用

根据齿轮泵的工作原理、构造和性能特点，在使用齿轮泵时应注意以下事项：

(1)启动和停泵时禁止关闭排出阀，否则将会损坏泵或烧坏电动机。为了安全起见，除了泵上装有安全阀，泵管组上也装有回流管，启动时可打开回流管上的阀门以减少电机负荷。

(2)齿轮泵的运转部件依赖吸入的油料进行润滑，所以齿轮泵不能长期空转，也不能用来抽注汽油、煤油等黏度小的油料。在使用之前(特别是长期停用的泵)要向泵内灌一些所输送的油料，以起到润滑和密封的作用。用来抽注黏油时，油温不能太低，否则黏油因为黏度太大不易进入泵内，使泵缺乏润滑而加速磨损。

(3)齿轮泵的流量调节可采用变速调节或回流调节，禁止采用节流调节。

(二)齿轮泵常见故障及排除方法

齿轮泵发生故障时，真空表和压力表的变化情况除了在转速降低和泵内有气时与离心泵相同，一般只是一个仪表发生变化。

1. 吸入管堵塞

当堵塞不严重时，真空表读数增大，压力表读数不变。因为泵的流量不变，所以压力表读数不变。

当堵塞严重甚至完全堵塞时，真空表读数增大，压力表读数下降，甚至为零。因为这时流量大大减少，甚至断流。

2. 排出管堵塞

当排出管堵塞时，压力表读数上升，真空表读数不变；当堵塞严重，压力超过安全阀控制压力时，安全阀打开，真空表和压力表读数下降。

3. 排出管破裂

排出管破裂时，压力表读数突然下降，真空表读数一般不变，因为流量不变。

齿轮泵在使用中的常见故障及处理方法见表10.3。

表 10.3　齿轮泵常见故障与处理方法

序号	故障现象	故障原因	处理方法
1	泵不吸油	泵内未灌油 吸入管路堵塞或漏气 吸入高度超过允许吸入真空高度 电动机反转 介质黏度过大 间隙过大 安全阀卡住	开泵前必须灌油 检查吸入管路 降低吸入高度 改变电动机转向 将介质加温 调整 检修
2	压力表指针波动大	吸入管路漏气 安全阀没有调好或工作压力过大，使安全阀时开时闭	检查吸入管路 调整安全阀或降低工作压力
3	流量下降	吸入管路堵塞或漏气 齿轮与泵内严重磨损 电动机转速不够 安全阀弹簧太松或阀瓣与阀座接触不严 滤油器网面积过小	检查吸入管路 磨损严重时应更换零件 修理或更换电动机 调整弹簧，研磨阀瓣与阀座 增加滤网面积
4	轴功率急剧增大	排出管路堵塞或排出阀关闭 齿轮与泵内严重磨损 介质黏度太大	停泵清洗管路或打开排出阀 检修或更换有关零件 将介质升温
5	泵振动大、有噪声	泵与电机不同心 齿轮与泵内不同心或间隙大、偏磨 泵内有气 安装高度过大，泵内产生汽蚀 轴承损坏 轴弯曲	调整同心度 检修调整 检查吸入管路，排除漏气部位 降低安装高度或降低转速 更换 检修或更换

续表

序号	故障现象	故障原因	处理方法
6	泵发热	泵内严重摩擦 机械密封回油孔堵塞 油温过高	检查调整螺杆和衬套间隙 疏通回油孔 适当降低油温
7	机械密封 大量漏油	装配位置不对 密封压盖未压平 动环和静环密封面有碰伤 动环和静环密封圈损坏	重新按要求安装 调整密封压盖 研磨密封面或更换新件 更换密封圈

第四节　螺杆泵

螺杆泵一般用于输送各种滑油、燃料油和柴油。它具有流量大（0.5～2000m³/h）、排压高（在 40MPa 内）、效率高和工作平稳等特点，常用作输送轴承润滑油及调速器用油的油泵，已逐渐被油料部门采用。螺杆泵的外观如图 10.17 所示。

图 10.17　螺杆泵的外观

一、螺杆泵的结构

（一）螺杆泵的分类

（1）按螺杆数分为单螺杆泵、双螺杆泵、三螺杆泵和五螺杆泵。

①单螺杆泵：只有一个螺杆。单螺杆泵在许多国家已广泛使用，国外多数称单螺杆泵为"莫诺泵"（MONOPUMPS）。由于其优良的性能，近年来在国内的应用范围也在迅速扩大。它的最大特点是对介质的适应性强、流量平稳、压力脉动小、自吸能力高，这些特性是其他任何泵种所不能替代的。主要工作机构是一个钢制螺杆和一个具有内螺旋表面的橡皮衬套。该泵主要用于化工和其他工业部门中对高黏度流体的输送，以及含有硬质悬浮颗粒介质或含有纤维介质的输送，自吸高度一般在6m以上。

②双螺杆泵：在泵内有两根螺杆互相啮合工作。主动螺杆和从动螺杆之间用一对齿轮传递扭矩，一般在油船上安装有双螺杆泵。

③三螺杆泵：在泵内有三根螺杆互相啮合工作。它是螺杆泵中应用最广泛的一种。在油料储库中常用三螺杆泵输送黏油或燃料油、柴油等。

（2）按吸入方式分为单吸螺杆泵、双吸螺杆泵。

①单吸式：油料从螺杆一端吸入，从另一端排出。

②双吸式：油料从螺杆两端吸入，从中间排出。

单、双吸螺杆泵在油料储库中均有使用。

（3）此外，按泵轴位置还可以分为卧式泵和立式泵。

（二）螺杆泵的典型结构

油料储输中使用的螺杆泵，主要是三螺杆泵，结构如图 10.18 所示。

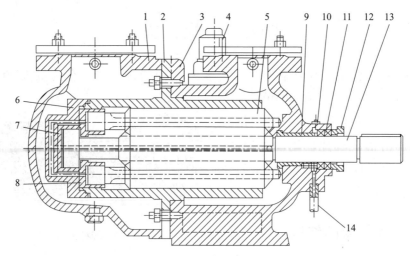

图 10.18　螺杆泵的结构

1—吸入盖；2—泵套；3—泵体；4—安全阀组件；5—从动螺杆；6—泵套盖；
7—主动推力轴承；8—从动推力轴承；9—轴套；10—填料环；11—填料；
12—填料盖；13—主动螺杆；14—溢油管

螺杆泵主要由泵体、泵套、吸入盖、主动螺杆和从动螺杆等组成。主动螺杆与从动螺杆的螺纹方向相反，它们之间互相啮合，并共同装在泵套内。螺杆外表面与泵套内表面之间间隙很小，螺杆相互啮合处的间隙也很小，以防止液体从高压腔流向低压腔。

主动螺杆的吸入端支撑在推力轴承上，排出端支撑在滑动轴套上。从动螺杆吸入端支撑在推力轴承上，螺杆外表面与泵套之间紧密地贴合，故排出端无须支撑。泵工作时，电机通过联轴器带动主动螺杆旋转，从动螺杆则在排出液体压力的作用下自转。

3G70×3 型泵是一种单吸式泵,由于排出腔与吸入腔的液体压力不等,在压力差的作用下,主动螺杆和从动螺杆都产生了方向指向吸入端的轴向推力。在主动螺杆中心打一小孔,泵工作时,排出腔的压力较高的液体经过小孔通到吸入端的推力轴承内,作用在螺杆端部,从而平衡了轴向力,并对推力轴承起冷却和润滑作用。从动螺杆轴向推力的平衡与此相似。在泵套盖内有内流道,由主动螺杆中心小孔引来的排出腔液体,经过泵套盖内流道,引到从动螺杆推力轴承内,借以平衡从动螺杆的轴向推力,并起冷却和润滑作用。图 10.19 为单螺杆泵的结构图。

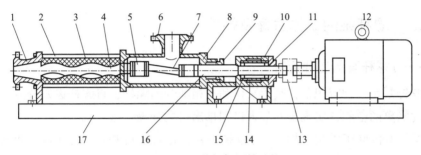

图 10.19 单螺杆泵的结构

1—出料腔;2—拉杆;3—螺杆套;4—螺杆轴;5—万向节总成;6—吸入管;
7—连节轴;8—填料压盖;9—填料压盖;10—轴承座;11—轴承盖;12—电动机;
13—联轴器;14—轴套;15—轴承;16—传动轴;17—底座

泵的安全阀结构如图 10.20 所示。安全阀下部与排出腔连通,上部与吸入腔连通。通过拧动调整螺杆,可以改变弹簧的压紧程度,进而调整安全压力。在正常工作状态下,弹簧对安全阀的作用力(方向向下)大于排出腔液体对安全阀的作用力(方向向上),使安全阀贴紧阀座,从而排出腔与吸入腔隔离。当排出腔液体压力超过允许范围时,排出腔液体对安全阀的作用力将超过弹簧的作用力,导致安全阀打开,排出腔与吸入腔相通,液体从排出腔回流到吸入腔。安全阀下部的叶片开闭过程中起到导向和定位作用。

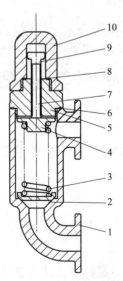

图 10.20 泵的安全阀结构

1—阀体;2—安全阀;3—安全阀弹簧;
4—弹簧座;5—阀盖;6—垫圈;7—调整螺杆;
8—垫圈;9—锁紧螺帽;10—护盖

(三)螺杆泵的特点

(1)结构简单,零件数量少,容易

拆装。

（2）受力情况良好，主动螺杆由电机驱动旋转，从动螺杆在排出压力的作用下自转，主从螺杆间附有一层油膜，减少了磨损，延长了寿命。

（3）被输送的油料在泵内做匀速直线运动，无旋转和脉动，流量随压力的变化很小。因此，泵工作时振动小，噪声低，流量稳定。

（4）泵内的泄漏损失比较小，故效率较高，一般为80%～90%。

（5）具有良好的自吸能力，适用于黏油甚至柴油的输送。

二、螺杆泵的工作原理及性能

（一）螺杆泵的工作原理

螺杆泵是一种容积泵，利用泵体和互相啮合的螺杆，将螺杆齿穴分隔成一个个彼此隔离的空腔，实现泵的吸入口和排出口的分隔。

螺杆泵的转子由主动螺杆（可以是一根，也可有两根或三根）和从动螺杆组成。泵工作时，主动螺杆与从动螺杆朝相反方向转动，螺纹相互啮合，随着主动螺杆按一定方向旋转，从动螺杆也随之旋转。在吸入口处，齿穴所形成的空腔由小变大，吸入液体。当空腔增至最大值时，即被啮合的螺纹封闭。封闭的空腔中的油料沿轴向向排出端移动。在排出口处，空腔体积逐渐变小，将油料排出，如图10.21所示。

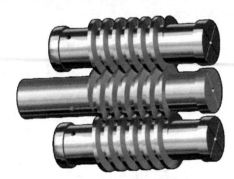

图10.21　螺杆泵的工作原理

（二）螺杆泵的主要性能参数

1. 扬程

螺杆泵为容积泵，其扬程取决于泵的设计强度。未经厂方同意，不得任意提高排出压力，通常为了安全起见，会装有普通式安全阀。

2. 流量

对于单螺杆泵，其流量计算公式为

$$Q = 4eDTn\eta_v \times 10^{-6} \text{L/min}$$

式中，e 为偏心距，mm，现有单螺杆泵偏心距在 1～8mm 范围内变化；D 为螺杆截面直径，mm；T 为衬套导程，$T = 2t$，mm；n 为轮轴的转速，r/min；η_v

为容积效率，对具有过盈值的螺杆一般取 0.8 ~ 0.85，对具有间隙值的螺杆一般取 0.7。

理论上 Q 与上述因素有关，与排压无关。其功率计算方法与齿轮泵相同。

三、螺杆泵的操作使用及维护

(一)螺杆泵的操作特点

螺杆泵的操作使用基本上与齿轮泵相同。这里着重指出几点供使用时注意：

(1)首次启动前需从泵上的注油孔向泵内注入少量油料，以起到密封和润滑作用，检查泵的转动方向及各部连接，并打开排出管路上的所有阀门。若有回流阀，启动时最好打开回流阀。

(2)运转中应注意压力表及电流表的读数是否正常，泵运转的声音是否正常，泵体是否发热等。如有异常情况应及时停机排查问题。在运转中，不允许关闭排出管路阀门。

(3)泵工作完毕需停泵时，可全开排出阀门或保持工作时的阀门开启度，绝不允许关闭排出阀停泵。

(4)泵的流量调节可采用回流调节实现，也可通过改变泵的转速进行调节，但泵的转速应低于正常工作时的转速，而不能任意提高。

(5)泵的工作压力可借助调整安全阀弹簧的松紧度来实现。

(二)螺杆泵的常见故障与处理方法

螺杆泵的常见故障与处理方法见表 10.4。

表 10.4 螺杆泵的常见故障与处理方法

序号	故障现象	故障原因	处理方法
1	泵不吸油	吸入管路堵塞或漏气 吸入高度超过允许吸入真空高度 电动机反转 介质黏度过大	检修吸入管路 降低吸入高度 改变电动机转向 使介质升温
2	压力表指针波动大	吸入管路漏气 安全阀未调好或工作压力过大，使安全阀时开时闭	检查吸入管路 调整安全阀或降低工作压力

序号	故障现象	故障原因	处理方法
3	流量下降	吸入管路堵塞或漏气 螺杆与衬套内严重磨损 电动机转速不够 安全阀弹簧太松或阀瓣与阀座接触不严	检查吸入管路 磨损严重时应更换零件 修理或更换电动机 调整弹簧，研磨阀瓣与阀座
4	轴功率 急剧增大	排出管路堵塞 螺杆与衬套内严重磨损 介质黏度太大	停泵清洗管路 检修或更换有关零件 使介质升温
5	泵振动大	泵与电机不同心 螺杆与衬套不同心或间隙大、偏磨 泵内有气 安装高度过大，泵内产生汽蚀	调整同心度 检修调整 检修吸入管路，排除漏气部位 降低安装高度或降低转速
6	泵发热	泵内严重摩擦 机械密封回油孔堵塞 油温过高	检查调整螺杆和衬套间隙 疏通回油孔 适当降低油温
7	机械密封 大量漏油	装配位置不对 密封压盖未压平 动环和静环密封面有碰伤 动环和静环密封圈损坏	重新按要求安装 调整密封压盖 研磨密封面或更换新件 更换密封圈

第五节　水环式真空泵

水环泵是水环式真空泵和水环式压缩机的简称，既可作为真空泵使用，也可

图10.22　水环泵的外观

作为压缩机使用。水环式真空泵主要用于离心泵及其吸入系统的真空引油和油罐车底油的抽吸。水环泵的外观如图10.22所示。水环泵的类型较多，油气储输领域中泵房常用的有 SZ 型和 SZB 型水环式真空泵，虽然它们的结构形式有所不同，但工作原理是相同的。以 SZB 型和 SZ 型水环式真空泵为例进行介绍。

一、水环式真空泵的结构

1. SZB 型真空泵的结构

SZB 型泵适用于抽吸空气或无腐蚀性、不溶于水、不含固体颗粒的其他气体，适合于大型水泵的抽真空引液灌泵。SZB 型泵系卧式、悬臂式、水环式真空泵，其出入口对称偏心向上，该泵主要由泵盖、泵体、叶轮、轴、轴封组件及托架组成，如图 10.23 所示。

图 10.23 是 SZB 型真空泵的结构。泵体和泵盖由铸铁制造，泵盖下方设有一个 1/4 四方螺塞，供停泵时放水，泵体用螺栓紧固在托架上。泵体上面有进气口和排气口，均与工作室相通。泵体侧面的螺丝孔用于向泵内补充冷水。底面设有停泵后的放水孔。泵体上还铸有液封道，将水环的有压液体引至填料环处，起到阻气、冷却和润滑的作用。

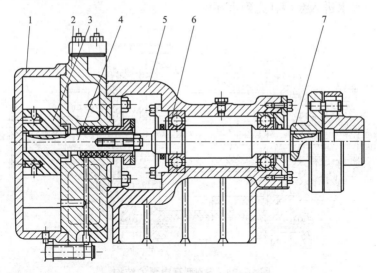

图 10.23　SZB 型真空泵的结构
1—泵盖；2—泵体；3—叶轮；4—轴；5—托架；6—球轴承；7—弹性联轴器

叶轮用铸铁铸造。叶轮上有十二个叶片呈放射状均匀分布。轮毂上的小孔用来平衡泵工作时产生的轴向力。叶轮与泵轴用键连接，阻止工作时的相对转动，而轴向没有固定装置，工作时叶轮可以沿轴向滑动，自动调整间隙。

泵轴由优质碳素钢制造，支撑在两个单列向心球轴承上，形成悬臂式结构。轴承之间有空腔，用于储存机油以提供润滑。泵轴与泵体之间用填料装置进行密封。

从传动方向看，泵轴逆时针方向转动。

除了 SZB 型水环式真空泵属于悬臂式，我国目前还生产多种的该类型产品，如 SZZ 型直联式水环真空泵等。

2. SZ 型真空泵的构造

SZ 系列水环式真空泵用于抽吸无腐蚀性、不溶于水、不含固体颗粒的气体，以便在密封容器中形成真空。图 10.24 为 SZ 型真空泵的结构图。泵体、吸入盖和排出盖均由铸铁制造，并通过螺栓紧固形成了泵的工作腔室。吸入盖的内侧壁设有吸气口，与吸气管连通；排出盖的内侧壁设有排气口，与排气管连通。泵工作时，单向从吸入盖吸气，由排气盖单向排气。为了避免泵内压力过高，在排出盖的出口下方设有几个小孔，让气体提前排出。泵体侧下方设有一个螺孔，与供水管连接，用于适时向泵内补充冷水，起到冷却作用。吸入盖和排出盖上方各有一个螺孔，用来引入自来水，对叶轮两端面与盖泵之间的边端间隙和填料函起密封作用。自来水进入泵后补充到水环中。

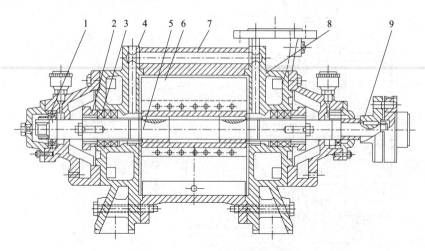

图 10.24　SZ 型真空泵的结构

1—球轴承；2—轴套；3—填料；4—排出盖；5—泵轴；6—叶轮；7—泵体；8—吸入盖；9—联轴器

叶轮通过键与泵轴连接，并偏心安装于泵体内。叶轮的两端用轴套固定。泵工作时，叶轮与泵轴之间不能有任何相对滑动。

泵轴支撑在固定于泵盖上的轴承上，泵轴穿过泵盖处用填料密封，防止外界空气进入泵内或泵内气体泄漏。为了提高密封效果，从泵盖上部通道引入自来水进行"水封"，并对填料与泵轴的摩擦面进行冷却和润滑。

二、水环式真空泵的辅助装置

水环式真空泵在使用中与真空罐、水箱等辅助装置和一系列管路组成一个系统。SZB 型泵和 SZ 型水环式真空泵的辅助装置示意图分别如图 10.25 和图 10.26 所示。

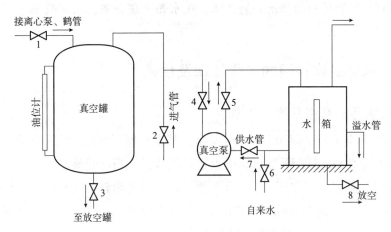

图 10.25　SZB 型泵的辅助装置示意图

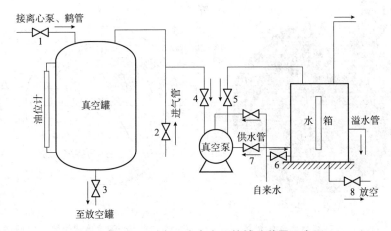

图 10.26　SZ 型水环式真空泵的辅助装置示意图

1. 真空罐

水环式真空泵一般用于为离心泵及其吸入系统抽真空引液，以及抽吸油罐车、油船或油驳中的底油。真空泵在抽气或抽底油时，中间经过真空罐，目的是防止油料进入真空泵，因为真空泵本身不宜抽液体。当真空罐中油面高度达到真空罐的2/3时，一般应将真空罐中油料放空，然后重新抽真空。

2. 水箱

水箱的作用包括

（1）开泵前通过供水管向泵内供水；

（2）运转中通过供水管向泵内补充压力恒定的水，并起到冷却作用；

（3）泵排气管排出的带水分的气体，在水箱上部分离，水回收至水箱中重复利用。

三、水环式真空泵的工作原理及性能

（一）水环式真空泵的工作原理

水环式真空泵的结构如图 10.27 所示，其工作原理如图 10.28 所示。叶轮偏心地安装在泵体内（偏心距为 e）。引进适量液体后，当叶轮旋转时，叶片拨动泵内液体旋转，在离心力作用下形成等厚度水环，在叶轮轮毂和水环之间形成了一个月牙形空腔，且这个空腔被叶轮的 12 个叶片分成 12 个容积不等的小空腔（基元容积）。这些小空腔的容积随着叶轮的旋转而逐渐变化。

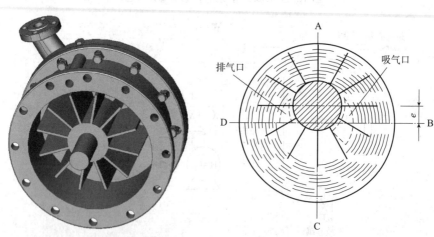

图 10.27　水环式真空泵的结构　　图 10.28　水环式真空泵的工作原理

在顺时针方向旋转的前 180°（ABC）过程中，由于水环内表面逐渐脱离轮毂，小空腔渐渐由小变大，因此空腔内的气体压力逐渐下降，形成真空，吸进气体。

在顺时针方向旋转的后 180°（CDA）过程中，水环内表面逐渐向轮毂逼近，小空间的容积逐渐由大变小，空腔内气体被压缩，压力逐渐升高，气体从排出口排出。叶轮每旋转一周，轮毂和水环内表面之间的小空腔都经过由小变大，再由大变小的过程，由此达到抽气和排气的作用。

由于水环式真空泵是利用空间的容积变化来进行吸气和排气的，因此它属于容积泵的类型。在工作中为了保证容积的不断变化，各个叶片间必须互不相通，由此要求叶轮两端面与前后泵盖之间的间隙（边端间隙）要适宜。若边端间隙太大，抽真空能力大大降低，严重时不能抽气；若边端间隙太小，叶轮加速磨损，泵易发热。

（二）水环式真空泵的性能

对于任何真空泵，一般都有两个主要参数表示其性能——排气量和残余压力。

1. 水环式真空泵的排气量

水环式真空泵的排气量是指泵出口压强在标准大气压（760mmHg）时单位时间内通过泵进口的吸入状态下的气体体积（m^3/min），也称抽气速率。

排气量决定于叶片间容积与进气口脱离时容积的大小。一般均在基础容积达到最大值时与进气口脱离，此时排气量可以按下式计算。

$$Q = \left\{ \frac{\pi}{4} \left[(D_2 - 2a)^2 - d_n^2 \right] - z(L - a)s \right\} bn\eta_v$$

式中　Q——排气量，m^3/min；

D_2——叶轮外径，m；

d_n——轮毂直径，m；

a——叶片伸入液体的深度（在基元最大位置），m；

z——叶片数；

L——叶片高度，m；

b——叶片宽度，m；

s——叶片厚度，m；

n——转速，r/min；

η_v——容积效率，约为 0.5～0.8。

实际上水环式真空泵的排气量与真空度有关。每设计生产一种新结构的水环式真空泵，在出厂前必须进行性能实验，做出性能曲线，表示出各种真空度下所能够得到的抽气量及所消耗的功率，以备使用者选用。

2. 残余压力或极限真空度

用一台真空泵抽吸某一密闭容器中的气体，无论抽吸时间有多长，容器中的压强不能无限地降低到零（即绝对真空）。这是因为气体压强低于某一临界值后，或是由于泵中液体发生汽化，或是由于高压侧漏回的气量与真空泵的抽气量相同，或是由于泵的压缩过高，容积系数降低为零，都会使泵无法继续抽吸气体。容器中的压强，在此情况下不会再降低了，此时的绝对压强值称为残余压力或极限真空度。

3. SZB 型及 SZZ 水环式真空泵的工作性能

SZB 型泵型号的意义：

B——悬臂式

Z——真空泵

S——水环式

SZZ 型泵型号的意义：

S——水环式

Z——真空泵

Z——直联式

SZB 型水环式真空泵的工作性能如表 10.5 所示，SZZ 型水环式真空泵的工作性能如表 10.6 所示。

表 10.5　SZB 型水环式真空泵的工作性能

泵型号	流量 Q		真空度/	转速/	功率/kW		保证	叶轮直径/
	m^3/h	L/s	mmHg	(r/min)	轴功率	电机功率	真空度/%	mm
SZB - 4	19.8	5.5	440		1.1			
	14.4	4.0	520	1450	1.2	1.7	80	180
	7.2	2.0	600		1.3			
	0	0	650		1.3			
SZB - 8	38.2	10.6	440		1.9			
	28.8	8.0	520	1450	2.0	2.8	80	180
	14.4	4.0	600		2.1			
	0	0	650		2.1			

4. SZ 型水环式真空泵的工作性能

表 10.6　SZZ 型泵的工作性能

泵型号	排气量/（m³/h）					最大真空度	电机功率/kW	转速/（r/min）	水消耗量/（L/min）
	真空度为 0	真空度为 40%	真空度为 60%	真空度为 80%	真空度为 90%				
SZ-1	90	38.4	24	7.2	—	84%	4	1450	10
SZ-2	204	99	57	15	—	87%	10	1450	30
SZ-3	690	408	216	90	30	92%	30	975	70
SZ-4	1620	1056	660	180	60	93%	70	730	100

四、水环式真空泵的操作使用及维护

（一）环式真空泵的操作使用

参照图 10.25 和图 10.26，说明环式真空泵的操作使用。

1. 灌泵

打开供水管阀 7 和自来水供水阀 6，向水箱灌水到溢水管溢水时，关闭阀 6。对 SZZ 型泵还应打开水封管上的阀 9。

2. 开泵和运转

（1）关闭阀 1、2、3，打开阀 4、5 后即可开泵。

（2）开泵后，真空泵将真空罐中的空气抽走。待真空罐达到一定的真空度后，打开阀 1 和与离心泵连通的真空管线上的有关阀门，即可对离心泵及其吸入系统抽真空引油，离心泵灌泵完毕后，关闭阀 1 和有关阀门。

（3）用来抽油罐车底油时，当真空罐达到一定的真空度后，打开阀 1 和真空罐与抽底油系统之间的阀门，将罐车中的底油抽入真空罐内，当真空罐中油面到一定高度后（油面不能太满，防止油被抽进真空泵内），打开空气阀 2 和放油阀 3，将真空罐中油料卸入放空罐。

3. 运转中的维护

（1）经常观察电压表和电流表读数是否正常，泵机组运转是否稳定。

（2）循环水量要适当，注意调节供水阀 6 和回水阀 7 的开启度，使泵在满足要求的前提下消耗功率和自来水量最少。从泵内流出的水的温度不应超过 40℃。

（3）调节水封管 9 的开启度，在保证填料函密封的条件下，使水量消耗最小。按要求，往填料装置中的供水量应充分，供水压力一般为 $(0.5 \sim 1.0) \times 10^5 Pa$。

（4）注意填料的松紧度，填料不能压得过紧，也不能过松，以水能呈滴状漏出为宜。

（5）轴承温度不宜过高，一般不能比周围温度高出35℃，温度绝对值不能高于70℃。温度过高时应检查原因，适时补充滑脂。

（6）用真空泵卸罐车底油，当气温较低以及罐车底部有水时，应防止真空罐放油管结冰堵塞。

4. 停泵

（1）打开阀2，关闭阀4、5后再停泵，防止泵内液体被吸进真空罐内。

（2）停泵后停止向泵内供水，关闭阀6、7和9。

（3）若停泵时间较长，应将泵内和水箱内的水放净。严寒地区冬季短时间停泵也应注意防止泵和水箱内的水冻结。必要时可用轻柴油作为工作液。

（二）水环式真空泵的常见故障及排除方法

水环式真空泵的常见故障及排除方法见表10.7。

表 10.7　水环式真空泵的常见故障与处理方法

序号	故障现象	故障原因	处理方法
1	泵不抽气	泵内没有水或水量不足 叶轮与泵体、泵盖之间间隙太大 填料漏气	向泵内灌水（打开阀6） 调整间隙或更换叶轮 压紧填料、对 SZ 型泵增加水封量（加大阀9的开启度）
2	真空度不够	管道密封不严，有漏气之处 填料漏气 叶轮与泵体、泵盖之间间隙太大 水温过高 供水量太小	检修管道 压紧或更换填料，增加水封量 调整间隙 增加水量，降低水温 增大向泵的供水量，若因供水管堵塞就予以疏通
3	泵在工作中有噪音和振动	泵内零件损坏或有固体进入泵内 电动机轴承或轴磨损 泵与电动机轴心线没有校正好	检查泵内情况 检修电动机轴或轴承 认真校正轴心线
4	轴功率过大	泵内水过多 叶轮与泵体或泵盖间隙过小，发生摩擦	减少供水量 调整间隙
5	泵发热	供水量不足或水温过高 填料过紧 叶轮与泵体或泵盖间隙过小 零件装配不正确 轴弯曲	增加水量 调整间隙 重新正确装配 检查校正

第六节 往复泵

虽然在石油化工及油料储运中，由于离心泵的性能能够满足要求，并且具有适应性强、结构简单、紧凑、制造成本低和维修简单等优点而占主导地位，而往复泵由于结构复杂、易损件多、流量有脉动性、大流量时机器笨重，使其应用范围逐渐缩小。由于往复泵在压头剧烈变化时仍能维持几乎不变的流量，且具有自吸能力，特别适用于在小流量、高扬程下输送黏性较大的液体，在某些场合仍有应用。如在油料储库

图 10.29 往复泵的外观

中常采用电动活塞往复泵输送润滑油，有时还用小型往复泵给离心泵灌泵、抽吸底油。典型往复泵的外观如图 10.29 所示。

一、往复泵的结构及分类

(一)往复泵的结构

往复泵通常由两大基本部分组成，一端是实现机械能转换为流体能量并直接输送液体的泵体部分，另一端是传动部分。图 10.30 展示了双缸双作用电动往复泵的结构。

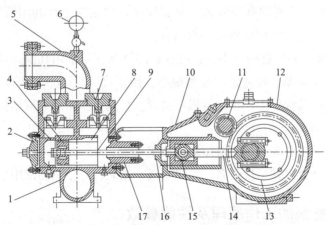

图 10.30 2DS-50/6 型往复泵的结构

1—泵体；2—泵缸盖；3—压套环；4—活塞；5—排出管；6—压力表；7—阀组件；8—泵缸套；
9—泵轴；10—泵架；11—传动轴；12—泵架盖；13—曲轴组件；14—连杆组件；15—十字头组件；
16—密封组件；17—填料筒组件

泵体由铸铁制成，一端与泵架连接，泵体内有四个阀室和两个泵缸；每个阀室内装有一个吸入阀和一个排出阀，阀门由弹簧压紧在阀门座上。每个缸内装有一组活塞，活塞上装有金属活塞环。泵轴与泵缸之间采用填料密封。在泵缸下部装有四个丝堵，停泵时可以放出泵缸内液体。排出管固定在泵体上面，排出管上装有压力表。

传动部分主要由齿轮减速组、曲轴连杆组和十字头机构组成。在泵架内装有一对人字齿轮，齿轮轴的两端均装有球轴承。曲轴与连杆大头连接，连杆小头与十字头机构连接。工作时，电动机通过弹性联轴器或三角皮带传动组带动小齿轮；经大齿轮减速并使曲轴做旋转运动。再经过连杆和十字头机构，把曲轴的旋转运动转化为十字头的往复运动，从而使活塞作往复运动。

(二)往复泵的分类

1. 按工作方式分类

(1)单作用泵：泵的活塞只有一面工作，活塞往复一次时，泵只吸入和排出一次液体。一般柱塞泵采用此结构。

(2)双作用泵：泵的活塞两面工作，当活塞运动时，吸入和排出液体同时进行，当活塞往复一次时，泵吸入和排出两次液体。一般活塞泵采用此结构。

(3)三作用泵：它实际上由三个单作用泵并联而成，也称为三联泵。

(4)四作用泵：由两个双作用泵并联而成。

2. 按活塞形状分类

(1)活塞泵：活塞的直径较大、厚度较小，活塞与泵缸利用活塞环来密封。活塞泵适用于流量较大而扬程较小的场合。

(2)柱塞泵：利用直径较小、长度较长的柱塞在泵缸内往复运动。柱塞与泵缸之间只有很小间隙。柱塞泵的流量很小，扬程可以很高。柴油机的高压油泵、管路的试压泵以及油压千斤顶，均属柱塞泵。柱塞泵多采用三缸结构。

3. 按动力方式分类

按动力方式可分为电动、流体动力和手动式。

在生产中经常以其用途命名，如注水泵、油泵、计量泵和试压泵等。

二、往复泵的工作原理及性能参数

(一)往复泵的工作原理

往复泵属于容积泵。它是利用活塞在泵缸内往复运动以改变泵缸工作容积来吸入或排出液体。其工作原理如图 10.31 所示。当活塞在外力推动下从泵缸的左端开始向右移动时，泵内工作室容积逐渐增大，压力逐渐降低。这时排出活门紧闭，吸入容器中的液体在大气压强的作用下，沿着吸入管上升，顶开吸入活门进入泵缸内。当活塞移动到右端，工作室容积达到最大，所以吸入液体体积达到最大。这个过程称为吸入过程。当活塞向左移动时，泵缸内的液体受压，压力升高，将吸入活门关闭，液体顶开排出活门，沿排出管流入排出容器。活塞移至左端死点时，将所吸入的油料排尽，完成一个工作过程。活塞不断地作往复运动时，泵便不断地输送液体。由于活塞每往复一次只吸入和排出一次油料，所以这种泵称为单作用泵。

为了提高工作效率，通常使用双作用往复泵，如图 10.32 所示。这种泵的工作情形与单作用往复泵相仿，不同的是活塞每往复运动一次，吸入和排出液体各两次，故称双作用泵。

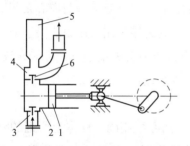

图 10.31　往复泵的工作原理
1—活塞；2—泵缸；3—吸入室；
4—排出室；5—空气室；6—阀门组

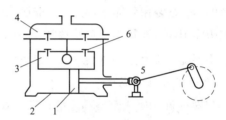

图 10.32　双作用往复泵
1—活塞；2—泵缸；3—吸入室；
4—排出室；5—空气室；6—阀门组

由于往复泵是以泵内工作容积变化工作的，不仅能抽液，而且能抽气，所以它具有自吸能力。但是，在开泵前必须向泵内灌入少量的所输液体，起润滑和密封作用，减少活门与活门座、活塞环与泵缸之间的摩擦，并保持严密。

(二)往复泵的性能参数

1. 流量

往复泵的理论流量只与活塞直径、行程和往复次数有关，而与排压无关。其计算公式如下：

单作用往复泵的理论流量按下式计算：

$$Q_{理} = \frac{F \cdot S \cdot n \cdot i}{60 \times 1000}$$

双作用往复泵的理论流量按下式计算：

$$Q_理 = \frac{(2F - f)S \cdot n \cdot i}{60 \times 1000}$$

式中　$Q_理$——泵的理论流量，L/s；

　　　F——活塞作用面积，cm^2；

　　　S——活塞行程，cm；

　　　f——活塞杆面积，cm^2；

　　　n——每分钟往复次数；

　　　i——泵缸数目。

由于存在泄漏等原因，实际流量计算式为：

$$Q_实 = Q_理 \times \eta_容$$

式中，$\eta_容$ 为容积效率，对 2DS 泵来说，$\eta_容 = 0.9 \sim 0.97$。

2. 扬程

在往复泵中，一般用排出压力来表征泵的扬程，其计算方法与离心泵相同。应该注意的是，往复泵依靠容积变化来输送液体，因此泵的出口压力取决于输送高度和管路阻力损失。当排出管路堵塞时，泵的出口压力会大幅上升，可能导致超压。因此，不能随意提高泵的排出压力，更不允许在启动和运转中关闭泵的排出阀。

3. 允许吸入真空高度

往复泵允许的吸入真空高度的计算公式与离心泵相同。样本上所列的允许吸入真空高度是在一定转速(往复次数)下，输送小于 30℃ 的水时的数值。当输送介质、大气压力或输送温度不同时，应进行相应的换算。

4. 往复泵的效率

往复泵与离心泵一样，存在水力损失、容积损失和机械损失三种能量损失。因此用三种效率来表示。

(1)水力效率 η_h：液体在泵内运动时的摩擦损失和局部阻力损失，$\eta_h = 0.75 \sim 0.98$。

(2)容积效率 η_v：由于泵内密封不严引起的泄漏损失，$\eta_v = 0.90 \sim 0.97$。

(3)机械效率 η_m：由于泵内机械摩擦引起的能量损失，$\eta_m = 0.85 \sim 0.95$。

泵的总效率则由下式给出：$\eta_m = \eta_h \cdot \eta_v \cdot \eta_m$

5. 往复泵的功率

往复泵的功率计算方式与离心泵相同。

$$N_e = \frac{\rho g Q H}{1000}$$

式中　N_e——有效功率，kW；

　　　Q——泵实际流量，m^3/s；

　　　H——泵实际扬程，m；

　　　ρ——液体密度，kg/m^3。

在实际工作中，考虑到传动效率和安全操作，选配电机时应考虑安全系数。

6. **转速**

往复泵的转速即指活塞的往复次数。当曲柄连杆机构的曲轴旋转一周时，往复泵的活塞恰好往复一次。因此，曲柄的回转直径应等于活塞的行程。

往复泵的往复次数一般低于电动机的转速，因此使用电动机进行传动时，必须进行减速。不可随意提高往复泵的往复次数。

（三）往复泵的性能特点

（1）往复泵的流量不均匀性。

由于往复泵的容积是间歇变化的，其流量自然呈现不均匀性，可通过瞬时流量来计算其流量不均匀度 δ：

$$\delta_Q = (Q_{max} - Q_t)/Q_t \times 100\%$$

单作用往复泵 $\delta_1 = 3.14$；

双作用复泵 $\delta_2 = 1.57$；

三作用往复泵 $\delta_3 = 1.05$；

四作用复泵 $\delta_4 = 1.11$。

图 10.33 展示了不同缸数的机动往复泵的流量曲线。

不难看出，三作用往复泵的流量比四作用往复泵要均匀，一般来说，缸数越多，流量的脉动越小，流量分布越均匀。奇数缸的流量要比相邻偶数缸更均匀。由于瞬时流量的脉动会引起吸入和排出管路内液体的非均匀流动，从而产生加速度和惯性力，增加泵的吸入及排出阻力。吸入阻力使泵的吸入性能降低，排出阻力使泵及管路承受额外负荷。消除脉动的办法除了采用多缸泵或无脉动泵，还可以在靠近泵的出口管路上设置空气室，利用空气室内中空气的压缩或膨胀来稳定管路中的流量，减小脉

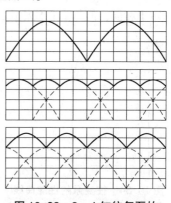

图 10.33　2~4 缸往复泵的流量曲线

动，降低流量的不均匀性。

（2）往复泵的排出压力与结构尺寸及转速无关。

往复泵的最大排出压力仅取决于泵本身的动力、强度和密封性能。机动往复泵的流量几乎与排出压力无关，流量的调节一般采用回流调节。

（3）往复泵具有自吸能力。

往复泵在启动前不需要灌泵便能自行吸入液体。但在实际使用中，仍希望泵缸内有一定量的液体，一方面可以立刻吸入和排出液体；另一方面可以避免活塞与泵缸产生干摩擦，减少磨损。往复泵的吸入能力与转速有关。转速过高时不仅液体流动阻力损失增加，而且液体流动中的惯性损失也会加大。当泵缸内的压力低于液体汽化压力时，泵将抽空并失去吸入能力。因此，往复泵的转速不宜过高，一般往复泵的转速 $n = 80 \sim 200 \text{r/min}$，吸入高程为 $4 \sim 6 \text{m}$。

（4）往复泵的流量可精确计算。

往复泵的流量几乎与排压无关，其流量仅取决于泵的结构尺寸、活塞行程及往复次数。只是在压强较高时，由于液体中所含气体溶于液体中、阀门及填料漏损等原因，泵的流量稍有变化。

（5）往复泵适用于输送高压、小流量和高黏度液体。

往复泵的流量曲线如图10.33。

三、往复泵的特性与调节

往复泵和前面介绍的齿轮泵和螺杆泵，均属于容积式泵。它们在管路上的工作规律基本上相同，但与离心泵相比，其工作规律有较大的不同，应当特别予以注意。

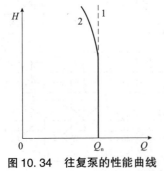

图 10.34　往复泵的性能曲线
1—理论性能曲线；2—实际性能曲线

（一）往复泵的性能曲线

往复泵的性能曲线如图 10.34 所示，是指泵在一定的往复次数时流量与扬程的关系曲线。图中虚线是往复泵的理论性能曲线。实际上，当泵的压力很高时，泄漏量增大，使流量逐渐下降。因此，往复泵的实际性能曲线如图中实线所示。

图 10.34 中 Q_n 是指转速为 n 时泵的平均流量。转速变化时，流量也相应变化。转速越高，平均流量越大。

（二）单泵工作

为了确定往复泵在管路上的工作情况，将泵的实际性能曲线与管路特性曲线
画在同一坐标系中，如图 10.35 所示。其交点 A 即
泵的工作点，Q_A 和 H_A 分别是泵在 A 点工作时的流
量和扬程。

（三）影响泵工作点的因素

往复泵和管路处在同一水力系统中，泵和管路
的状态发生变化，都会使泵的工作点发生相应变化。

（1）泵转速变化时工作点随之变化，如图 10.36
（a）所示。转速越高，流量越大，扬程越高。

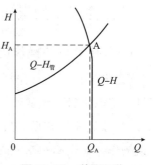

图 10.35 单泵工作

（2）管路阻力损失变化时，泵的流量几乎不变（当工作压力较高时流量略有
下降），而泵的扬程增大。如图 10.36（b）所示。

（3）管路阻力损失不变而排出罐与吸入罐的高度差增大时，即泵输高度增大
时，一般情况下，泵的流量不变或略有下降，泵的扬程增大。如图 10.36（c）所示。

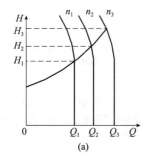
(a)

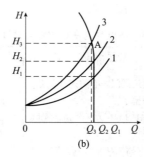
(b)

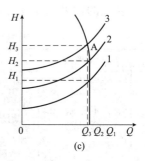
(c)

图 10.36 泵工作点的变化

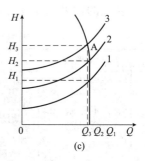

图 10.37 往复泵的并联工作

往复泵的联合工作方式只有并联模式，往
复泵并联后，流量将成倍增加。并联的方法是
在相同的扬程下，将每台泵的流量相加。如图
10.37 所示，曲线 I 是每台泵特性曲线（两泵
性能相同）。曲线 II 是管路特性曲线，单泵工
作时工作点为 1，两台泵并联工作时工作点为
2。由于往复泵在工作压力不太高时，其流量
几乎恒定，因此并联时的流量 $Q_2 \approx 2Q_1$，即流
量成倍增加。并联后由于系统流量的成倍增加，

其工作压力将显著提高。因此在使用中，应保证压力的升高在控制范围内，以免造成设备损坏事故。不难看出，往复泵适宜在管路特性曲线平坦时并联工作。

四、往复泵的操作使用及维护

(一)往复泵的操作使用特点

(1)开泵前，应首先打开泵出口所有阀门，为减少启动电流，还应将回流阀打开，待电机启动正常后，再缓慢关闭回流阀。

(2)泵正常运转后，禁止关闭出口阀门，否则可能损坏泵或烧坏电机。为防止误操作，应定期检查出口管路上的安全阀，确保其完好。

(3)往复泵不能用关闭排出阀来调节流量，因为关闭排出阀会引起出口压强剧增，造成电机和泵的过载。可以通过调节回流阀开度或泵的转速来调节流量，但不能将泵的转速任意调高。

(4)停泵时，应先打开回流阀，再停泵，最后关闭出口阀门。

(二)往复泵的常见故障及排除方法

往复泵的常见故障及排除方法见表10.8。

表10.8　往复泵的常见故障与处理方法

序号	故障现象	故障原因	处理方法
1	流量不足或输出压力太低	吸入管道阀门稍有关闭或阻塞、过滤器堵塞 阀接触面损坏或有杂物，使阀面密合不严 柱塞填料泄漏	打开阀门、检查吸入管和过滤器 检查阀的严密性，必要时更换阀座 更换填料或拧紧填料压盖
2	阀有剧烈敲击声	阀升起过高	检查并清洗阀门升起高度
3	压力波动	安全导向阀工作不正常 管道系统漏气	调校安全阀，检查、清理导向阀 处理漏点
4	异常响声或振动	泵轴与驱动机同心度不好 轴弯曲 轴承损坏或间隙过大 地脚螺栓松动	重新找正 校直轴或更换新轴 更换轴承 紧固地脚螺栓
5	轴承温度过高	轴承内有杂物 润滑油质量或油量不符合要求 轴承装配质量不好 泵和驱动机对中不好	清除杂物 更换润滑油、调整油量 重新装配 重新找正

序号	故障现象	故障原因	处理方法
6	密封泄漏	填料磨损严重 填料老化 柱塞磨损	更换填料 更换填料 更换柱塞

习题

1. 简述自吸离心泵的使用特点。

2. 简述滑片泵的工作原理及使用注意事项。

3. 容积泵如何调节流量？

4. 简述齿轮泵的使用特点。

5. 简述螺杆泵的使用特点。

6. 液体在螺杆泵中是以怎样的运动状态被输送的？为什么？

7. 简述水环式真空泵的工作原理。

8. 水环泵边端间隙不能过大或过小的原因是什么？

9. 水环泵有哪些辅助装置，其各自的作用是什么？

10. 离心泵与容积泵的操作使用特点有何区别？

11. 简述往复泵的工作原理。

12. 往复泵在操作使用中应注意哪些问题？

附　录

附录 1　常见流体的物理性质

附表 1.1　常见流体的密度和重度

流体名称	温度/℃	密度/(kg/m³)	重度/(N/m³)
空气	0	1.293	12.68
氧	0	1.429	14.02
氢	0	0.0899	0.881
氮	0	1.251	12.26
一氧化碳	0	1.251	12.27
二氧化碳	0	1.976	19
蒸馏水	4	1000	9806
海水	15	1020~1030	10000~10100
汽油	15	700~750	6860~7350
石油	15	880~890	8630~8730
润滑油	15	890~920	8730~9030
酒精	15	790~800	7750~7840
汞	0	13600	134000

附表 1.2　不同温度下水、空气和水银的密度　　　　kg/m³

流体名称	温度/℃						
	0	10	20	40	60	80	100
水	999.87	999.73	998.23	992.24	983.24	971.83	958.38
空气	1.29	1.24	1.20	1.12	1.06	0.99	0.94
水银	13600	13570	13550	13500	13450	13400	13350

附录2 各种管件的当量长度和局部阻力系数

序号	名称	l_e/d	ζ_0
1	无单向活门的油罐进出口： ①流入管路 ②流入油罐	 23 45	 0.5 1
2	有单向活门的油罐进出口： ①流入管路 ②流入油罐	 40 63	 0.88 1.38
3	有升降管的油罐进出口： ①流入管路 ②流入油罐	 100 123	 2.20 2.71
4	油泵入口	45	1.00
5	30°单缝焊接弯	7.8	0.17
6	45°单缝焊接弯	14	0.30
7	60°单缝焊接弯头	27	0.59
8	90°单缝焊接弯头	60	1.30
9	90°双缝焊接弯头	30	0.65
10	30°冲制弯头 $R=1.5d$	15	0.33
11	45°冲制弯头 $R=1.5d$	19	0.42
12	60°冲制弯头 $R=1.5d$	23	0.50
13	90°冲制弯头 $R=1.5d$	28	0.60
14	90°弯管，$R=2d$	22	0.48
15	90°弯管，$R=3d$	16.5	0.36
16	90°弯管，$R=4d$	14	0.30
17	通过三通	2	0.04
18	通过三通	4.5	0.10
19	通过三通	18	0.40
20	转弯三通	23	0.50
21	转弯三通	40	0.90
22	转弯三通	45	1.00

序号	名称	l_e/d	ζ_0
23	转弯三通	60	1.30
24	转弯三通	136	3.00
25	异径接头（由小到大）：$DN80 \times 100$	1.5	0.03
26	异径接头（由小到大）：$DN100 \times 150$，$DN150 \times 200$，$DN200 \times 250$	4	0.08
27	异径接头（由小到大）：$DN100 \times 200$，$DN150 \times 250$，$DN200 \times 300$	9	0.19
28	异径接头（由小到大）：$DN100 \sim 250$，$DN150 \times 300$	12	0.27
29	各种异径接头（由大到小）	9	0.19
30	闸阀（全开）：$DN20 \sim 50$	23	0.5
	$DN80$	18	0.4
	$DN100$	9	0.19
	$DN150$	4.5	0.10
	$DN200 \sim 400$	4	0.08
31	截止阀（全开）：		
	$DN15$	740	16.00
	$DN20$	460	10.00
	$DN25 \sim 40$	410	9.00
	$DN50$	320	7.00
32	斜杆截止阀（全开）：		
	$DN50$	120	2.70
	$DN80$	110	2.40
	$DN100$	100	2.20
	$DN150$	85	1.86
	$DN200$ 及以上	75	1.65
33	各种尺寸全开旋塞	23	0.50
34	各种尺寸升降式止回阀	340	7.50
35	旋启式止回阀：		
	$DN100$ 及 $DN100$ 以下	70	1.50
	$DN200$	87	1.90
	$DN300$	97	2.10

序号	名称	l_e/d	ζ_0
36	带滤网底阀：		
	DN100	320	7.00
	DN150	275	6.00
	DN200	240	5.20
	DN250	200	4.40
37	各种尺寸带滤网吸入口	140	3.00
38	各种尺寸轻油过滤器	77	1.70
39	各种尺寸黏油过滤器	100	2.20
40	Ⅱ形补偿器	110	2.40
41	Ω形补偿器	97	2.10
42	波形补偿器	74	1.60
43	涡轮流量计　　　　$h_j = 2.5\mathrm{m}$		
44	椭圆齿轮流量计　　$h_j = 2.0\mathrm{m}$		
45	罗茨式流量计　　　$h_j = 4.0\mathrm{m}$		

附录3　常用管材规格

附表3.1　常用钢管规格

外径/mm	壁厚/mm											
	2.5	3.0	3.5	4.0	4.5	5.0	6.0	7.0	8.0	9.0	10.0	12.0
	理论质量/(kg/m)											
12	0.586	0.666	0.734	0.789	—	—	—	—	—	—	—	—
14	0.709	0.81	0.91	0.99	—	—	—	—	—	—	—	—
18	0.956	1.11	1.25	1.38	1.50	1.60	—	—	—	—	—	—
20	1.08	1.26	1.42	1.58	1.72	1.85	2.07	—	—	—	—	—
25	1.39	1.63	1.86	2.07	2.28	2.47	2.81	3.11	—	—	—	—
32	1.76	2.15	2.46	2.76	3.05	3.33	3.85	4.32	4.47	—	—	—
38	2.19	2.59	2.98	3.35	3.72	4.07	4.74	5.35	5.95	—	—	—
42	2.44	2.89	3.35	3.75	4.16	4.56	5.33	6.04	6.71	7.32	—	—
45	2.62	3.11	3.58	4.04	4.49	4.93	5.77	6.56	7.30	7.99	—	—
57	3.36	4.00	4.62	5.23	5.83	6.41	7.55	8.63	9.67	10.65	—	—
60	3.55	4.22	4.88	5.52	6.16	6.78	7.99	9.15	10.26	11.32	—	—
73	4.35	5.18	6.00	6.81	7.60	8.38	9.91	11.39	12.82	14.21	—	—
76	4.53	5.40	6.26	7.10	7.93	8.75	10.36	11.91	13.12	14.37	—	—
89	5.33	6.36	7.38	8.38	9.38	10.36	12.28	14.16	15.98	17.76	—	—
102	6.13	7.32	8.50	9.67	10.82	11.96	14.21	16.40	18.55	20.64	—	—
108	6.50	7.77	9.02	10.26	11.49	12.70	15.09	17.44	19.73	21.97	—	—
114	—	—	—	10.48	12.15	13.44	15.98	18.47	20.91	23.31	25.56	30.19
133	—	—	—	12.73	14.26	15.78	18.79	21.75	24.66	27.52	30.33	35.81
140	—	—	—	13.42	15.07	16.65	19.83	22.96	26.04	29.08	32.06	37.88
159	—	—	—	—	17.15	18.99	22.64	26.24	29.79	33.29	36.75	43.50
168	—	—	—	—	—	20.10	23.97	27.79	31.57	35.29	38.97	46.17
219	—	—	—	—	—	—	31.52	36.60	41.63	46.61	51.54	61.26
245	—	—	—	—	—	—	41.09	46.76	52.38	57.95	68.95
273	—	—	—	—	—	—	45.92	52.28	58.60	64.86	77.24
325	—	—	—	—	—	—	—	62.54	70.14	77.68	92.63
377	—	—	—	—	—	—	—	—	81.68	90.51	108.02
426	—	—	—	—	—	—	—	—	92.55	102.59	122.52
480	—	—	—	—	—	—	—	—	104.54	115.90	139.49
530	—	—	—	—	—	—	—	—	115.62	128.23	154.29

附表3.2　水、煤气输送钢管的规格

公称通径 DN		外径/ mm	普通管		加厚管		每米钢管分配的管接头质量(以每6m一个管接头计算)
mm	in		壁厚/ mm	不计管接头的理论质量/ (kg/m)	壁厚/ mm	不计管接头的理论质量/ (kg/m)	
8	$\frac{1}{4}$	13.50	2.25	0.62	2.75	0.73	—
10	$\frac{3}{8}$	17.00	2.25	0.82	2.75	0.97	—
15	$\frac{1}{2}$	21.25	2.75	1.25	3.25	1.44	0.01
20	$\frac{3}{4}$	26.75	2.75	1.63	3.25	2.01	0.02
25	1	33.50	3.25	2.42	4.00	2.91	0.03
32	$1\frac{1}{4}$	42.25	3.25	3.13	4.00	3.77	0.04
40	$1\frac{1}{2}$	48.00	3.50	3.84	4.25	4.58	0.06
50	2	60.00	3.50	4.88	4.50	6.16	0.08
65	$2\frac{1}{2}$	75.50	3.75	6.64	4.50	7.88	0.13
80	3	88.50	4.00	8.34	4.75	9.81	0.20
100	4	114.00	4.00	10.85	5.00	13.44	0.40
125	5	140.00	4.50	15.04	5.50	18.24	0.60
150	6	165.00	4.50	17.81	5.50	21.63	0.80

注：水、煤气输送钢管有镀锌的和不镀锌的，不镀锌的称为黑管，镀锌的称为白铁管。

附表 3.3　铸铁直管　　　　　　　　　　　　　　　　　　　　　mm

公称直径 DN	承插式										管盘式			
	砂型立式低压管		砂型立式普压管		砂型低压离心式管		砂型普压离心式管		砂型高压离心式管		砂型低压双盘直管		砂型普压双盘直管	
	内径 D_1	管长 L	内径 D_1	管长 L	内径 D_1	管长 L	内径 D_1	管长 L	内径 D_1	管长 L	内径 D_1	管长 L	内径 D_1	管长 L
75	75	3000	75	3000							75	3000	75	3000
100	100	3000	100	3000							100	3000	100	3000
125	125	4000	125	4000							125	3000	125	3000
150	151	4000	150	4000	—	—	—	—	—	—	151	3000	150	3000
200	201.2	4000	200	4000	204	5000	202.4	5000	200	5000	201.2	4000	200	4000
250	252	4000	250	4000	254.8	5000	252.6	5000	250	5000	252	4000	250	4000
300	302.4	4000	300	4000	304.8	6000	302.8	6000	300	6000	302.4	4000	300	4000
350	352.8	4000	350	4000	355.2	6000	352.4	6000	350	6000	352.8	4000	350	4000
400	403.6	4000	400	4000	405.6	6000	402.6	6000	400	6000	403.6	4000	400	4000
450	453.8	4000	450	4000	456	6000	452.8	6000	450	6000	453.8	4000	450	4000
500	504.0	4000	500	4000	506	6000	502.4	6000	500	6000	504	4000	500	4000
600	604.8	4000	600	4000	607.2	6000	602.4	6000	—	6000	604.8	4000	600	4000

注：1. 工作压力≤4.5kgf/cm²，低压管；

　　2. 工作压力≤7.5kgf/cm²，普压管；

　　3. 工作压力≤10kgf/cm²，高压管。

附录4　泵的型号编制

一、离心泵的基本型号

泵型号的编制方法目前尚未完全统一，但我国大多数泵产品已采用汉语拼音字母来代表泵的名称，油库常用离心泵的基本型号如下：

泵的型式	新型号	旧型号	泵的型式	新型号	旧型号
单级单吸离心泵	IS、B	BA	单吸离心油泵	Y、AY、IY	—
单级双吸离心泵	S	Sh	多级离心式油泵	YD	
分段式多级离心泵	D	DA	离心式双吸油泵	YS	
管道泵	G	—	离心式管道油泵	YG	—

二、补充型号

除基本型号代表泵的名称外，还有一系列补充型号表示该泵的性能参数或结构特点，组成方式如下：

第一组 —— 基本型号 —— 第二组 —— 第三组 —— 第四组				
代表吸入口径	代表泵型	泵的性能参数	叶轮级数	泵的变型
新系列一般直接标出泵吸入口径的毫米数；老产品则标出时数	用汉语拼音字母来表示泵的型号	新系列一般标出单级扬程数；老产品则标出比转数被10除后的整数值	多级泵代表叶轮级数；单级泵不标此项	用大写字母 A、B、C 等表示叶轮经过一次、二次、三次切割

在油泵基本型号与第二组之间，通常有数字Ⅰ、Ⅱ、Ⅲ分别表示泵过流部件采用的材料。

国际标准单级清水离心泵的表示方法与上述原则有所不同，现以下列示例说明：

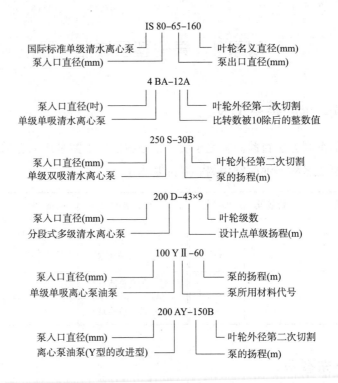

说明：

（1）对于一般用途的产品，可以省略表示用途的代号。

（2）在产品形式中产生重复代号或派生型时，用罗马数字Ⅰ、Ⅱ等在比转数后加注序号。

（3）第一次设计的序号有时可以省略不写。

附录5　油库常用离心泵性能参数表

附表5.1　IS型单级单吸离心泵主要性能参数表

型号	转速/ (r/min)	流量		扬程/m	效率/%	功率/kW		汽蚀余量/ m
		m³/h	L/s			轴功率	电机功率	
IS50 – 32 – 125	2900	7.5	2.08	22	47	0.96	2.2	2.0
		12.5	3.47	20	60	1.13		2.0
		15	4.17	18.5	60	1.26		2.5
IS50 – 32 – 160	2900	7.5	2.08	34.3	44	1.59	3	2.0
		12.5	3.47	32	54	2.02		2.0
		15	4.17	29.6	56	2.16		2.5
IS50 – 32 – 200	2900	7.5	2.08	52.5	38	2.82	5.5	2.0
		12.5	3.47	50	48	3.54		2.0
		15	4.17	48	51	3.95		2.5
IS50 – 32 – 250	2900	7.5	2.08	82	23.5	5.87	11	2.0
		12.5	3.47	80	38	7.16		2.0
		15	4.17	78.5	41	7.83		2.5
IS65 – 50 – 125	2900	15	4.17	21.8	58	1.54	3	2.0
		25	6.94	30	69	1.97		2.0
		30	8.33	18.5	68	2.22		2.5
IS65 – 50 – 160	2900	15	4.17	35	54	2.65	5.5	2.0
		25	6.94	32	65	3.35		2.0
		30	8.33	30	66	3.71		2.5
IS65 – 40 – 200	2900	15	4.17	53	49	4.42	7.5	2.0
		25	6.94	50	60	5.67		2.0
		30	8.33	47	61	6.29		2.5
IS65 – 40 – 250	2900	15	4.17	82	37	9.05	15	2.0
		25	6.94	80	50	1.89		2.0
		30	8.33	78	53	12.02		2.5

型号	转速/ (r/min)	流量		扬程/m	效率/%	功率/kW		汽蚀余量/ m
		m³/h	L/s			轴功率	电机功率	
IS65 – 40 – 315	2900	15	4.17	127	28	18.5	30	2.0
		25	6.94	125	40	21.3		2.0
		30	8.33	123	44	22.8		3.0
IS80 – 65 – 125	2900	30	8.33	22.5	64	2.87	5.5	3.0
		50	13.9	20	75	3.63		3.0
		60	16.7	18	74	3.98		3.5
IS80 – 65 – 160	2900	30	8.33	36	61	4.82	7.5	2.5
		50	13.9	32	73	5.97		2.5
		60	16.7	29	72	6.59		3.0
IS80 – 50 – 200	2900	30	8.33	53	55	7.87	15	2.5
		50	13.9	50	69	9.87		2.5
		60	16.7	47	71	10.8		3.0
IS80 – 50 – 200	2900	30	8.33	84	52	13.2	22	2.5
		50	13.9	80	63	17.3		2.5
		60	16.7	75	64	19.2		3.0
IS80 – 50 – 315	2900	30	8.33	128	41	25.5	37	2.5
		50	13.9	125	54	31.5		2.5
		60	16.7	123	57	35.3		3.0
IS80 – 50 – 125	2900	60	16.7	24	67	5.86	11	2.5
		100	27.8	20	78	7.00		2.5
		120	33.3	6.5	74	7.28		3.0
IS100 – 80 – 160	2900	600	16.7	36	70	8.42	15	3.5
		100	27.8	32	78	11.2		4.0
		120	33.3	28	75	12.2		5.0
IS100 – 65 – 200	2900	60	16.7	54	65	13.6	22	3.0
		100	27.8	50	76	17.9		3.6
		120	33.3	47	77	19.9		4.8
IS100 – 65 – 200	2900	60	16.7	87	61	23.4	37	3.5
		100	27.8	80	72	30.0		3.8
		120	33.3	74.5	73	33.3		4.8

续表

型号	转速/ (r/min)	流量		扬程/m	效率/%	功率/kW		汽蚀余量/ m
		(m³/h)	(L/s)			轴功率	电机功率	
IS125－100－200	2900	120	33.3	57.5	67	28.0	45	4.5
		200	55.6	50	81	33.6		4.5
		240	66.7	44.5	80	36.4		5.0
IS125－100－250	2900	120	33.3	87	66	43.0	75	3.8
		200	55.6	80	78	55.9		4.2
		240	66.7	72	75	62.8		5.0
IS125－100－315	2900	120	33.3	132.5	60	72.1	110	4.0
		200	55.6	12.5	75	90.8		4.5
		240	66.7	120	77	101.9		5.0
IS125－100－400	1450	60	16.7	52	53	16.1	30	2.5
		100	27.8	50	65	21.0		2.5
		120	33.3	48.5	67	23.6		3.0
IS150－125－250	1450	120	33.3	22.5	71	10.4	18.5	3.0
		200	55.6	20	81	13.5		3.0
		240	66.7	17.5	78	14.7		3.5
IS150－125－315	1450	120	33.3	34	70	15.9	30	3.0
		200	55.6	32	79	22.1		2.5
		240	66.7	29	80	23.7		3.0
IS150－125－400	1450	120	33.3	53	62	27.9	45	2.0
		200	55.6	50	75	36.3		2.8
		240	66.7	46	74	40.6		3.5
IS200－150－250	1450	280	77.8	22.2	75	20.8	30	3.0
		400	111.1	20	80	26.6		3.5
		520	144	14	72	30.5		4.0
IS200－150－315	1450	240	66.7	37	70	34.6	55	3.0
		400	111.1	32	82	42.5		3.5
		460	127.8	28.5	80	44.6		4.0
IS200－150－400	1450	240	66.7	55	74	48.6	90	3.0
		400	111.1	50	81	67.2		3.8
		460	127.8	48	76	74.2		4.5

附表 5.2　Y 型离心油泵性能参数表

型号	流量/ (m³/h)	扬程/m	转速/ (r/min)	汽蚀余量/m	效率/%	电机功率/kW	
						轴功率	电机功率
50Y60	7.5	71	2950	2.7	29	5.00	11
	13.0	67		2.9	38	6.24	
	15.0	64		3.0	40	6.55	
50Y60A	7.2	56	2950	2.9	28	3.92	7.5
	11.2	53		3.0	35	4.68	
	14.2	49		3.0	37	5.20	
50Y60B	5.85	42	2950	2.6	27	2.47	5.5
	9.9	39		2.8	33	3.18	
	11.7	37		2.9	35	3.38	
65Y60	15	67	2950	2.4	41	6.68	11
	25	60		3.05	50	8.18	
	30	55		3.5	57	8.90	
65Y60A	13.5	55	2950	2.3	40	5.06	7.5
	22.5	49		3.0	49	6.13	
	27	45		3.3	50	6.61	
65Y60B	12	42	2950	2.2	38	3.73	5.5
	20	37.5		2.7	47	4.35	
	24	34		3.0	46	4.83	
65Y100	15	115	2950	3.0	32	14.7	30
	25	110		3.2	40	18.8	
	30	104		3.4	42	20.2	
65Y100A	14	96	2950	3.0	31	11.8	22
	23	92		3.1	39	14.75	
	28	87		3.3	41	16.4	
65Y100B	13	78	2950	3.0	32	8.62	15
	21	73		3.05	40	10.45	
	25	69		3.2	42	11.2	

型号	流量/ (m³/h)	扬程/m	转速/ (r/min)	汽蚀余量/m	效率/%	电机功率/kW	
						轴功率	电机功率
80Y60	30	66	2950	2.8	48	11.2	18.5
	50	58		3.2	56	14.1	
	60	51		4.1	54	15.5	
80Y60A	27	56	2950	2.6	52	7.91	15
	45	49		3.2	61	9.85	
	53	43		3.9	59	10.50	
80Y60B	24	43	2950	2.4	46.8	6.0	11
	40	38		3.1	55	7.5	
	47	32		3.3	48.3	8.5	
80Y100	30	170	2950	2.8	42.5	21.1	37
	50	100		3.1	51	26.6	
	60	90		3.2	52.5	28.0	
80Y100A	26	91	2950	2.8	42.5	15.2	30
	45	85		3.1	52.5	19.9	
	55	78		3.1	53	22.4	
80Y100B	25	78	2950	2.8	42	12.65	22
	40	73		2.9	52	15.3	
	55	62		3.1	55	16.85	
100Y60	60	67	2950	3.3	58	18.85	30
	100	63		4.1	70	24.5	
	120	59		4.8	71	27.7	
100Y60A	54	54	2950	3.4	54	14.7	22
	90	49		4.5	64	18.9	
	108	45		4.5	65	20.4	
100Y60B	48	42	2950	3.0	54	10.15	15
	79	38		3.5	65	12.55	
	95	34		4.2	66	13.3	
100Y120	60	130	2950	3.0	46	46.2	75
	100	123		4.3	62	54.1	
	120	116		5.5	64	59.3	

续表

型号	流量/ (m³/h)	扬程/m	转速/ (r/min)	汽蚀余量/m	效率/%	电机功率/kW	
						轴功率	电机功率
100Y120A	55	115	2950	2.9	48	36	55
	93	108		4.0	60	46	
	115	101		5.3	62	51	
100Y120B	53	99	2950	2.9	46	31.0	45
	86	94		3.8	60	36.8	
	110	87		5.1	61	42.6	
100Y120C	48	81	2950	2.7	43	24.6	37
	79	75		3.6	56	28.7	
	95	70		4.6	60	30.2	
150Y75	122	86	2950	4.2	59	48.5	75
	200	78		4.5	67	63.5	
	220	75		4.6	68	66	
150Y75A	110	68	2950	4.2	58	35.2	55
	180	61		4.5	66	45.4	
	200	58		4.6	67	47.4	
150Y75B	95	49.5	2950	4.2	56	22.9	37
	158	40		4.5	63	27.3	
	189	35		4.6	64	28.2	
150Y150	120	164	2950	4.1	55	98	160
	180	150		4.5	65	113	
	240	133		5.1	68	98	
150Y150A	111.5	141	2950	4.1	50	86	132
	167.5	130		4.5	61	97	
	223	114		5.1	66	105	
150Y150B	103	119	2950	4.1	51	65.4	90
	155	110		4.5	62	75	
	206	96		5.1	66	81.5	
150Y150C	93	97	2950	4.1	52	47.2	75
	140	90		4.5	63	54.5	
	186	79		5.1	67	59.1	

型号	流量/ （m³/h）	扬程/m	转速/ （r/min）	汽蚀余量/m	效率/%	电机功率/kW	
						轴功率	电机功率
200Y-75	168	92.5	2950	4.9	64	66.2	110
	280	80		5.5	74	82.5	
	335	69		6.5	72	87.5	
200Y-150	195	160	2950	3.5	65	130.7	200
	300	150		5	74	165.6	
	350	138		6.5	72	187.9	
100YS32	60	36	2950	3.2	60	9.82	15
	100	32			72	12.1	
	120	28			71.5	12.8	
100YS32A	53	30	2950	3.2	59	7.34	11
	89	27.5			71	9.39	
	106	24.5			70	10.11	
100YS50	60	54	2950	3.2	54	16.3	30
	100	50			68	20.04	
	120	47			67.5	22.6	
100YS50A	53	48	2950	3.2	53	13.07	22
	89	45			67	16.28	
	106	42.5			66	18.95	
100YS80	60	87	2950	2.7	60	23.7	45
	100	80			66	33	
	120	74.5			64	38	
100YS80A	53	80	2950	2.7	59	19.5	37
	89	73			65	27.1	
	106	66			62.5	35	
150YS50	130	52	2950	4.7	73.9	24.9	37
	170	47.6			79.8	27.6	
	220	52			67	31.3	
150YS50A	111.6	43.8	2950	4.7	72	18.5	30
	144	40			75	20.9	
	180	35			70	24.5	

型号	流量/ (m³/h)	扬程/m	转速/ (r/min)	汽蚀余量/m	效率/%	电机功率/kW	
						轴功率	电机功率
150YS78	126	84	2950	4.7	72	40	55
	160	78			74	46.5	
	198	70			72	52.4	
150YS78A	112	67	2950	4.7	68	29.6	45
	144	62			72	33.8	
	180	55			70	38.5	
200YS42	216	48	2950	6.1	79	35.7	55
	288	42			82	39.2	
	342	35			77	42.3	
200YS42A	198	43	2950	5.5	76	30.5	45
	270	36			80	33.1	
	310	31			76	34.4	
200YS63	216	69	2950	5.2	74	54.8	75
	280	63			79.5	60.5	
	351	50			70.5	67.8	
200YS63A	180	54.5	2950	4.7	65	41.1	55
	270	46			70	48.3	
	324	37.5			65	50.9	
200YS95	180	102	2950	5.2	69	72.4	110
	234	95			73.5	82.3	
	288	85			75	88	
200YS95A	173	91	2950	5.2	67	64	90
	223	85			72	72	
	274	75			73	76	
250YS14	360	17.5	1450	3.7	79	21.7	30
	486	14			82	22.6	
	576	11			76	22.7	
250YS14A	320	13.7	1450	3.7	78	15.3	22
	432	11			82	15.8	
	504	8.6			75	15.8	

型号	流量/ (m³/h)	扬程/m	转速/ (r/min)	汽蚀余量/m	效率/%	电机功率/kW	
						轴功率	电机功率
250YS24	360	27	1450	3.7	80	33.1	45
	486	23.5			86	36.2	
	576	19			82	36.4	
250YS24A	342	22.2	1450	3.7	80	25.8	37
	414	20.3			83	27.6	
	482	17.4			80	28.6	
250YS39	360	42.5	1450	3.5	76	54.8	75
	485	39			83	62.1	
	612	32.5			79	68.6	
250YS39A	324	35	1450	3.5	74	42.3	55
	468	30.5			79	49.2	
	576	25			77	50.9	
250YS65	360	71	1450	3.5	75	92.8	132
	485	65			79	108.7	
	612	56			72	129.6	
250YS65A	342	61	1450	3.5	74	76.8	110
	468	54			77	89.4	
	542	50			75	98	
250YS65	360	68.5	1450	4.0	70	95.9	132
	486	65		4.5	76	113.2	
	612	56		5.5	74.5	125.3	
250YS65A	342	57.5	1450	4.0	70	76.9	110
	450	54		4.5	74.5	88.8	
	576	47		5.5	73.5	100.3	
250YS65B	324	49	1450	4.0	71	60.9	90
	414	45.5		4.5	74	69.3	
	540	39		5.5	72.5	79.1	
250YS150	300	167	2950	4.2	59	231	400
	500	150	2950	5.2	69	296	400
	600	135		6.2	68	324	

型号	流量/ （m³/h)	扬程/m	转速/ （r/min)	汽蚀余量/m	效率/%	电机功率/kW	
						轴功率	电机功率
250YS150A	283	148	2950	4.2	59	193	355
	472	133		5.2	69	252	
	567	120		6.2	68	273	
250YS150B	267	131	2950	4.2	59	162	280
	444	118		5.2	69	206	
	533	106		6.2	68	226	
250YS150C	240	107	2950	4.2	59	119	220
	400	96		5.2	69	151	
	480	86		6.2	68	165	
300YS12	612	14.5	1470	5.2	80	30	45
	792	12			81	32	
	900	10			74	33	
300YS12A	522	12	1470	5.2	72	23.3	37
	684	10			78	23.9	
	792	8.7			72	26	
300YS19	612	23	1470	5.2	80	48	75
	792	19.4			82	51	
	935	14			75	48	
300YS19A	504	20	1470	5.2	79	35	55
	720	16			82	38	
	900	11.5			75	38	
300YS32	612	36	1470	5.2	80	76	110
	792	32.2			83.5	83	
	900	29.5			82	88	
300YS32A	551	30	1470	5.2	79	57	75
	720	26			83	61	
	810	24			81	66	
300YS58	567	65	1470	5.2	80	128	200
	792	58			83.5	150	
	972	50			79	168	

型号	流量/ (m³/h)	扬程/m	转速/ (r/min)	汽蚀余量/m	效率/%	电机功率/kW	
						轴功率	电机功率
300YS58A	529	55	1470	5.2	80	99	160
	720	49			83	116	
	893	42			78	131	
300YS58B	504	47.5	1470	5.2	79	82	132
	684	43			82	98	
	835	37			78	108	
300YS90	590	98	1470	5.2	74	212.8	315
	792	90			77.5	250	
	936	82			75	279	
300YS90A	567	86	1470	5.0	71	190	280
	756	78			74	217	
	919	70			71	247	
300YS90B	540	72	1470	4.8	70	151	220
	720	67			73	180	
	900	57			70	200	
350YS16	972	19.3	1450	6.2	80	64	75
	1260	15			81	63.5	
	1440	12.3			74	65	
350YS16A	864	16	1450	6.2	74	51	55
	1044	13.4			78	48.8	
	1260	10			70	49	
350YS26	972	32	1450	6.2	85	99.7	132
	1260	26			88	101.5	
	1440	22			80	107.8	
350YS26A	864	26	1450	6.2	80	76.5	90
	1116	21.5			83	78.8	90
	1296	16.5			73	80	
350YS44	972	50	1450	6.2	79	167.5	220
	1260	44			83	182.4	
	1476	37			79	189	

续表

型号	流量/(m³/h)	扬程/m	转速/(r/min)	汽蚀余量/m	效率/%	电机功率/kW 轴功率	电机功率
350YS44A	864	41	1450	6.2	79	122	160
	1116	36			82	133.4	
	1332	30			80	136	
350YS75	972	80	1470	6.2	78	271	355
	1260	75			80	322.6	
	1440	65			77	331	
350YS75A	900	70	1470	6.2	75	228	315
	1170	65			79	262	
	1332	56			75	270	
350YS75B	828	59	1470	6.2	73	182	280
	1080	55			78	207	
	1224	47.5			72	219	
350YS125	850	135	1470	6.2	67	466	710
	1250	125			74.5	570	
	1660	100			70	646	
350YS125A	803	125	1470	6.2	66	414	630
	1180	112			74	486	
	1570	90			69	557	
350YS125B	745	108	1470	6.2	63	348	500
	1100	96			72	398	
	1460	77			68	450	
50Y60T	7.5	64	2980	1.9	30	4.2	7.5
	12.5	62.5		2.3	41	5.18	
	15.0	61		2.5	43	5.8	
50Y60TA	7.0	53	2980	1.8	29	3.22	5.5
	11.0	52		2.2	40	3.90	
	14.0	50		2.4	42	4.55	
50Y60TB	5.5	53	2980	1.7	28	2.25	5.5
	9.5	52		2.1	37	2.90	
	14	50		2.4	41	3.54	

型号	流量/ (m³/h)	扬程/m	转速/ (r/min)	汽蚀余量/m	效率/%	电机功率/kW	
						轴功率	电机功率
50Y120	7.5	118	2980	2.8	21	11.4	18.5
	12.5	105		3.1	31	13.1	
	15.0	105		3.2	35.5	13.8	
50Y120A	7.5	103	2980	2.7	20.6	9.5	15
	12.0	105		3.1	30	11.5	
	14.0	105		3.2	33.9	11.8	
50Y120B	6.5	89	2980	2.8	19.8	8.0	15
	11.0	90		3.0	28.0	9.5	
	13.0	90		3.2	31.6	10.2	
50Y120C	6.0	75	2980	2.8	19.5	6.3	11
	10.0	75		2.9	28.0	7.3	
	12.0	74		3.0	31.0	7.8	
YS150-97、 YS150-97-1	126	104	2980	3.3	73	49	75
	180	97		4.1	80	59.5	
	216	87		5.6	79	64.8	
YS150-97A、 YS150-97A-1	119	91	2980	3.3	70	42	75
	170	84.5		4	78	50.1	
	204	76		5	77	54.8	
YS150-97B、 YS150-97B-1	72	24	2980	2.9	73	6.45	11
	90	22.5		3	74	7.45	
	108	20		3.3	70	8.4	
YS150-50、 YS150-50-1	108	58	2980	3.25	70	24.4	37
	160	54		4.12	81	29	37
	193	50		4.66	84	31.2	
YS150-50A、 YS150-50A-1	108	46	2980	3.25	76	17.8	30
	144	44		3.86	80	21.6	
	174	39		4.38	80	23.1	
YS150-50B、 YS150-50B-1	108	38	2980	3.2	72	15.5	22
	133	36		3.62	77	16.9	
	160	32		4.12	77	18.1	

型号	流量/ (m³/h)	扬程/m	转速/ (r/min)	汽蚀余量/m	效率/%	电机功率/kW	
						轴功率	电机功率
YS200-63、 YS200-63-1	194	71		3.05	72	52.1	
	280	63	2980	4.41	81	59.3	75
	351	52		5.59	76	65.4	
YS200-63A、 YS200-63A-1	180	58		2.93	70	40.6	
	259	52	2980	4.04	79	46.5	55
	324	41		5.22	72	50.2	
YS200-63B、 YS200-63B-1	173	48		2.82	70	32.2	
	239	44	2980	3.83	78	36.6	45
	288	36		4.53	74	38.2	
50YⅡⅢ60T	7.5	64		1.9	30	4.2	
	12.5	62.5	2980	2.3	41	5.18	7.5
	15.0	61		2.5	43	5.8	
50YⅡⅢ60TA	7.0	53		1.8	29	3.22	
	11	52	2980	2.2	40	3.90	5.5
	14	50		2.4	42	4.55	
50YⅡⅢ60TB	5.5	42		1.7	28	2.25	
	9.5	41.5	2980	2.1	37	2.9	5.7
	14	38		2.4	41	3.54	
50YⅡⅢ120	7.5	118		2.8	21	11.4	
	12.5	120	2980	3.1	31	13.1	18.5
	15	120		3.2	35.5	13.8	
50YⅡⅢ120A	7	103		2.7	20.6	9.5	
	12	105	2980	3.1	30	11.5	15
	14	105		3.2	33.9	11.8	
50YⅡⅢ120B	6.5	89		2.8	19.8	8	
	11	90	2980	3.0	28	9.5	15
	13	90		3.2	31.6	10.2	
50YⅡⅢ120C	6.0	75		2.8	19.5	6.3	
	10.0	75	2980	2.9	28	7.3	11
	12.0	74		3.1	31	7.8	

型号	流量/ (m³/h)	扬程/m	转速/ (r/min)	汽蚀余量/m	效率/%	电机功率/kW	
						轴功率	电机功率
150Y75	130	84	2980	4.4	65	45.7	75
	200	75		5.8	72	56.7	
	240	63		6.8	69	59.6	
150Y75A	110	72	2980	4	62	34.8	55
	180	61		5.4	70	42.7	
	210	53		6	66.5	45.7	
150Y75B	100	57	2980	3.8	61	25.5	37
	158	47		4.9	68	29.8	
	190	38		5.6	63	31.2	
800Y75	800	75	2980	15.9	80	204	250
850Y120、 850Y120A	850	120	1480	6.2	71	391	560
				5.7		368	360
250YS75	288	84	2980	4.1	65	101.1	160
	450	76		5.4	79	118	
	576	65		6.6	77	131	
250YS75A	252	72	2980	3.7	62	79.7	132
	405	64		5.2	77	91.8	
	540	54		6.3	76	105	
250YS75B	216	56	2980	3.5	60	53.9	90
250YS75B	358	49	2980	4.7	74	64.5	90
	450	42		5.4	72	71.5	
40Y40×2	2.5	87	2950	2.5	17	3.48	7.5
	6.25	80		2.7	30	4.55	
	7.5	75		3.0	31	4.94	
40Y40×2A	2.34	76	2950	2.5	17	2.84	5.5
	5.85	70		2.6	30	3.72	
	7.0	66		2.9	31	4.05	
40Y40×2B	2.16	65	2950	2.5	17	2.25	4
	5.4	60		2.5	30	2.94	
	6.48	56		2.8	31	3.18	

型号	流量/ (m³/h)	扬程/m	转速/ (r/min)	汽蚀余量/m	效率/%	电机功率/kW	
						轴功率	电机功率
40Y40×2C	1.98	53.5	2950	2.5	17	1.7	3
	4.94	49.5		2.5	30	2.22	
	5.95	46.5		2.7	31	2.42	
50Y60×2	7.5	130	2950	2.0	26.0	10.2	15
	12.5	120		2.4	34.5	11.8	
	15.0	110		2.5	35.5	12.65	
50Y60×2A	7.0	114	2950	1.95	26	8.36	15
	12.0	105		2.3	35	9.82	
	14.0	98		2.45	36	10.4	
50Y60×2B	6.5	100	2950	1.9	22.5	7.88	1.1
	11.0	89		2.25	32	8.34	
	13	80		2.4	33.5	8.45	
50Y60×2C	6	83	2950	1.9	22.5	5.97	7.5
	10	75		2.2	32	6.15	
	12	70		2.4	33.5	6.82	
65Y100×2	15	220	2950	2.6	29	31	45
	25	200		2.85	38	35.8	
	30	180		3.1	40	36.8	
65Y100×2A	14	192	2950	2.6	33	22.1	37
	23	175		2.8	41	26.7	
	28	160		3.0	43	28.4	
65Y100×2B	13	166	2950	2.6	32	18.35	30
	22	155		2.75	42	21.4	
	26	140		2.9	44	22.5	
65Y100×2C	12	140	2950	2.6	28	16.3	22
	20	125		2.7	34	20.0	
	24	116		2.8	36.5	20.8	
80Y100×2	30	220	2950	3.2	43.0	41.8	75
	50	200		3.6	53.5	51.0	
	60	180		4.2	54.5	54.0	

型号	流量/ (m³/h)	扬程/m	转速/ (r/min)	汽蚀余量/m	效率/%	电机功率/kW 轴功率	电机功率
80Y100×2A	28	196	2950	3.2	40	37.4	55
	47	175		3.5	50	44.8	
	54	160		3.8	50	47.0	
80Y100×2B	26	170	2950	3.1	41	29.4	45
	43	153		3.35	51	35.2	
	51	140		3.7	52	37.4	
80Y100×2C	24	142	2950	3.1	40	23.2	37
	40	125		3.3	49	27.8	
	47	114		3.5	50	29.2	
100Y120×2	60	255	2950	4.3	47.5	87.9	132
	100	240		5.25	55.5	118.0	
	113	228		6.1	56.0	123.5	
100Y120×2A	55	223	2950	4.2	45.5	73.5	110
	93	205		5.05	54.5	95.4	
	108	191		6.2	55.5	101	
100Y120×2B	53	192	2950	4.1	45.8	60.4	90 90
	86	178		4.85	55.0	76	
	104	160		6.0	57.5	79.2	
100Y120×2C	48	162	2950	4.0	52.5	40.2	75
	79	150		4.7	58.0	55.5	
	95	140		5.6	59.0	61.5	
150Y150×2	120	326	2950	3.5	50	213	350
	180	300		4.0	60	245	
	240	260		5.0	63	270	
150Y150×2A	111.5	280	2950	3.5	50	170	250
	167.5	258		4.0	60	196.1	
	223	224		5.0	63	216.3	
150Y150×2B	103	238	2950	3.5	50	133.5	200
	155	222		4.0	60	156	
	206	192		5.0	63	170.1	

续表

型号	流量/(m³/h)	扬程/m	转速/(r/min)	汽蚀余量/m	效率/%	电机功率/kW	
						轴功率	电机功率
150Y150×2C	93	196	2950	3.5	50	105	160
	140	181		4.0	60	117	
	186	157		5.0	63	127	
200Y–150×2	280	300	2950	5.5	67	277	400
					74	310	
					76	360	
250Y–150×2	300	330	2950	4.2	55	490	710
	500	300		5.2	69	593	
	600	274		6.2	70	640	
250Y–150×2A	283	292	2950	4.2	55	410	630
	472	262		5.2	69	488	
	567	238		6.2	70	525	
250Y–150×2B	267	255	2950	4.2	55	337	500
	444	229		5.2	69	401	
	533	208		6.2	70	431	
250Y–150×2C	240	205	2950	4.2	55	244	355
	400	185		5.2	69	292	
	480	170		6.2	70	317	
40Y35×4	6	140	2950	—	30	7.6	11
40Y35×5		175				9.5	15
40Y35×6		210				11.4	18.5
40Y35×7		245				13.3	18.5
40Y35×8		280				15.3	22
40Y35×9		315				17.2	30
40Y35×10		350				19.1	30
40Y35×11		385				21.0	30
40Y35×12		420				22.9	37

型号	流量/(m³/h)	扬程/m	转速/(r/min)	汽蚀余量/m	效率/%	电机功率/kW 轴功率	电机功率
50Y35×4		140				12.7	18.5
50Y35×5		175				15.9	22
50Y35×6		210				19.1	30
50Y35×7		245				22.2	30
50Y35×8	12	280	—	—	—	25.4	37
50Y35×9		315				28.4	37
50Y35×10		350				31.8	45
50Y35×11		385				34.9	45
50Y35×12		420				38.1	45
	15	275		2.2	38.5	29.2	
65Y50×5	25	252.5	2950	2.4	49	33.1	45
	30	235		2.8	50	38.4	
	15	330		2.2	38.5	35	
65Y50×6	25	303	2950	2.4	49	39.7	55
	30	282		2.8	50	46	
	15	385		2.2	38.5	40.9	55
65Y50×7	25	353.5	2950 2950	2.4	49	46.3	55
	30	329		2.8	50	53.7	
	15	436		2.2	38	46.9	
65Y50×8	25	398	2950	2.4	48	56.5	75
	30	368		2.8	49	61.3	
	15	490.5		2.2	38	52.7	
65Y50×9	25	447.75	2950	2.4	48	63.55	75
	30	414		2.8	49	68.95	
	15	545		2.2	38	58.6	
65Y50×10	25	497.5	2950	2.4	48	70.6	90
	30	460		2.8	49	76.6	
	15	594		2.2	37.5	64.7	
65Y50×11	25	539	2950	2.4	47	78.1	90
	30	495		2.8	48	84.15	

型号	流量/ (m³/h)	扬程/m	转速/ (r/min)	汽蚀余量/m	效率/%	电机功率/kW	
						轴功率	电机功率
65Y50×12	15	648	2950	2.2	37.5	70.6	110
	25	588		2.4	47	85.2	
	30	540		2.8	48	91.8	
80Y50×5	30	279	2950	3.2	52	43.9	75
	45	244		3.8	58.5	51.0	
	54	215		4.2	58	55.6	
80Y50×6	30	335	2950	3.2	52	52.7	75
	45	292		3.8	58.5	61.2	
	54	258		4.2	58	65.6	
80Y50×7	30	391	2950	3.2	52	61.5	190
	45	341		3.8	58.5	71.5	
	54	301		4.2	58	76.5	
80Y50×8	30	446	2950	3.2	51.5	70.9	110
	45	390		3.8	57.5	83.2	
	54	344		4.2	57.5	88.0	
80Y50×9	30	503	2950	3.2	51.5	79.7	110
	45	439		3.8	57.5	93.6	
	54	387		4.2	57.5	99.0	
80Y50×10	30	558	2950	3.2	51.5	88.6	132
	45	487		3.8	57.5	104	
	54	430		4.2	57.5	110	
80Y50×11	30	614	2950	3.2	51	98.5	132
	45	536		3.8	57	115.2	
	54	473		4.2	57	122.1	
80Y50×12	30	670	2950	3.2	51	107.3	160
	45	585		3.8	57	125.8	
	54	516		4.2	57	133.3	

型号	流量/ (m³/h)	扬程/m	转速/ (r/min)	汽蚀余量/m	效率/%	电机功率/kW	
						轴功率	电机功率
150Y67×6	150	376	2950	5.0	72	213	280
150Y67×7		439				248.5	280
150Y67×8		502				284	350
150Y67×9		515				320	360
SY500-800	300	89	2950	4.8	64	113.6	185
	500	80		6.5	78	139.6	
	600	72		8	77	152.8	

附表 5.3　AY 型离心油泵性能参数表

型号	流量/ (m³/h)	扬程/m	转速/ (r/min)	效率/%	汽蚀余量/m	电机功率/kW	
						轴功率	电机功率
50AY60	12.5	67	2950	42	2.9	5.4	7.5
50AY60A	11	53	2950	39	2.8	4.1	5.5
50AY60B	10	40	2950	37	2.8	2.9	4
65AY60	25	60	2950	52	3	7.9	11
65AY60A	22.5	49	2950	51	3	5.9	7.5
60AY60B	20	38	2950	49	2.7	4.2	5.5
65AY100	25	110	2950	47	3.2	15.9	22
65AY100A	23	92	2950	46	3.1	12.5	18.5
65AY100B	21	73	2950	45	3	9.3	15
80AY60	50	60	2950	62	3.2	13.2	18.5
80AY60A	45	49	2950	61	3.2	9.8	15
80AY60B	40	39	2950	60	3.1	7.1	11
80AY100	50	100	2950	56	3.1	24.3	37
80AY100A	45	85	2950	55	3.1	18.9	30
80AY100B	41	73	2950	54	2.9	15.1	22
100AY60	100	60	2950	70	4.1	23.3	30
100AY60A	90	49	2950	64	4.5	18.8	30

型号	流量/ (m³/h)	扬程/m	转速/ (r/min)	效率/%	汽蚀余量/m	电机功率/kW	
						轴功率	电机功率
100AY60B	79	38	2950	65	3.5	12.6	18.5
100AY120	100	120	2950	63	4.3	51.9	75
100AY120A	93	105	2950	61	4	43.6	55
100AY120B	85	88	2950	59	3.8	34.5	45
100AY120C	78	75	2950	56	3.6	28.5	37
150AY75	180	80	2950	75	4.5	52.3	75
150AY75A	160	62	2950	74	4.5	36.5	45
150AY75B	145	44	2950	73	4.4	23.8	37
150AY150	180	150	2950	70	4.5	105	132
150AY150A	168	130	2950	70	4.5	85	110
150AY150B	155	110	2950	69	4.5	61.2	90
150AY150C	140	105	2950	68	4.4	58.9	75
200AY75	300	75	2950	79	6.5	77.6	110
200AY75A	260	60	2950	78	6.5	54.5	75
200AY75B	225	45	2950	77	6.5	35.8	55
200AY150	300	150	2950	74	6.5	165.6	220
200AY150A	275	130	2950	73	6.5	133.4	185
200AY150B	255	115	2950	72	6.5	110.9	160
200AY150C	240	100	2950	71	6.5	92.1	132
250AYS80	500	80	2950	82	6.5	132.8	185
250AYS80A	440	62	2950	81	6.5	91.7	132
250AYS80B	370	44	2950	80	6.5	55.4	90
250AYS150	500	150	2950	76	5	268.7	400
250AYS150A	460	130	2950	75	5	217	315
250AYS150B	440	115	2950	74	5	186.2	250
250AYS150C	400	100	2950	73	5	169.3	220

参考文献

[1]蒋新生. 工程流体力学[M]. 重庆：重庆大学出版社，2017.

[2]刘沛清. 流体力学通论[M]. 北京：科学出版社，2017.

[3]森哲尔，辛巴拉. 流体力学基础及其应用(上册)[M]. 李博，梁莹，译. 北京：机械工业出版社，2020.

[4]蔡增基，龙天渝. 流体力学泵与风机[M]. 5版. 北京：中国建筑工业出版社，2009.

[5]禹华谦. 工程流体力学(水力学)[M]. 四川：西南交通大学出版社，2018.

[6]张明辉，腾贵荣. 工程流体力学[M]. 北京：机械工业出版社，2018.

[7]闻德荪. 工程流体力学：上、下册[M]. 北京：高等教育出版社，1990.

[8]杨树人，王春生. 工程流体力学[M]. 2版. 北京：石油工业出版社，2019.

[9]闻建龙. 工程流体力学[M]. 2版. 北京：机械工业出版社，2018.

[10]王洪伟. 我所理解的流体力学[M]. 北京：国防工业出版社，2014.

[11]莫乃榕. 流体力学 水力学题解[M]. 武汉：华中科技大学出版社，2002.

[12]伊斯雷尔奇维利. 分子间力和表面力[M]. 王晓林，唐元晖，卢滇楠，译. 北京：科学出版社，2014

[13]何川，郭立君. 泵与风机[M]. 5版. 北京：中国电力出版社，2016.

[14]古里希. 离心泵[M]. 3版. 周岭，施卫东，译. 北京：机械工业出版社，2021.

[15]E. Shashi Menon, Pramila S. Menon. 泵和泵站实用技术指南[M]. 冯定，邓福成，施雷，译. 北京：石油工业出版社，2015.

[16]马秀让. 油库常用泵[M]. 北京：中国石化出版社，2016.

[17]牟介刚，谷云庆. 离心泵设计通用技术[M]. 北京：机械工业出版社，2018.

[18]魏龙. 泵运行与维修实用技术[M]. 北京：化学工业出版社，2014.

[19]袁寿其，施卫东，刘厚林等. 泵理论与技术[M]. 北京：机械工业出版社，2014.